최신 유기화학

심창환 · 심우만 · 이장순 · 박규동 공 저

효 일 문 화 사

머 리 말

　사람의 의식주에 필요한 대부분의 화학물질은 주로 탄소를 함유한 유기화합물들이다. 이같이 우리의 생활에 밀접한 관계가 있는 유기화합물의 구조와 이화학적 성질, 그의 반응과 합성 및 생체 내에서의 역할 등을 탐구하는 유기화학은 자연과학 분야 중에서도 특히 생명과학을 공부하는 사람에게는 기초적이면서 필수적이라 할 수 있다.

　그러나 본 저자의 경험으로 볼 때 유기화학을 처음 공부하는 학생들은 그 복잡성과 분량에 압도되어 시작하기도 전에 심적부담이 큰 것이 대부분인 것 같다. 모든 학문이 그렇듯이 유기화학도 그 기본적인 내용을 이해하면 그다지 어려운 분야만은 아닐 것이다. 따라서 본 저자는 가능한 내용을 간략하게 서술하려고 노력하였고 주로 기초적인 지식을 습득하는데 역점을 두었다. 그리고 각 장마다 복습과 이해력의 정도를 시험하기 위해 장 끝에 비교적 쉬운 문제들로 구성된 연습문제를 다룰 수 있도록 하였다.

　본서에서 제1장 서론은 원자의 구조와 화학결합을 제2장부터 제4장까지는 유기화합물을 구성하는 기본골격인 지방족화합물과 방향족화합물을 제5장은 입체화학을 제6장부터 제10장까지는 작용기에 따른 유기화합물의 성질을 그리고 제11장부터 제15장까지는 천연의 유기화합물을 다루었으며, 제16장에서는 유기화합물의 구조결정 방법의 일부를 서술하였다.

　끝으로 이 책이 유기화학을 시작하려는 학생들에게는 친근감을, 그리고 강의하시는 교수님들께는 부담없는 교재가 되기를 바라며, 부족한 점에 대해서는 많은 지도를 부탁하는 바이다.

　아울러 이 책이 나오기까지 적극적으로 도와주신 효일문화사 김홍용 사장님께 감사드립니다.

저자 씀

목 차

서   론

1.1. 유기화합물

유기화합물이란 말은 18세기 중엽부터 생물체와 관계가 깊은 여러 가지 화합물에 사용되어져 왔다. 즉 생물체로부터 생성되는 물질을 유기화합물이라 하였고 무생물로부터 생성되는 물질을 무기화합물이라고 하였다. 이와같이 유기화합물은 오직 생물체에 의해서만 생성되는 것이고 인공적으로는 만들 수 없는 것이라고 생각하였다. 그런데 이와같은 생각에 수정이 가해진 것은 1828년 독일의 뷜러(Wöhler)가 무기물인 시안화 암모늄 (ammonium cyanate)을 가열하여 유기물인 요소를 생성하면서 부터이다.

$$NH_4 \cdot CNO \xrightarrow{\text{열}} CO(NH_2)_2$$
$$\text{ammonium cyanate} \qquad\qquad \text{urea}$$

그리하여 오늘날에는 유기화합물이란 탄소를 함유하는 물질을 말하며, 이와같은 물질의 구조나 성질 및 변화과정 등을 다루는 학문을 유기화학이라 한다.

그러나 탄소화합물이라도 비교적 간단한 일산화탄소(CO), 이산화탄소(CO_2), 탄산염(CO_3^{2-}), 시안산염(CN^-) 등은 일반적으로 무기화합물로 취급한다.

1.2. 유기화합물의 특징

유기화합물의 주요한 특징을 살펴보면 다음과 같다.

① 유기화합물의 종류는 매우 많다.

탄소원자는 서로 사슬모양 또는 고리모양의 구조적 특징을 가지고 있으며 그 결합의 수와 양식에 따라서 수많은 화합물의 존재가 가능하다. 현재 알려져 있는 유기화합물은 약 250~300 만종 정도이다.

② 구성원소의 종류가 적다.

유기화합물의 수는 매우 많지만 그것을 구성하는 원소는 주로 C, H, O, N의 4 원소 정도이다. 한편 S, P, 할로겐원소 등을 함유하는 것도 있으나 그 수는 적다.

③ 유기화합물은 열에 비교적 불안정하다.

많은 탄소화합물은 그 분자량에 비하여 융점과 비등점이 낮고, 거의 대부분 300℃ 이하에서 녹거나 휘발해 버리거나 열에 의해 분해된다.

④ 물에 녹지 않는 것이 많고 유기용매에 잘 녹는다.

유기화합물 중에는 알코올, 초산, 당류와 같이 물에 녹는 것도 있으나 대개 물에 녹기 어렵다. 그러나 에테르와 벤젠과 같은 유기용매에는 잘 녹는다.

⑤ 비전해질이 많다.

유기화합물은 대부분 공유결합을 하고 있으므로 완전히 이온으로 해리하는 경우는 적다. 따라서 유기화학 반응은 일반적으로 속도가 늦고, 화학반응시 고온과 촉매를 필요로 하는 경우가 많다. 또 유기화학반응은 보통 가역적이며 동시에 여러반응이 함께 일어나므로 반응생성물은 단일 물질이 아닌 경우가 많다.

⑥ 고분자물질이 많다.

천연으로 존재하는 전분, 섬유질, 단백질을 비롯하여 인공적인 합성수지, 합성섬유, 합성고무 등은 고분자화합물이며 그 분자량은 수천 내지 수만에 달하고 그의 화학구조도 매우 복잡하다.

1.3. 유기화합물의 분류

약 250～300 만종이나 되는 유기화합물에는 그 골격을 이루는 탄소 원자의 결합방법도 여러 가지이다. 여기서 유기화합물의 중심인 탄화수소의 골격을 기준으로하여 나누어 보면 다음과 같이 크게 나눌 수 있다.

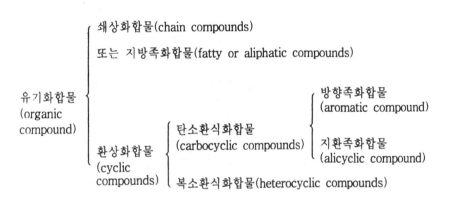

탄소원자가 사슬모양으로 결합된 탄소화합물을 쇄상화합물 또는 지방족화합물이라고 하며 탄소원자가 오각형, 육각형 등과 같이 고리모양으로 된 화합물을 환상화합물이라고 한다.

유기화합물은 다시 어떤 관능기(functional group)를 가지는가에 따라 세분하면 표 1-1과 같다.

표 1-1 유기화합물의 분류

분 류	이 름	관능기 또는 골격이 되는 탄소
hydrocarbons	alkanes	$-\overset{\mid}{C}-\overset{\mid}{C}-\overset{\mid}{C}-$
	alkenes, alkynes	$>C=C<$ $-C\equiv C-$
	alicyclics	(고리형 탄소 골격)
	aromatics	(벤젠 고리 골격)
O-compounds	alcohol, phenol	$-OH$
	ether	$-O-$
	aldehyde	$-CHO$
	ketone	$>C=O$
	carboxylic acid	$-COOH$
	ester	$-COO-$
	carbohydrate	$-CHO,\ -OH,\ >C=O$
N-compounds	nitro compounds	$-NO_2$
	amine	$-NH_2,\ -NH-,\ -\overset{\mid}{N}-$
	amide	$-CO-NH_2$
	nitrile	$-CN$
	diazonium sait	$-N_2X$
	azo compounds	$-N=N-$
	amino acid	$-NH_2,\ -COOH$

1.4. 원자의 구조와 화학결합

원자는 양하전을 갖는 양성자(proton)와 하전을 갖지 않는 중성자 (neutron)로 된 원자핵이 있고, 이 원자핵을 중심으로하여 그 둘레를 전자 들이 회전하고 있는데, 전자는 음으로 하전되고 있으며, 그 하전량은 양성 자 한 개의 하전량과 맞먹는 양이 되므로 전자의 수는 원자핵에 존재하는 양성자의 수와 같다.

원자핵을 중심으로하여 불연속적으로 이루어진 몇 개의 둥근 공과 같은 전자의 궤도군을 껍질(shell)이라고 하는데, 각 껍질은 최대한 $2n^2$개까지의 전자를 수용할 수 있으며, 각 껍질은 에너지의 크기가 서로 다르다. 원자핵에서 가장 가까운 껍질부터 차례로 K, L, M, N, O, P, Q, ···· 껍질 또는 n = 1, 2, 3, 4, ···· 등의 껍질이라 부른다.

그림 1-1 원소 원자각 모형

원자핵에서 가장 가까운 K껍질에는 2개의 전자가 들어갈 수 있고, 다음의 L껍질에는 8개의 전자가, M껍질에는 18개의 전자가 들어갈 수 있다. 이때 K껍질을 최내각이라 하고, 원자핵에서 가장 멀리 떨어져 있는 껍질을 최외각이라 하며, 여기에는 최대로 8개의 전자가 들어갈 수 있다. 그리고 최외각의 전자배열 상태는 그 원소의 화학반응성을 지배하게 되며, 따라서 이 전자들을 원자가전자(valence electron)라 부른다.

네온(Ne)과 아르곤(Ar) 등은 그 원자의 최외각에 8개의 전자를 갖추고 있으므로, 화학적으로 안정성을 갖게 되지만, 수소를 제외한 다른 원소의 원자들은 부족한 전자를 다른원자로부터 끌어들여서 8개의 안정된 전자배열을 이루려는 성질이 있으므로 화학결합의 현상을 나타낼 수 있다.

탄소원자의 전자배열상태를 보면, K껍질에 2개, 최외각인 L껍질에 4개의 전자가 있는데, 이 4개의 전자는 원자가전자가 되어 다른 원자의 전자와 공유하여 새로운 화합물을 만들게 된다.

주기율표에서 왼쪽에 있는 Li나 Be는 한 개 또는 두 개의 최외각전자를 갖고 있는데, 이들은 부족한 7개 또는 6개의 전자를 끌여들이기 보다는 이들의 전자를 다른 원자에 주어버리고 자기 자신은 전(前)주기의 불활성 원소의 전자 궤도를 갖추려고 한다.

표 1-2 원소의 주기율표

주기	족	I	II	III	IV	V	VI	VII	0
1	원 소	H							He
	최외각전자수	1							2
2	원 소	Li	Be	B	C	N	O	F	Ne
	최외각전자수	1	2	3	4	5	6	7	8

이와같은 원자를 전자공여체(electron donor)라 하고 반대로 주기율표의
오른쪽에 위치한 O나 F 등은 전자를 받아들여서 8개의 안정한 최외각의
전자배열상태를 이루려고 하므로, 이와같은 원자를 전자수용체(electron
acceptor)라 부른다.

주기율표의 중간에 위치한 탄소는 4개의 최외각전자가 있는데 이들 전
자를 주거나 받거나 하지 않고 다른 탄소원자와 전자쌍을 이루어 공유하
므로써, 서로 최외각에 8개의 전자를 갖고 안정하려기 때문에 많은 종
류의 화합물이 이루어지는 원인이 되고 있다.

1.5. 화학결합의 종류

공유결합

두 개의 원자가 전자를 서로 공유하여 이루어진 것으로 수소원자가 서
로 결합하여 수소 분자(H_2)를 형성할 때 각 원자가 가지는 한 개씩의 전자
는 H : H와 같이 두 원자가 서로 공유하며 H_2를 형성한다. 이와같은 결합
을 공유결합(covalent bond)이라 한다.

1개의 탄소원자와 4개의 수소원자가 메탄(methane)을 형성하는 경우를
보면 생성물인 메탄에서 각 원자는 전자를 공유함으로써 탄소는 전자의
완전한 옥테트를 이루고 있으며 각 수소원자는 전자쌍을 갖게 된다.

$$\cdot \overset{\cdot}{\underset{\cdot}{C}} \cdot \ + \ 4H \cdot \ \longrightarrow \ H : \overset{\overset{H}{\cdot\cdot}}{\underset{\underset{H}{\cdot\cdot}}{C}} : H$$

탄소화합물이 독특한 분야를 이루는 것은 탄소-탄소 사이에 강한 공유결합을 이룰 수 있기 때문이다. 아래에 주어진 탄화수소(hydrocarbon), 즉 알칸류(alkane)가 이러한 성질을 잘 설명해준다.

$$
\begin{array}{cccccc}
& H & & H \quad H & & H \quad H \quad H \\
& | & & | \quad\; | & & | \quad\; | \quad\; | \\
H - & C & - H & H - C - C - H & H - C - C - C - H \\
& | & & | \quad\; | & & | \quad\; | \quad\; | \\
& H & & H \quad H & & H \quad H \quad H \\
\text{methane} & & & \text{ethane} & & \text{propane}
\end{array}
$$

이온결합

전자의 공유에 의한 공유결합에 대해 이온결합에서는 한 원자가 자신의 최외각전자를 상대방의 원자에 주어 자신은 (+)이온으로 되고 상대방은 (−)이온으로 된다. 그 결과 이들이 정전기적인 (+)(−)의 결합에 의하여 이루어지는 결합을 이온결합(ionic bond)이라고 한다.

Na와 Cl이 이온결합하는 경우를 보면 전자수용체는 다른 원자로부터 전자를 받아서 최외각에 8개의 안정한 전자배열을 갖추려고 한다. 즉, Na는 전자를 잃고 양이온으로 되며 Cl은 음이온으로 하전되어 정전기적인력에 의해 결합하여 염을 형성한다.

이온결합은 흔히 주기율표의 좌측에 있는 양전성 금속원자와 주기율표의 우측에 있는 음전성 비금속원자 사이에서 볼 수 있다.

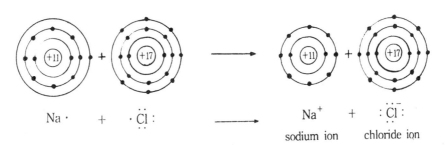

그림 1-2　Na와 Cl이 이온결합하는 모양

수소결합

한 개의 수소원자가 전기음성도가 강한 어떤 두 개의 원자사이에 끼어 있을 때에는 정전기적 인력으로 인하여 세 원자간에 아주 약한 결합이 형성되는데 이와같은 결합을 수소결합(hydrogen bond)이라고 한다.

이와같은 수소결합은 결합하는 원소의 전기음성도가 강할수록 잘 형성되며 물분자끼리, 또는 암모니아와 물분자사이에서 볼 수 있다.

이 결합은 분자와 분자사이의 약한 결합으로 그림으로 나타낼 때에는 분자사이를 점선(…)으로 표시한다.

수소결합은 공유결합 세기의 5~10%이지만 유기화합물의 물리적 성질에 관계가 있고 특히 단백질과 핵산과 같은 큰 분자의 모양을 결정하는데 중요한 역할을 한다.

```
                              H        H
                              |        |
   H―O   H―O          H―N   H―O
      |      |                 |
      H      H                 H
```

지금까지 알려진 바로는 F, O, N 원자와 H 원자 사이에서 수소 결합이 이루어지고 있다.

배위결합

암모니아나 물분자의 전자구조를 보면 질소나 산소원자에는 공유결합에 관여하지 않는 가전자가 있는데, 이는 결합에 관여하는 전자에서와 같이 2개가 한 쌍이 되어있다. 이러한 한쌍의 전자를 비공유전자쌍 또는 고독전자쌍(lone electron pair)이라 한다. 이같이 공유되지 않은 고독전자쌍을 소유한 원자는 이 고독전자쌍을 수용할 수 있는 원자와 만나면 일방적으로 이들 전자쌍을 제공하고 결합한다. 이와같은 결합을 배위결합(coordinate bond)이라고 한다.

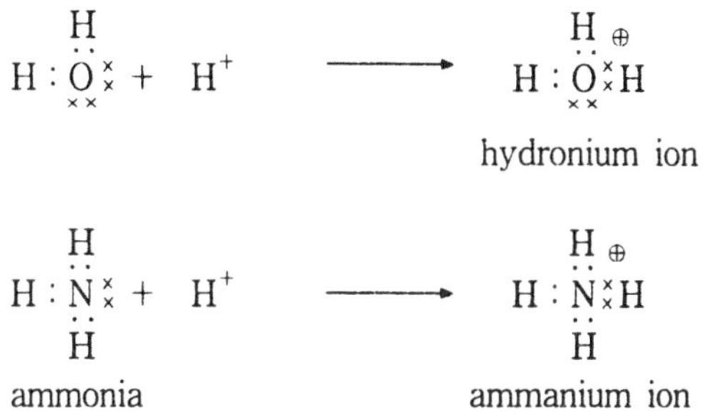

$$H:\overset{\overset{\displaystyle H}{\cdot\cdot}}{\underset{\times\times}{O}}\overset{\times}{\times} \ + \ H^+ \longrightarrow H:\overset{\overset{\displaystyle H}{\cdot\cdot}}{\underset{\times\times}{O}}\overset{\oplus}{\times}H$$

hydronium ion

$$H:\overset{\overset{\displaystyle H}{\cdot\cdot}}{N}\overset{\times}{\times}H \ + \ H^+ \longrightarrow H:\overset{\overset{\displaystyle H}{\cdot\cdot}}{N}\overset{\oplus}{\times}H$$

ammonia   ammanium ion

1.6. 탄소원자의 구조와 성질

유기화학이 탄소화합물에 대한 학문이기 때문에 탄소원자에 대한 깊은 이해는 무엇보다도 중요하다. 탄소원자의 전자배열은 바닥상태(ground state)일 때 $1s$, $2s$, $2p_x$, $2p_y$이지만, 어떤 이유로 에너지의 변화가 생겼을 때에는 들뜬상태(excited state)로 되어 $1s$, $2s$, $2p_x$, $2p_y$, $2p_z$의 배열을 갖게 된다.

	$1s$	$2s$	$2p_x$	$2p_y$	$2p_z$
바닥상태의 전자배열	↑↓	↑↓	↑		

	$1s$	$2s$	$2p_x$	$2p_y$	$2p_z$
들뜬상태의 전자배열	↑↓	↑	↑	↑	↑

그림 1-3 탄소원자의 전자 배열상태

이들 전자 중 화학결합에 관계되는 가전자는 $2s$와 $2p$에 있는 4개의 전자인데, 이들이 소속되는 궤도는 다르지만 서로 동등한 자격으로 화학결합에 참여하게 된다. 즉, 이들 4개의 전자는 각기 다른 궤도 함수를 화학결합에 이용하지 않고, 이들이 서로 혼성하여 4개의 소위 sp^3혼성궤도를 형성하므로 그 원자가는 4가이며 각 결합은 서로 동격인 공유결합을 이룰 수 있다. 그 결과 결합각은 기하학적으로 $109°28'$이 된다.

탄소원자와 탄소원자끼리의 결합방법에는 단일결합(C-C), 이중결합(C=C), 삼중결합(C≡C)의 세 가지 방법이 있는데, 단일결합은 시그마(σ)결합으로

되어 있고 이중결합과 삼중결합에 있어서는 한 개의 시그마결합과 한 개
또는 두 개의 파이(π)결합으로 되어 있다.

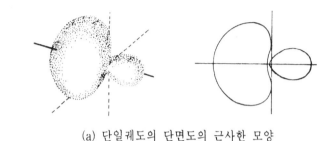

(a) 단일궤도의 단면도의 근사한 모양

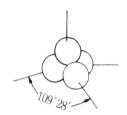

(b) 구상으로 표시된 sp^3 궤도   (c) 정사면체의 정점으로 향한 4개의 궤도

그림 1-4 sp^3 혼성궤도

시그마결합

두 수소원자가 결합해서 수소분자를 형성할 때에는 각 수소원자의 $1s$
궤도가 서로 포개져서 공유결합을 이루며, 또 에탄(ethane, CH_3-CH_3)을 예
로 들어보면 탄소와 탄소와의 결합은 각 탄소의 sp^3혼성궤도 하나씩이 서
로 포개어져 C-C결합이 형성되고, 각 탄소의 나머지 세 개의 sp^3혼성궤도
는 수소의 $1s$ 궤도와 포개어져 C-H결합을 이루게 된다. 이와같은 단일결
합에서 전자분포는 결합축에 대하여 대칭이며 이러한 결합을 시그마(σ)결
합이라 하고, 다음의 파이(π)결합에 비해 안정한 결합이다.

파이결합

에텐(ethene, $CH_2 = CH_2$)에서 보면, 탄소원자의 4 개의 sp^3혼성궤도 중 2
개는 수소원자의 $1s$궤도와 포개어져서 시그마결합을 형성하고, 각 탄소의

나머지 2개의 sp^3 혼성궤도는 서로 포개어져서 C=C 이중결합을 이룰 수 있는 것처럼 짐작할 수 있으나 실지로는 그와 같이 되지 못한다. 즉, 파울리(Pauli)의 법칙에 의하면 2개의 전자가 동일한 상태의 궤도를 형성할 수 없으며, 따라서 에텐에 있어서는 탄소 1개의 s궤도와 2개의 p궤도가 혼성하여 3개의 새로운 sp^2 혼성궤도를 형성하여 이중에서 2개의 sp^2궤도는 수소의 1s궤도와 포개어져서 C-H의 시그마결합을 이루고 나머지 1개의 sp^2궤도는 다른 탄소원자의 sp^2궤도와 포개어져서 C-C결합 즉, 시그마결합을 이루게 된다. 그런데 탄소원자에는 아직도 1개의 p궤도가 남아 있는데, 이 궤도는 앞의 sp^2궤도와 직각을 이루어 전자운을 형성하게 되며, 상대편 탄소원자에서 이루어진 전자운의 일부분이 서로 포개어져서 일종의 결합을 이루게 되는데, 이와 같은 결합을 파이(π)결합이라고 한다.

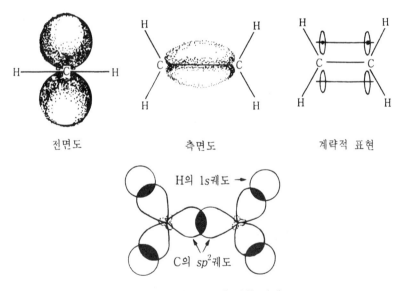

전면도   측면도   계략적 표현

그림 1-5 Ethene의 결합 상태

파이결합은 시그마결합에 비해서 전자궤도가 포개어진 정도가 작으므로 그 결합은 불안정하며, 따라서 전자가 이동하기 쉽고 분자내분극을 형성하기 쉽다. 파이결합에 관여하는 전자를 파이(π)전자라 부른다.

제 1 장 연습문제

1. 베릴륨(Be)이온은 어떤 전하를 갖고 있는가?

2. 리튬(Li)과 베릴륨(Be)중 어느 원자가 보다 더 전기적 양성인가?

3. 산소(O)와 플루오르(F), 산소(O)와 질소(N), 플루오르(F)와 염소(Cl) 가운데 보다 강한 전기음성을 나타내는 원소를 가려내어라.

4. 클로로메탄(염화메틸) CH_3Cl의 구조식을 석어라.

5. 1개의 탄소-탄소 이중결합을 가진 C_3H_6의 구조식을 써라.

6. 아래에 이산화탄소의 전자 배열을 표시하였는데, 잘못된 곳이 있다면 무엇이 잘못되었는지 말하여라.

$$:\overset{\cdot\cdot}{O}:\;:\;:C:\;:\overset{\cdot\cdot}{O}:$$

7. 다음 원자들의 원자가전자수는 각각 몇 개인가? 원소기호가 내부 전자껍질을 나타낸다고 가정하고 점을 사용하여 원자가전자를 표시하여라.
   ① 탄소　　　② 불소　　　③ 규소　　　④ 붕소
   ⑤ 황　　　　⑥ 인

8. 유기화합물의 어원을 설명하라.

9. 유기화합물과 무기화합물의 특성을 비교하라.

10. 다음화합물의 전자식을 써라.
   ① NH_3　　② $AlCl_3$　　③ HNO_2　　④ H_2SO_4　　⑤ $CH{\equiv}CH$

11. σ 결합과 π 결합의 차이점을 예를 들어 설명하라.

포화탄화수소

탄화수소는 탄소원자와 수소원자로 이루어진 화합물로서 탄소원자 사이에 단일결합만으로 이루어진 화합물을 포화탄화수소(saturated hydrocarbon)라 한다. 또한 탄화수소는 탄소원자와 수소원자만 가지고 있으므로 더 복잡한 유기화합물은 탄화수소로부터 수소원자가 다른 원자나 원자단으로 치환되어 유도된 것으로 생각할 수 있다.

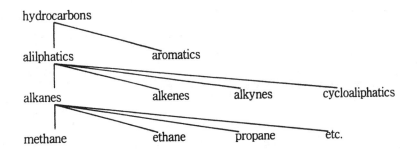

2.1. 포화탄화수소의 화학구조

포화탄화수소인 알칸(alkane)은 다른 유기화합물에 비해 반응성이 매우 약하므로 파라핀(paraffin, 라틴어 parum : little, affinis : affinity)계 탄화수

소라고 한다. 또 알칸의 일반식은 C_nH_{2n-2}로 표시되며 그중 가장 간단한
것은 n=1인 메탄이므로 메탄계 탄화수소 라고도 한다.

$$H-\underset{\underset{H}{|}}{\overset{\overset{H}{|}}{C}}-H \quad \text{또는} \quad CH_1$$

methane

메탄의 화학구조는 대칭적인 정사면체의 구조로 되어 있기 때문에 원자
간 결합의 공간배열은 정사면체의 수선과 일치하며 이같은 화학구조를 나
타내기 위해 여러 가지 모형들이 사용되고 있다.

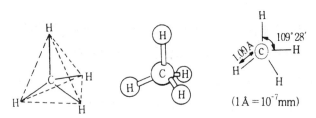

그림 2-1 Methane의 입체구조

메탄에 있어서는 네 개의 C-H결합의 원자간의 결합간격(bond length)은
모두 1.09Å이며 결합수의 결합각(bond angle)은 109°28′이다.

2.2. 알칸의 명명법

수많은 유기화합물에 계통적인 명칭을 붙이기 위해서는 조직적인 방법
이 필요하다. 전 세계를 통한 유기화학자들에 의해 국제적으로 통일된 명
명법이 고안되었고, 이 명명법이 인정되면서 사용되고 있다. 이 명명법은
국제순수응용화학연맹(Internatinal Union of Pure and Applied Chemistry
: IUPAC)에서 추천된 것이며, IUPAC 명명법이라고 한다.

① 파라핀(paraffin), 즉 포화탄화수소의 일반명칭은 알칸(alkane)이다.

② 알칸의 명칭은 C_1 에서 C_4 까지는 관용명을 사용하고 C_5 이상의 것에는 그리스어 수사의 어근에 공통으로 -ane를 붙인다.

③ 알칸에서 수소원자가 한 개 부족한 원자단 C_nH_{2n-1} 을 알킬기(alkyl group)라 부르고 개개의 명칭은 알칸의 어미 -ane 대신 -yl을 붙인다.

표 2-1 IUPAC 법에 의한 알칸의 명칭

C_nH_{2n+2}	알 칸	C_nH_{2n+1}	알킬기	그리스어의 수사	
CH_4	methane	CH_3	methyl	1	mono
CH_3CH_3	ethane	C_2H_5	ethyl	2	di
$CH_3CH_2CH_3$	propane	C_3H_7	propyl	3	tri
$CH_3(CH_2)_2CH_3$	butane	C_4H_9	butyl	4	tetra
$CH_3(CH_2)_3CH_3$	pentane	C_5H_{11}	pentyl[*]	5	penta
$CH_3(CH_2)_4CH_3$	hexane	C_6H_{13}	hexyl	6	hexa
$CH_3(CH_2)_5CH_3$	heptane	C_7H_{15}	heptyl	7	hepta
$CH_3(CH_2)_6CH_3$	octane	C_8H_{17}	octyl	8	octa
$CH_3(CH_2)_7CH_3$	nonane	C_9H_{19}	nonyl	9	nona
$CH_3(CH_2)_8CH_3$	decane	$C_{10}H_{21}$	decyl	10	deca

※ 관용명으로 아밀(amyl)이라고 부른다.

④ 가지달린 사슬모양의 알칸의 경우에는 우선 가장 긴 탄소사슬을 모체사슬로하여 알칸의 기본명을 붙인다. 다음 그 곁사슬에 가까운 한쪽 끝에서부터 모체사슬의 탄소원자에 차례로 1, 2, 3,⋯⋯의 번호를 붙여서 곁사슬의 위치를 나타낸다.

이와 같이하여 모체사슬에 상당하는 알칸의 이름 앞에 곁사슬의 알킬기 이름과 그 위치를 표시하는 탄소원자의 번호를 붙여서 명명한다.

같은 종류의 곁사슬이 여러 개 있을 때, 그 개수를 mono-, di-, tri-, ⋯⋯ 등의 접두어를 사용하여 붙인다.

표 2-2 몇 가지 알칸의 명명법

구 조 식	IUPAC명	관 용 명
$\overset{1}{CH_3}-\overset{2}{CH_2}-\overset{3}{CH_2}-\overset{4}{CH_3}$	butane	*n*-butane
$\overset{1}{CH_3}-\overset{2}{CH}-\overset{3}{CH_3}$ $\qquad CH_3$	2-methylpropane	isobutane
$\overset{1}{CH_3}-\overset{2}{CH_2}-\overset{3}{CH_2}-\overset{4}{CH_2}-\overset{5}{CH_3}$	pentane	*n*-pentane
$\overset{4}{CH_3}-\overset{3}{CH_2}-\overset{2}{CH}-\overset{1}{CH_3}$ $\qquad\qquad CH_3$	2-methylbutane	isopentane
CH_3 CH_3-C-CH_3 CH_3	2,2-dimethylpropane	neopentane
CH_3 $\overset{1}{CH_3}-\overset{2}{C}-\overset{3}{CH_2}-\overset{4}{CH}-\overset{5}{CH_3}$ $\quad CH_3\qquad CH_3$	2,2,4-trimethylpentane	isooctane
CH_3 $\overset{1}{CH_3}-\overset{2}{C}-\overset{3}{CH_2}-\overset{4}{CH}-\overset{5}{CH_2}-\overset{6}{CH_3}$ $\quad CH_3\qquad C_2H_5$	2,2-dimethyl-4-ethylhexane	

⑤ 가지달린 알킬기의 이름은 다음과 같이 수소원자가 1개 모자라는 탄소원자의 번호를 반드시 1로하고, 이 탄소원자로부터 시작하는 탄소사슬 중 가장 긴 탄소사슬에 상당하는 알킬기의 이름앞에 곁사슬의 위치를 표시하는 탄소번호와 곁사슬의 이름을 붙여서 명명한다.

$$(CH_3)$$
$$\overset{5}{CH_3}\overset{4}{CH_2}\overset{3}{CH_2}\overset{2}{CH_2}\overset{1}{CH_2}-$$
1-methyl pentyl

$$(CH_3)_2\overset{5}{CH}\overset{4}{CH_2}\overset{3}{CH_2}\overset{2}{CH_2}\overset{1}{CH_2}-$$
5-methyl hexyl

⑥ 길이가 동일한 가장 긴 탄소사슬이 여러개 있을 경우, 곁사슬의 수가 많은 것을 모체사슬로 한다.

$$CH_3$$
$$CH_3-CH-\overset{}{C}-CH_2-CH_2-CH_3$$

3-ethyl-2,3-dimethyl hexane

2.3. 알칸의 물리적 성질

알칸은 물에 불용성이며 액상 알칸은 물보다 밀도가 낮아서 물 위에 뜬
다. 알칸의 분자 속에는 극성원자단이나 다중결합, 비공유전자쌍이 없으므
로 분자간의 인력이 매우 작다. 그 결과 같은 분자량을 가진 다른 유기화
합물보다 끓는점이 대체로 낮다. 알칸의 융점과 비점은 표 2-3 과 같다.

표 2-3 알칸의 물리적 성질

분 자 식	명 칭	융 점 ℃	비 점 ℃
CH_4	methane	-182.7	-161.6
C_2H_6	ethane	-172.0	-88.5
C_3H_8	propane	-189.9	-44.5
C_4H_{10}	butane	-135.0	-0.5
C_5H_{12}	pentane	-130.8	+36.2
C_6H_{14}	hexane	-94.3	68.8
C_7H_{16}	heptane	-90.6	98.4
C_8H_{18}	octane	-57	125.8
C_9H_{20}	nonane	-51	150.6
$C_{10}H_{22}$	decane	-29.7	174.0

알칸의 $C_1 \sim C_4$ 는 상온, 상압에서 기체, $C_5 \sim C_{16}$ 은 액체, $C_{17} \sim$ 은 고체이
며 탄소수가 증가함에 따라 융점과 비점은 점차로 높아진다. 그러나 가지
가 달린 알칸은 탄소수가 같은 선형 알칸보다 비점과 융점이 낮다.

2-4 동족열과 이성체

동족열

알칸은 메탄에서부터 메틸렌(methylene, CH_2)이라는 조성의 차이로 증가하는 분자식을 가진 같은 족의 화합물이며, C_nH_{2n+2}라는 일반식으로 표시된다. 이처럼 성질이 비슷하고 어떤 일반식으로 나타낼 수 있는 화합물의 계열을 동족열(homologous series)이라 하고, 이들 화합물을 서로 동족체(homologue)라 한다.

알칸의 이성체

메탄, 에탄, 프로판에서는 각각 한 종류의 화합물만이 존재하지만 부탄부터는 동일한 분자식을 나타내도 비점이 서로 다른 물질들이 알려져 있다. 이것은 표 2-4와 같은 구조식에 따라 구별된다.

표 2-4 부탄의 이성체

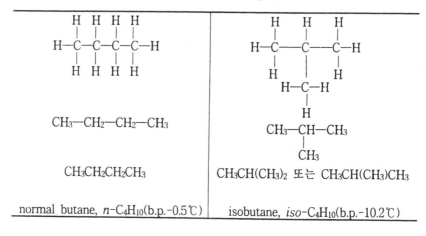

이와 같이 동일한 분자식을 가지면서도 성질이 서로 다른 화합물을 이성체(isomer)라고 하며 부탄과 이소부탄과 같이 구조식에 따라 구별되는 것을 특히 구조이성체(structural isomer)라 한다.

알칸의 이성체의 수는 펜탄(C_5H_{12})에 있어서는 3종, 핵산(C_6H_{14})에 있어서는 5종이며 탄소수가 증가함에 따라 점차 많아진다.

이들의 이성체 중에서 탄소원자들이 일렬로 늘어선 상태의 화합물을 노말(normal)화합물이라고하며 사슬의 한쪽끝에서 2번째 탄소에 메틸기의 가지가 있는 화합물을 이소(iso)화합물이라고 한다. 알칸의 관용명에서는 노말(normal), 이소(iso) 등을 사용하여 명명한다.

2.5. 알칸의 제법

할로겐화알킬(R · X)로부터의 환원법

할로겐화알킬(alkylhalide)은 할로겐을 수소로 치환시키는 여러 가지 환원제에 의해 같은 수의 탄소원자를 갖는 알칸이 된다.

$$R-X \xrightarrow{\text{H, Zn}} R-H + ZnX$$

alkyl halide 　　　　　alkane

$$CH_3-CH-CH-CH_2-CH_3 \xrightarrow{Zn \cdot H} CH_3-CH_2-CH-CH_2-CH_3 + ZnBr_2$$

$$\underset{Br \quad CH_3}{|\quad\quad|} \qquad\qquad\qquad\qquad\qquad \underset{CH_3}{|}$$

2-bromo-3-methylpentane 　　　　　　　　3-methylpentane

그리나르(Grignard) 합성법

금속 마그네슘의 소편을 무수 에테르에 담가 놓고 여기에 할로겐화알킬을 첨가하면 알킬마그네슘할리드(alkylmagnesiumhalide, RMgX, Grignard 시약)가 형성되며 이것을 묽은 산이나 할로겐화알킬로써 처리하면 해당하는 알칸이 생성된다.

ⅰ) $RX + Mg \xrightarrow{\text{무수에테르}} RMgX$

ⅱ) $2RMgX + 2HCl \longrightarrow 2RH + MgX_2 + MgCl_2$

　　$RMgX + R'X \longrightarrow R-R' + MgX_2$

부르쯔 (Wurtz)합성법

할로겐화알킬의 무수 에테르 용액에 금속 Na를 작용시키면 탄소원자수
가 배가 되는 알칸이 생성된다.

$$2RX + 2Na \xrightarrow{\text{가열}} R-R + 2NaX$$

요오드화 메칠은 금속 나트륨을 작용시키면 에탄을 얻는다.

$$CH_3I + 2Na + ICH_3 \longrightarrow CH_3-CH_3 + 2NaI$$

2.6. 알칸의 반응

알칸은 그 탄소원자가 모두 수소원자에 의해 포화되어 있기 때문에 화
학적으로 안정하며 할로겐원소 이외에 여러 가지 시약에 대한 친화력이
적고 물에는 거의 용해되지 않으며 산이나 알칼리에도 반응하지 않는다.
또 아주 강력한 산화제인 $KMnO_4$나 $K_2Cr_2O_7$에 의해서도 쉽게 산화되지 않
는다.

할로겐화 반응

보통의 조건하에서는 알칸은 할로겐에 의하여 할로겐화(halogenation)되
지 않는다. 그러나 햇빛이나 고온(약 300 ℃)에서는 알칸의 수소원자는 할
로겐원소에 따라 치환되어 여러 가지 종류의 할로겐화알킬을 생성한다. 이
반응은 자유라디칼(free radical)에 의한 연쇄반응(chain reaction)으로 반응
의 단계를 셋으로 나누어 볼 수 있다.

$$X-X \longrightarrow 2X \cdot \qquad \text{개시(initation)}$$

$$X \cdot + RH \longrightarrow HX + R \cdot \qquad \text{전파(propagation)}$$
$$R \cdot + X-X \longrightarrow RX + X \cdot$$

$$R \cdot + \cdot R \longrightarrow R-R$$
$$R \cdot + \cdot X \longrightarrow R-X \qquad \text{종결(tetmination)}$$
$$X \cdot + \cdot X \longrightarrow X-X$$

여기서 X는 할로겐을 나타내며 알칸이 할로겐 분자와 반응하는 속도는 $F_2 \gg Cl_2 > Br_2 > I_2$의 순이다. 일반적으로 염소($Cl_2$)와 브롬($Br_2$)이 알칸의 할로겐화에 사용된다.

메탄과의 반응의 예는 다음과 같다.

$$CH_4 + Cl\text{-}Cl \xrightarrow[\text{또는 열}]{\text{햇 빛}} CH_3Cl + HCl$$

methane   chloromethane
(methyl chloride)
b. p. -24.2℃

이 반응을 클로르화 반응(chlorination)이라 한다. 이 반응은 치환반응이며 수소가 염소로 치환된다.

여기에서 얻어진 염화메틸은 필요하다면 나머지 수소들이 전부 치환될 때까지 반응할 수가 있다. 즉 CH_2Cl_2, $CHCl_3$, CCl_4 등이 생성될 수 있고, 보통 때는 이들의 혼합물이 얻어진다. 그러나 반응조건과 염소와 메탄의 양을 조정함으로써 원하는 생성물을 우선적으로 얻을 수 있다.

$$CH_3Cl + Cl_2 \xrightarrow{\text{햇빛과 열}} CH_2Cl_2 + HCl$$

dichloromethane
(methylene chloride)
b.p. 40℃

$$CH_2Cl_2 + Cl_2 \xrightarrow{\text{햇빛과 열}} CHCl_3 + HCl$$

trichloromethane
(chloroform)
b.p. 61.7℃

$$CHCl_3 + Cl_2 \xrightarrow{\text{햇빛과 열}} CCl_4 + HCl$$

tetrachloromethane
(carbon tetrachloride)
b.p. 76.5℃

알칸의 탄소수가 많아지면 반응은 더욱 복잡해진다. 이와같은 반응은 조절이 곤란하므로 여러 가지 혼합물이 생성되며, 에탄의 브롬화를 보면 다음과 같다.

$$CH_3CH_3 \xrightarrow{Br_2} CH_3CH_2Br \xrightarrow{Br_2} CH_3CHBr_2 + CH_2BrCH_2Br$$

bromoethane   1,1-dibromoethane   1,2-dibromoethane
(ethyl bromide)   (ethylidene bromide)   (ethylene bromide)

니트로화 반응

최근에 특히 그 중요성이 인정된 또 다른 치환반응은 진한 황산의 존재
하에서 진한 질산과 알칸의 반응이다.

$$CH_4 + HO-NO_2 \xrightarrow[c-H_2SO_4]{400℃} CH_3NO_2 + H_2O$$

nitric acid   nitromethane

니트로화 반응(nitration)은 단일치환 반응만 일어나며 고급알칸에서는
탄소 - 수소결합의 절단뿐만이 아니라 탄소 - 탄소결합도 끊는다는 점에서
할로겐화 반응과 차이가 있다.

$$CH_3CH_2CH_3 \xrightarrow{HONO_2} CH_3CH_2CH_2NO_2 + CH_3CH(NO_2)CH_3 + CH_3CH_2NO_2 + CH_3NO_2$$

propane   1-nitropropane   2-nitropropane   nitroethane   nitromethane

이 반응의 생성물은 우수한 용매이며 특수 경주용 및 모형 엔진 연료의
성분, 의약품 및 폭약합성의 중간체이다.

술폰화

메탄 등의 저급알칸은 산류와는 전혀 반응하지 않지만 C_6 이상의 것은
발연황산에 의해 그 수소원자는 술폰산기($-SO_3H$)로 치환된다.

$$C_nH_{2n+2} + H_2SO_4 \longrightarrow C_nH_{2n+1} - SO_3H + H_2O$$

alkylsulfonic acid

이러한 반응을 술폰화(sulfonation)라고하며 그 생성물을 술폰산(sulfonic
acid)이라고 한다.

C_{10} 이상의 알칸의 술폰산의 Na염은 오늘날에는 합성세제로 쓰이고 있다.

산 화

알칸을 과량의 산소의 존재하에서 연소하면 CO_2와 H_2O를 생성하면서 많은 양의 열을 발생한다.

$$CH_4 + 2O_2 \longrightarrow CO_2 + 2H_2O + 211,800 \text{ cal/mol}$$

$$2C_4H_{10} + 13O_2 \longrightarrow 8CO_2 + 10H_2O + 6,880,000 \text{ cal/mol}$$

산소가 부족한 상태에서는 반응이 완전하지 못하여 유독한 일산화탄소나 유리탄소가 발생되는데 자동차의 엔진내에서 위와같은 불완전 연소가 있을 때는 공해를 초래하는 요소가 된다.

$$2CH_4 + 3O_2 \longrightarrow 2CO + 4H_2O$$

$$CH_4 + O_2 \longrightarrow C + 2H_2O$$

열분해

알칸은 안전한 화합물이기 때문에 분해되지 않는 상태로 증류시킬 수가 있다. 그러나 그것을 공기가 없는 상태에서 그들의 비점 이상의 온도까지 올리면 그 분자들은 몇 가지 작은 분자로 분해되는데, 이런 현상을 크래킹(cracking)이라 부른다. 카본 블랙(carbon black)은 메탄을 크래킹하여 만든다.

$$CH_4 \xrightarrow{\text{열분해}} C + 2H_2$$

고급탄화수소를 크래킹해서 휘발유를 얻을 수 있고, 촉매를 이용하는 기술의 발전으로 인하여 종전보다 더욱 낮은 온도에서 그것이 가능하게 되었다.

$$\text{고급 알칸} \xrightarrow[\text{공기차단}]{\text{열, 압력}} \text{저급알칸} + \text{불포화탄화수소}$$

이 반응은 약 15~18개의 탄소수를 가지고 있는 탄화수소를 탄소수가 5~12정도인 휘발유탄화수소로 전환시키기 위해 석유공업에서 널리 이용되고 있다.

$$\underset{\text{hexadecane}}{C_{16}H_{34}} \xrightarrow[\text{공기차단}]{\text{열, 압력}} \begin{cases} C_6H_{14} + C_{10}H_{20} \\ C_7H_{16} + C_9H_{18} \\ C_8H_{18} + C_8H_{16} \\ C_{12}H_{26} + C_2H_4 + CH_4 + C \text{ 등} \end{cases}$$

이성화

자동차 연료에서 직쇄로 된 탄화수소보다는 측쇄가 많이 달린 것이 더욱 안티녹킹(antiknocking)성이 크다는 것이 알려졌다. 따라서 직쇄의 것을 측쇄가 있는 것으로 전환시키는 기술이 발달되었다.

$$CH_3CH_2CH_2CH_3 \xrightarrow[\text{가열}]{AlCl_3} \underset{\underset{CH_3}{|}}{CH_3CHCH_3}$$

$$\underset{n\text{-butane}}{} \qquad\qquad \underset{\text{isobutane}}{}$$

휘발유의 질은 옥탄가(octane number)로 표시되며, 이소옥탄(isooctane)의 옥탄가를 100 으로 하고 노말헵탄(n-heptane)의 옥탄가를 0 으로 하였을 때, 양자의 혼합비에 의해서 나타나는 안티녹킹정도를 비교하여 휘발유의 질을 규정짓는다. 옥탄가 80 의 휘발유라 하면 이소옥탄 80 %, 노말헵탄 20 %의 비로 혼합된 휘발유와 질이 같다는 뜻이다.

옥탄가가 높은 이소옥탄은 다음과 같이 공업적으로 합성한다.

$$2 \underset{CH_3}{\overset{CH_3}{>}}C=CH_2 \xrightarrow[\text{부가중합}]{H_2SO_4} \underset{CH_3}{\overset{CH_3}{>}}C=CH-\underset{\underset{CH_3}{|}}{\overset{\overset{CH_3}{|}}{C}}-CH_3$$

2 - methyl - 1 -propene　　　　2, 4, 4 - trimethyl - 2 - pentene

$$\xrightarrow{H_2} \underset{CH_3}{\overset{CH_3}{>}}CH-CH_2-\underset{\underset{CH_3}{|}}{\overset{\overset{CH_3}{|}}{C}}-CH_3$$

isooctane(2, 2, 4-trimethylpentane)

2.7. 시클로알칸

시클로알칸(cycloalkane)의 명명법

알칸 중에서 앞에서 설명한 알칸보다 수소수가 적은 것이 있다. 고리구
조를 갖는 이들의 일반식은 C_nH_{2n}이고, 그 중 가장 간단한 것은 분자식이
C_3H_6인 시클로프로판이다.

cyclopropane

시클로알칸은 같은 탄소수를 가지는 사슬모양 알칸의 이름 앞에 시클로
(cyclo)를 붙여서 명명한다.

cyclobutane   cyclopentane   cyclohexane   cyclooctane

시클로알칸에서 수소 하나가 없는 것을 알킬기와 같이 명명하여 시클로
알킬기가 된다. 고리구조에 치환체가 있으면 치환체의 위치번호를 정하는
데, 모든 치환기번호의 합이 최소가 되도록 하여야 한다. 치환기가 1개 있
는 경우는 번호를 붙일 필요가 없다.

chlorocyclopentane   1,3-dimethyl-   1-chloro-1-   1,1-dichloro-3-
(cyclopentyl chloride)   cyclohexane   methylcyclobutane   methylcyclopentane

시클로알칸의 구조식은 고리의 수소와 **탄소를** 생략하여 나타낼 수 있다. 같은 방법으로 사슬모양 알칸도 탄소골격만으로 나타낼 수 있다.

2-chloropentane

시클로알칸의 구조

네 개의 치환기를 가진 탄소원자는 가장 강한 결합을 이루기 위해 기하학적 모양이 정사면체인 109°28′에 가까운 결합각을 가진다. 그러나 시클로프로판은 평면 구조이며 탄소 사이의 결합각은 60°이다. 결과적으로 시클로프로판의 탄소-탄소결합은 알칸에 비하여 비정상적으로 약하여, 강산에 의한 분해 등 여러 가지 화학반응을 일으킨다.

$$\triangle \ + \ HBr \longrightarrow CH_3{-}CH_2{-}CH_2{-}Br$$

이들 고리화합물의 불안정성은 결합각이 정사면체의 109°28′에서 벗어나기 때문에 일어나며, 이를 각스트레인(angle strain)이라고 한다. 시클로부탄도 탄소 사이의 결합각이 90°이며 큰 각스트레인을 나타내는 네 개의 탄소는 거의 평면에 놓여 있다. 정오각형의 시클로펜탄은 탄소 사이의 결합각이 108°이므로 거의 109°28′에 가까워서 정상에 가깝다. 시클로헥산은 정확하게 정사면체의 구조인 109°28′의 결합각을 가진다. 이것은 여섯 개의 탄소가 평면의 기하구조를 이루지 않기 때문이다. 더 큰 고리화합물도 평면구조가 아니며 결합각이 거의 109°28′를 유지하고 있다.

시클로헥산의 형태

시클로헥산은 의자형(chair form)과 보우트형(boat form)의 두 기하구조가 있으며, 각 탄소의 결합은 109°28′를 유지하여 각스트레인이 없다. 의

자형과 보우트형은 탄소-탄소 결합주위를 회전하면서 상호변환이 가능하다.

의자형은 대부분의 시클로헥산 유도체와 시클로헥산의 형태에서 가장 안정한 구조이다. 따라서 시클로헥산고리를 갖는 분자는 거의 의자형이며, 고리의 탄소에 결합된 원자나 치환기는 모두 엇먹는 형태이다.

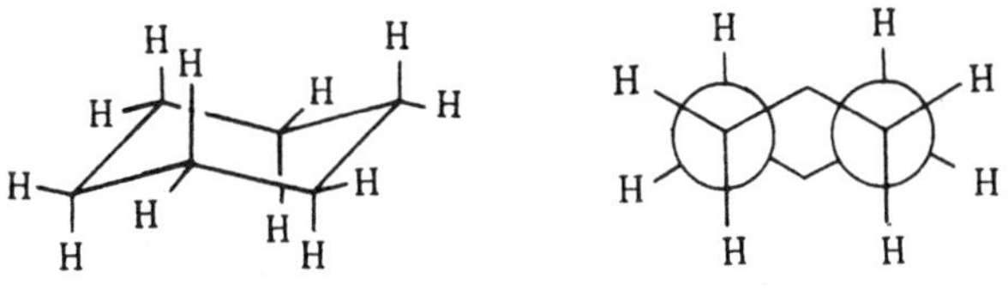

측면   전면

의자형

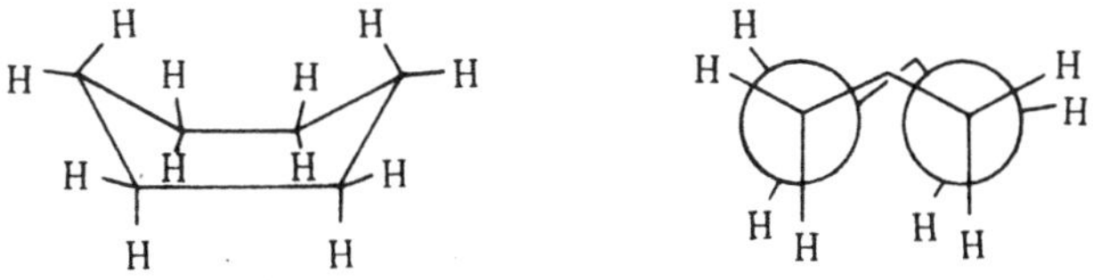

측면   전면

보우트형

보우트형은 각스트레인이 없는 109°28′를 가지지만 의자형보다 덜 안정하다. 그것은 고리의 탄소에 결합된 원자나 치환기가 가리워진 형태를 가지고 있기 때문이며, 또 다른 이유로는 깃대수소(flagpole hydrogen)가 가까이 접근하면서 생기는 반발 때문이다. 치환기들이 너무 가까이 접근하여서 발생되는 상호작용을 입체반발(steric repulsion)이라고 한다.

의자형에는 두 종류의 수소가 있다. 여섯 개의 수소는 탄소고리의 공간쪽으로 있으며 이를 수평방향(equatorial)이라고 하고, 나머지 여섯 개의 수소는 수직방향으로 완전히 엇갈린 형태로 되어 있으며 축방향(axial)이라고 한다.

　　의자형의 한 탄소를 반대쪽으로 틀어버리면 보우트형으로 변화되며, 그
탄소에서 네 번째 탄소를 반대쪽으로 하면 다시 의자형이 된다. 이 변화의
결과, 모든 수소는 축방향과 수평방향으로 변화될 수 있고 이러한 탄소-탄
소 결합을 중심으로 한 회전은 상온에서 초당 수천번씩 일어난다.

의자형　　　　　　　　보우트형　　　　　　　의자형

제 2 장 연습문제

1. 6개의 탄소원자를 가진 알칸의 분자식을 적어라.

2. 다음 화합물의 IUPAC명을 써라.

                  CH_3 CH_3
                  | |

   ① $CH_3CH-CHCH_2CH_3$ ② $(CH_3)_2CHCH_2CH_3$

   ③ $(CH_3)_2CHC(CH_3)(C_2H_5)_2$ ④ $CH_3CH_2CH_2Br$

3. 다음 화합물의 구조식을 써라.

   ① 2,2,4-trimethylpentane   ② 4-ethly-2-methylhexane

   ③ isobutane   ④ neopentane

4. 다음의 단어를 간단히 설명하여라.

   ① 동족체   ② paraffin   ③ 치환반응   ④ nitroalkane

5. 1,3-dichlorobutane은 IUPAC명으로 옳은 이름이고 1,3-dimethyl butane은 IUPAC명으로 틀린 이름인 이유를 설명하여라.

6. 메탄의 모든 가능한 브롬화생성물의 구조식과 이름을 적어라.

7. C_5H_{12}로 된 탄화수소의 모든 이성체의 구조식과 그 명칭을 써라.

8. 다음 시약 중에서 n-pentane과 반응한다고 생각되는 것은 어느 것인가?

   ① 진한 H_2SO_4 ② 진한 KOH수용액   ③ $KMnO_4$ ④ Cl_2 ⑤ I_2

불포화 탄화수소

불포화탄화수소는 탄소원자 사이에 이중결합을 갖는, 즉 일반식이 C_nH_{2n}인 올레핀(olefin)계 탄화수소를 알켄(alkene)이라 하고 탄소원자 사이에 삼중결합, 즉 일반식이 C_nH_{2n-2}인 아세틸렌(acetylene)계 탄화수소를 알킨(alkyne)이라 부른다.

3.1. 알 켄

알켄은 탄소와 탄소사이에 이중결합을 갖고 있는 화합물이다. 이들 알켄 계열의 첫 번째 화합물은 에틸렌(ethylene)으로서 이 계열의 화합물을 에틸렌계 탄화수소 계열이라고도 한다.

알켄의 명명법

IUPAC명명법에 따라 알켄에 이름을 붙일 때에는 이중결합을 포함한 가장 긴 사슬을 모체로하여 이에 해당하는 알칸의 이름의 어미 -ane을 -ene으로 바꾸어 명명한다. 관용명에서는 -ene대신 -ylene을 붙인다.

$$CH_3-CH_3 \longrightarrow CH_2 = CH_2$$
ethane ethene(ethylene)

$$CH_3-CH_2-CH_3 \longrightarrow CH_3-CH = CH_2$$
propane propene(propylene)

탄소사슬이 길 때는 이중결합의 위치를 표시하기 위하여 모체사슬에 α · β · γ ····(관용명) 또는 1·2·3····(IUPAC명) 등의 번호를 붙여서 명명한다. 이와 같이 모체사슬에 번호를 붙일 때에는 이중결합의 첫 번째 탄소원자의 번호가 가장 작은 숫자가 되도록 한다. 또한 이중결합의 위치는 이중결합을 형성하는 최초의 탄소번호로서 표시한다.

$$\overset{\delta}{C}H_3 - \overset{\gamma}{C}H_2 - \overset{\beta}{C}H = \overset{\alpha}{C}H_2$$
α-butyene

$$\overset{5}{C}H_3 - \overset{4}{C}H_2 - \overset{3}{C}H = \overset{2}{C}H - \overset{1}{C}H_3$$
2-pentene

$$\overset{1}{C}H_3 - \overset{2}{C}H - \overset{3}{C}H - \overset{4}{C}H_2 - \overset{5}{C}H - \overset{6}{C}H_3$$
$$| \qquad | \qquad |$$
$$CH_3 \quad CH=CH_2 \quad Cl$$
$$\qquad \overset{2}{} \quad \overset{1}{}$$
3-isopropyl-5-chloro-1-hexene

또 2개 이상의 이중결합이 있을 때에는 그 수를 나타내는 수사(di, tri, tetra···· 등)를 어미 -ene 바로 앞에 붙인다.

$$\overset{1}{C}H_2 = \overset{2}{C}H - \overset{3}{C}H = \overset{4}{C}H - \overset{5}{C}H_3$$
1, 3-pentadiene

$$\overset{1}{C}H_2 = \overset{2}{C} - \overset{3}{C}H = \overset{4}{C}H - \overset{5}{C}H - \overset{6}{C}H = \overset{7}{C}H - \overset{8}{C}H_2 - Cl$$
$$| \qquad\qquad\qquad |$$
$$Cl \qquad\qquad CH_2-CH_2-CH_2-CH_3$$
2, 8-dichoro-5-n-butyl-1, 3, 6-octatriene

시클로알켄(cycloalkene)은 알켄에서와 같은 방법으로 이름을 붙이지만 번호를 붙일 때에는 이중결합에 관여한 탄소가 1과 2가 되도록 하여 모든 치환기들에게 가능한한 작은 숫자가 주어지도록 방향을 정한다.

$$\overset{1}{CH} = \overset{2}{CH}$$
$$\overset{5}{CH_2} \quad \overset{3}{CH\text{-}Cl}$$
$$\overset{4}{CH_2}$$

3-chlorocyclopentene

알켄에서 수소원자 한 개가 제거된 탄화수소는 접미사-enyl을 가지며 번호는 유리결합을 지닌 탄소원자로부터 시작한다. 그러나 몇 가지 알켄일기(alkenyl group)는 관용명을 쓴다.

$$CH_2 = CH -$$

ethenyl(IUPAC명)
vinyl(관용명)

$$CH_2 = CHCH_2 -$$

2-propenyl(IUPAC명)
allyl(관용명)

$$CH_3$$
$$|$$
$$CH_2 = C -$$

1-methyl ethenyl(IUPAC명)
isopropenyl(관용명)

알켄의 물리적 성질

순수한 알켄은 무색·무취이며 비점과 융점 등 몇 가지를 제외하고는 알칸과 성질이 거의 비슷하다. 모든 알켄은 물에 전혀 녹지 않으며, 비중은 물보다 작다

표 3-1 알켄의 물리적 성질

분자식	IUPAC명	구 조 식	비점(℃)
C_2H_4	ethene	$CH_2=CH$	-103.8
C_3H_6	propene	$CH_3-CH=CH_2$	-47
C_4H_8	1-butene	$CH_3-CH_2-CH=CH_2$	-6.3
	2-butene	$CH_3-CH=CH-CH_3$	3.6
	2-methyl propene	$(CH_3)_2C=CH_2$	-6
C_5H_{10}	1-pentene	$CH_3CH_2CH_2-CH=CH_2$	30
	2-pentene	$CH_3-CH_2-CH=CH-CH_3$	36.4
	2-methyl-1-butene	$CH_2=C(CH_3)-CH_2-CH_3$	32
	3-methyl-1-butene	$(CH_3)_2CH-CH=CH_2$	20.1
	2-methyl-2-butene	$(CH_3)_2C=CH-CH_3$	38.4
C_6H_{12}	1-hexene	$CH_3(CH_2)_3-CH=CH_2$	61.4
C_7H_{14}	1-heptene	$CH_3(CH_2)_4-CH=CH_2$	99
C_8H_{16}	1-octene	$CH_3(CH_2)_5-CH=CH_2$	123
$C_{10}H_{20}$	1-decene	$CH_3(CH_2)_7-CH=CH_2$	172

상온에서 부텐 이하의 것은 기체이며, $C_5 \sim C_{18}$의 것은 액체, C_{19} 이상의 것은 고체이다.

알켄의 이성체

알켄에는 알칸에서와 같은 사슬이성체(chain isomer)외에도 이중결합의 위치에 따른 위치이성체(positional isomer), 이중결합의 양편의 사슬의 결합상태에 따른 기하이성체(geometrical isomer)가 있다.

앞에서 설명한 바와 같이 탄소-탄소 단일결합에 있어서는 정사면체의 정점에서 결합이 이루어지며 결합부에서 자유로이 회전될 수 있기 때문에,

$$
\begin{array}{cc}
\mathrm{CH_2-CH_3} & \mathrm{CH_2-CH_3} \\
| & | \\
\mathrm{CH_3-CH_2} & \mathrm{CH_2-CH_3} \\
\text{(a)} & \text{(b)}
\end{array}
$$

(a)와 (b)는 표기상에 차이가 있을 뿐이며, 실제로는 동일한 화합물이다. 그러나 알켄에 있어서는 다음과 같이 완전히 별도의 화합물이 된다.

$$
\begin{array}{cc}
\mathrm{HC-CH_3} & \mathrm{HC-CH_3} \\
\| & \| \\
\mathrm{HC-CH_3} & \mathrm{CH_3-CH} \\
cis\text{-2-butene(b.p. 3,6℃)} & trans\text{-2-butene(b.p. 0.9℃)}
\end{array}
$$

이것은 이중결합을 사이에 둔 탄소원자가 능선부에서 결합되어 있으므로 자유회전이 불가능하기 때문에 나타나는 결과이다.

구조식으로 표시할 때에는 이중결합을 중심으로하여 같은 방향에 같은 원자나 원자단이 배열된 것을 시스형(*cis* form)이라 하고, 반대 방향으로 배열된 것을 트랜스형(*trans* form)이라고 한다.

알켄의 제법

① 알코올의 탈수 반응

1개의 OH기를 가지고 있는 포화알코올을 알루미나(Al_2O_3) 존재하에서

반응시키면 탈수되어 이중결합이 형성된다.

$$\underset{\text{ethyl alcohol}}{\overset{\displaystyle H-\underset{\underset{\boxed{H\ \ OH}}{|}}{\overset{\overset{H\ H}{|\ \ |}}{C}}-C-H}{}} \quad \xrightarrow[350℃]{Al_2O_3} \quad \underset{\text{ethylene(ethene)}}{H-\overset{\overset{H\ H}{|\ \ |}}{C}=C-H} \ + \ H_2O$$

2-부탄올을 이용하면 알켄의 혼합물을 얻을 수 있다.

$$\underset{\text{2-butanol}}{H-\overset{\overset{H\ H\ H\ H}{|\ \ |\ \ |\ \ |}}{C}-\underset{\boxed{H\ OH\ H}}{C}-C-C-H} \quad \xrightarrow{-H_2O} \quad \begin{cases} \underset{\text{1-butene(20\%)}}{H-C=C-C-C-H} \\[2em] \underset{\text{2-butene(80\%)}}{H-C-C=C-C-H} \end{cases}$$

② 탈할로겐화수소반응

할로겐화알킬에 강알칼리의 알코올 용액을 작용시키면 알켄이 생성된다.

$$H-\overset{\overset{H\ \ H\ \ H}{|\ \ \ |\ \ \ |}}{\underset{\underset{H\ \boxed{Br\ \ H}}{|\ \ |\ \ |}}{C}}-C-C-H \quad \xrightarrow[\text{in alchol}]{K^+OH^-} \quad H-\overset{\overset{H\ H\ H}{|\ |\ |}}{\underset{\underset{H}{|}}{C}}-C=C-H \ + \ KBr \ + \ H_2O$$

이탈된 할로겐화수소는 알칼리와 반응해서 염과 물을 형성한다.

③ 알칸의 열분해에 의한 방법

알칸을 고온으로 처리하여 탈수소시키거나 또는 탄소사이의 결합을 분해하면 알켄이 만들어진다.

$$CH_3CH_3 \quad \xrightarrow{700℃} \quad CH_2=CH_2 \ + \ H_2$$

노말부탄(n-butane)은 다음과 같이 크래킹되어 프로펜과 에텐이 생긴다.

$$
\underset{n\text{-butane}}{CH_3 \overset{(a)}{\dashv} CH_2 \overset{(b)}{\dashv} CH_2 - CH_3}
\begin{cases}
\overset{(a)}{\longrightarrow} CH_1 + \underset{propene}{CH_2 = CH - CH_3} \\
\overset{(b)}{\longrightarrow} \underset{ethene}{CH_2 = CH_2 + CH_3 - CH_3}
\end{cases}
$$

원료가 $C_{10} \sim C_{16}$ 정도의 알칸일 때는 여러 가지 생성물이 얻어진다.

알켄의 반응

포화탄화수소와 불포화탄화수소는 그것들이 갖는 반응성에 있어서도 크게 차이가 있다. 알칸은 주로 치환반응을 하는데 반해서 알켄은 주로 부가반응을 특징으로 하고 있다. 이것은 에탄과 에텐이 브롬과 반응하는 것으로 비교할 수 있을 것이다.

$$
\underset{ethane}{CH_3 - CH_3} + Br_2 \longrightarrow \underset{bromoethane}{CH_3CH_2Br} + HBr \text{ (치환반응)}
$$

$$
\underset{ethene}{CH_2 = CH_2} + Br_2 \longrightarrow \underset{\substack{| \quad | \\ Br \quad Br}}{CH_2 - CH_2} \text{ (부가반응)}
$$

$$
\text{1,2-dibromoethane}
$$

부가반응은 낮은 온도에서도 대단히 **빠른** 속도로 진행되나, **치환반응**은 가끔 촉매를 필요로 하거나 높은 온도를 요한다. 부가 반응은 단 한 가지 생성물만 만드나, 치환반응에서는 두 생성물을 만들며, 그 중의 하나는 무기부산물이다. 알켄은 부가반응 이외도 산화반응, 중합반응을 한다.

① 수소 및 할로겐의 부가반응

$$
R - CH = CH_2 \xrightarrow[\text{Pt, Ni}]{H_2} R - CH_2 - CH_3
$$

알켄은 촉매의 존재하에서 쉽게 수소부가가 이루어진다. 또 알칸에서는 치환반응을 하였던 할로겐 역시 여기에서는 부가반응을 한다. 이중결합에 대한 반응성은 $Cl_2 > Br_2 > I_2$ 의 순서이다.

$$R-CH=CH_2 \xrightarrow{X_2} R-\overset{\overset{\displaystyle H}{|}}{\underset{\underset{\displaystyle X}{|}}{C}}-\overset{\overset{\displaystyle H}{|}}{\underset{\underset{\displaystyle X}{|}}{C}}-H$$

이 경우는 빅-디할리드(*vic*-dihalide)가 생성된다.

② 할로겐화수소와 반응

산이나 할로겐화수소가 알켄과 반응할 때에도 부가반응을 한다.
HX의 이중결합에 대한 반응성은 HI>HBr>HCl의 순서이다.

$$CH_3 - CH = CH_2 + HBr \left\langle \begin{array}{l} CH_3 - CH_2 - CH_2Br \\ \text{1-bromopropane} \\ CH_3 - CHBr - CH_3 \\ \text{2-bromopropane} \end{array} \right.$$

이 반응에서는 위와 같이 두 가지 과정에 의해서 이성체가 생성될 가능성이 있으나, 실제는 2-브로모프로판(2-bromopropane)이 주생성물이다.

마르코브니코프(Markownikoff, 1838~1904)의 법칙에 따르면 부가시약에서 양성부분은 수소원자가 더 많이 결합된 이중결합의 탄소원자에 붙게된다. 이를 다시 설명하면 1-프로펜(1-propene)의 메틸기는 전자를 밀어내는 성질을 가지고 있으므로 이중결합의 전자밀도는 1번 탄소에 치우치고, 따라서 2번 탄소의 전자밀도는 적어진다. 따라서 H^+는 음성부분을 띤 1번 탄소에, Br 는 전자밀도가 적어져서 상대적으로 양성부분을 띠게된 2번 탄소에 붙게 된다.

$$\overset{3}{C}H_3 \longrightarrow \overset{2}{\overset{\overset{\displaystyle H}{|}}{C}} :: \overset{1}{\overset{\overset{\displaystyle H}{|}}{C}}-H \longrightarrow [CH_3 \longrightarrow {}^{\delta\oplus}CH = {}^{\delta\ominus}CH_2]$$

$$CH_3 - {}^{\delta\oplus}CH = {}^{\delta\ominus}CH_2 + H^+X^- \longrightarrow CH_3 - CHX - CH_3$$

이 때에 사용된 $\delta(+)$, $\delta(-)$기호는 이온화된 뜻이 아니고, 전자밀도의 치우침을 나타내는 것이다. 그런데 이와 같은 부가반응에 있어서 과산화물이나 산소가 존재하면 반대의 결과가 나타난다. 이것은 카아라쉬(kharasch, 1933)에 의해서 발견된 것인데, 이것을 산소효과(oxygen effect) 또는 과산화물효과(peroxide effect)라고 부른다.

$$CH_3-CH=CH_2 \ + \ HBr \ \xrightarrow{\quad[O]\quad} \ CH_3-CH_2-CH_2Br$$

③ 알칸의 부가

알켄에 알칸을 반응시킬 때는 마르코브니코프의 법칙이 적용된다.

$$\underset{\text{ethane}}{CH_3-CH_3} \ + \ \underset{\text{propene}}{CH_2=CH-CH_3} \ \longrightarrow \ \underset{\text{2-methylbutane}}{CH_3-\overset{\overset{\textstyle CH_3}{|}}{CH}-CH_2-CH_3}$$

$$\underset{\text{2,2-dimethylpropane}}{CH_3-\overset{\overset{\textstyle CH_3}{|}}{\underset{\underset{\textstyle CH_3}{|}}{C}}-CH_3} \ + \ \underset{\text{2-butene}}{CH_3-CH=CH-CH_3} \ \longrightarrow \ \underset{\text{2,2,4-trimethylhexane}}{CH_3-\overset{\overset{\textstyle CH_3}{|}}{\underset{\underset{\textstyle CH_3}{|}}{C}}-CH_2-\overset{\overset{\textstyle CH_3}{|}}{CH}-CH_2-CH_3}$$

④ 알켄의 중합반응

작은 화학단위가 반복해서 이루어진 분자량이 큰 화합물을 중합체(polymer)라하고 중합체의 기본단위가 되는 화합물을 단위체(monomer)라 한다. 단위체로부터 고분자를 만드는 화학반응을 중합반응(polymerization)이라 부른다. 알켄의 중합반응에서 에틸렌을 중합하면 폴리에틸렌이 된다.

$$\underset{\text{ethene(ethylene)}}{n(CH_2=CH_2)} \ \xrightarrow{\quad1,000기압,\ 100\sim140℃\quad} \ \underset{\text{polyethylene}}{-\!\!\left(CH_2-CH_2\right)_{\!n}\!\!-}$$

이 때 n은 70~700 정도가 된다.

그런데 이 반응은 유리기(free radical) 반응으로서 다음과 같이 표시할 수 있다.

$$R \cdot \ + \ CH_2 = CH_2 \ \longrightarrow \ R-CH_2-CH_2 \cdot$$

$$R-CH_2-CH_2 \cdot \ + \ CH_2 = CH_2 \ \longrightarrow \ R-CH_2-CH_2-CH_2-CH_2$$

이 과정은 계속하여 진행되며, 기(基)가 너무 커져서 더 이상 기의 형성을 하기에는 그 에너지가 부족할 때까지 진행되거나, 두 유리기의 결합으로 반응이 종결되어 안정화될 때까지 진행된다. 이 때 사용되는 촉매는 쉽게 유리기 R·을 만들 수 있는 것이라야 하며, 가장 일반적인 촉매중의 하나가 유기과산화물(R-O-O-R)이다.

이렇게 해서 생성된 물질 즉, 폴리에틸렌(polyethylene)은 식품의 포장용 필름으로나 농업용 비닐하우스에서 쓰이는 필름 제조용으로 널리 이용된다.

이외에도 폴리프로필렌(polypropylene)이나 수도관이나 호스 등에 사용되고 있는 폴리염화비닐 및 후라이팬 등의 표면수지가공에 사용되고 있는 테프론(teflon)은 각각 프로필렌(propylene), 염화비닐, 테트라플루오로에틸렌(tetrafluoroethylene)을 단위체로 한 중합체이다.

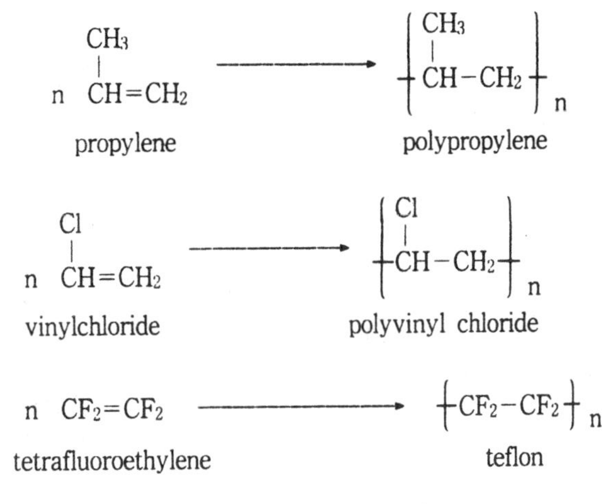

⑤ 산 화

㉠ KMnO_4에 의한 산화

알켄은 0.5~1% KMnO_4의 알칼리용액에 의해 산화되어 글리콜(2개의 인접한 히드록시기를 가진 화합물)로 된다. 이때 KMnO_4의 자색은 소실되고 갈색의 MnO_2가 생긴다. 그러나 포화탄화수소는 이와 같은 온화한 조건 하에서는 산화되지 않으므로 빛깔의 변화가 없다. 가열하면 다시 산화되어 카르복실산으로 된다. $K_2Cr_2O_7$ 과 H_2SO_4 로 산화하여도 같게 된다.

$$R-CH=CH-R' \xrightarrow{KMnO_4+H_2O} \underset{\underset{OH\ \ OH}{|\ \ \ |}}{R-CH-CH-R'} \xrightarrow{O} R-COOH+HOOC-R'$$

ⓛ 오존산화

알켄은 클로로포름, 사염화탄소 등의 용매에 녹여서 O_3을 통하면 오존화물(ozonide)을 생성하고, 가수분해하면 이중결합의 위치가 끊어져 알데히드 또는 케톤을 생성한다. 이것을 오존분해(ozonolysis)라 하며 이중결합의 위치를 결정하는데 사용된다.

$$R-CH=CH-R' \xrightarrow{O_3} \underset{\underset{O\overline{\quad\quad}O}{|\quad\quad\ |}}{R-CH\overset{\overset{\displaystyle O}{\diagup\diagdown}}{\quad}CH-R'} \xrightarrow{H_2O} R-CHO + R'-CHO + H_2O_2$$

⑥ 치 환

알켄은 보통 부가반응을 하나 알켄도 탄소-수소결합을 가지고 있기 때문에 특별한 조건하에서는 치환을 일으킨다. 에틸렌은 높은 온도에서 염소화되어 몇 가지 중요한 중합체의 출발물질인 염화비닐(vinyl chloride)로 된다.

$$CH_2=CH_2 + Cl_2 \xrightarrow{400℃} CH_2=CHCl + HCl$$

chloroethene
(vinyl chloride)

3.2. 디엔과 폴리엔

한 분자 내에 이중결합 2개를 갖는 탄화수소를 디엔(diene)이라 하고, 3개가 있는 것을 트리엔(triene), 4개를 가지고 있는 것을 테트라엔(tetraene)

이라고 한다. 또한 3 개 이상의 이중 결합을 갖는 알켄을 폴리엔(polyene)
이라고 총칭한다. 이들은 분자 내의 이중결합의 배치 상태에 따라 다음과
같이 구별한다.

고립된 이중결합(isolated double bond)

이중결합이 따로따로 행동하며 두 번째 이중결합은 첫 번째 이중결합에
아무런 영향을 주지 않으며 보통 알겐에서와 같은 작용을 한다.

$$-CH=CH-(CH_2)_n-CH=CH-$$
$$CH_2=CH-CH_2-CH_2-CH=CH_2$$
1, 5-hexadiene

공액 이중결합(conjugated double bond)

이중결합이 한 칸 건너에 배치된 상태를 만든다.

$$-CH=CH-CH=CH-$$
$$CH_2=CH-CH=CH_2$$
1, 3-butadiene

겹친 이중결합(cumulated double bond)

이중결합이 연속해 있는 상태이며, 알렌(allene)이 그 대표적 예이다.

$$CH_2=C=CH_2$$
allene

알렌(allene)과 그 유도체

알렌은 다음과 같이 제조된다.

$$\underset{\underset{Br}{|}}{CH_2}-\underset{\underset{Br}{|}}{CH}-\underset{\underset{Br}{|}}{CH_2} \xrightarrow[-HBr]{OH} \underset{\underset{Br}{|}\ \ \underset{Br}{|}}{CH_2=C-CH_2} \xrightarrow[-Br_2]{Zn} CH_2=C=CH_2$$

1,2,3-tribromopropane   2,3-dibromo-1-propene   allene

알렌을 에테르 중에서 Na와 가열하면 이성화가 일어나 메틸아세틸렌 (methylacetylene)이 되며, 진한 황산에 흡수시킨 후 물을 넣고 증류하면 아세톤(acetone)이 생성된다.

$$CH_2{=}C{=}CH_2 \quad \xrightarrow[\text{Na}]{\text{ether}} \quad CH_3{-}C{\equiv}CH$$

allene · · · · · · · · · · · · · · · methylacetylene

$$CH_2{=}C{=}CH_2 + 2H_2O \xrightarrow{\text{Conc. } H_2SO_4} \overset{OH}{\underset{OH}{CH_3-\overset{|}{\underset{|}{C}}-CH_3}} \xrightarrow{-H_2O} \underset{O}{CH_3-\overset{\parallel}{C}-CH_3}$$

allene · acetone

디엔은 중합되어 고분자화합물을 만든다. 예를 들면 천연고무(natural gum)는 이소프렌(isoprene)을 단위체로한 중합체이다.

$$\underset{CH_3}{CH_2{=}\overset{|}{C}{-}CH{=}CH_2} + \underset{CH_3}{CH_2{=}\overset{|}{C}{-}CH{=}CH_2} + \underset{CH_3}{CH_2{=}\overset{|}{C}{-}CH{=}CH_2} + \cdots\cdots$$

중합 ↓

$$-CH_2{-}\underset{CH_3}{\overset{|}{C}}{=}CH{-}CH_2{-}CH_2{-}\underset{CH_3}{\overset{|}{C}}{=}CH{-}CH_2{-}CH_2{-}\underset{CH_3}{\overset{|}{C}}{=}CH{-}CH_2{-}$$

반복되는 단위

isoprene의 중합

자연계에는 공액폴리엔화합물도 많이 존재하고 있다. 예를 들면, 간유나 표고버섯 등에 많이 함유되어 있는 비타민 A(retinol) 또는 당근의 적색색 소인 β-카로틴 등이 잘 알려져 있다.

비타민 A

β-카로틴

3.3. 알 킨

알킨(alkyne)은 탄소-탄소간에 삼중결합을 이루고 있는 유기화합물이다. 이들 알킨 계열의 첫 번째 화합물은 아세틸렌(acetylene)으로서 이 계열의 화합물을 아세틸렌계 탄화수소 계열이라고도 한다.

알킨의 탄소-탄소 삼중결합은 각 탄소로부터 sp 궤도를 사용함으로 이루어 진 시그마결합 1개와 각각의 탄소에 남아 있는 p 궤도로서 형성된 파이결합 두 개로 구성되어 있다. 2개의 파이결합은 서로 직각을 이루고 있고 탄소-탄소의 시그마결합을 둘러싸고 있다.

알킨의 명명법

IUPAC 방법에 따라 알킨에 이름을 붙일. 때에는 삼중결합을 포함한 가장 긴 탄소사슬을 모체로하여 이에 해당하는 알칸의 이름의 어미 -ane을 -yne으로 바꾸어준다. 삼중결합 및 치환기에 번호를 붙이는 방식은 알켄의 경우와 같다.

$$\overset{1}{CH_3}-\overset{2}{C}\equiv\overset{3}{C}-\overset{4}{CH_2}-\overset{5}{CH_3}$$

2-pentyne

$$\overset{1}{CH_3}-\overset{\overset{\displaystyle CH_3}{|}}{\underset{\underset{\displaystyle CH_3}{|}}{\overset{2}{C}}}-\overset{3}{C}\equiv\overset{4}{C}-\overset{\underset{\underset{\displaystyle CH_3}{|}}{\,}}{\overset{5}{CH}}-\overset{6}{CH_3}$$

2, 2, 5-trimethyl-3-hexyne

둘이상의 삼중결합을 가진 것은 삼중결합의 수에 따라 그 수를 나타내는 수사 di-, tri- 등을 어미 yne 바로 앞에 붙인다.

$$CH\equiv C-C\equiv CH$$

1, 3-butadiyne

알킨의 관용명은 간단한 알킨에 많이 사용되고 이는 아세틸렌의 유도체로 명명한다.

$$CH \equiv CH \qquad CH_3 - C \equiv CH \qquad CH_3 - C \equiv C - CH_3$$

acetylene   methylacetylene   dimethylacetylene

(ethyne : IUPAC)   (propyne : IUPAC)   (2-butyne : IUPAC)

알킨이 치환기가 되는 경우를 알키닐(alkynyl)이라 하고 어미를 -ynyl로 붙인다. 번호는 모체사슬에서 수소의 개수가 1개 적은 탄소로부터 번호를 붙여나간다.

$$CH_3 - C \equiv C - CH_2 - \qquad CH \equiv C - CH_2 -$$

2-butynyl   2-propynyl

만일 하나의 탄화수소가 이중결합과 삼중결합을 함께 갖는다면 이중결합과 삼중결합의 수에 따라 어미를 -enyne(이중결합 1개, 삼중결합 1개), -adienyne(이중결합 2개, 3중결합 1개), -enediyne(이중결합 1개, 3중결합 2개) 등으로 붙인다.

$$CH_2 = CH - C \equiv CH_3$$

butenyne

알킨의 물리적 성질

알킨의 물리적 성질은 알칸이나 알켄과 비슷하나, 일반적으로 알킨은 비점과 물에 대한 용해도가 약간 높다. $C_2 \sim C_4$는 상온, 상압에서 기체이고 그 이상의 화합물은 상온, 상압에서 액체를 이룬다.

알킨의 제법

① 할로겐화수소 이탈 반응

$$CH_3CHClCHClCH_3 + 2KOH \xrightarrow{\text{alcohol}} CH_3C \equiv CCH_3 + 2KCl + 2H_2O$$

2,3-dichlorobutane   2-butyne

앞 반응에서 요구되는 vicinal 이할로겐화물은 알켄에 할로겐을 첨가시 킴으로써 편리하게 제조된다. 그러므로 프로핀의 합성은 프로펜을 출발물 질로하여 2단계 과정으로 진행된다.

$$CH_3CH=CH_2 + Br_2 \longrightarrow CH_3CHBrCH_2Br$$
propene   1,2-dibromopropane

$$CH_3CHBrCH_2Br + 2KOH \xrightarrow{\text{alcohol}} CH_3C\equiv CH$$
1,2-dibromopropane   propyne

② 탄화칼슘(Ca-carbonate)에 물을 작용

아세틸렌의 공업적 제법은 석회(lime)와 코크스(coke)로부터 만들어진 칼슘카바이드(calcium carbide)를 가수분해하여 제조한다. 이 두 단계의 과 정은 다음과 같다.

$$3C + CaO \xrightarrow{2500\sim3000℃} CaC_2 + CO$$
coke   lime   calcium carbide   carbon monoxide

$$CaC_2 + 2H_2O \longrightarrow HC\equiv CH + Ca(OH)_2$$
calcium carbide   acetylene   calcium hydroxide

또 최근에는 메탄의 열분해에 의해 공업적으로 만들어지게 되었다.

$$2CH_4 \xrightarrow{1500℃} HC\equiv CH + 3H_2O$$

알킨의 반응

알킨의 주요 반응은 부가반응과 중합반응으로서, 알켄의 경우보다 부가 시약을 2분자 더 부가시킬 수 있다.

① 수소화 반응

알킨의 수소화 반응은 최종 생성물인 알칸을 생성한다. 부분적인 수소화 반응은 알켄을 만든다. 시스-트란스 이성질체가 존재하는 화합물에서 시스 -이성질체는 부분적인 수소화 반응으로 생성되는 우세한 이성질체이다.

$$HC\equiv CH \ + \ 2H_2 \xrightarrow{\text{Pd}} CH_3CH_3$$

acetylene   ethane

$$CH_3C\equiv CH \ + \ H_2 \xrightarrow{\text{Ni}} CH_3CH=CH_2 \xrightarrow[\text{Ni}]{H_2} CH_3CH_2CH_3$$

propyne   propene   propane

$$CH_3C\equiv CCH_3 \ + \ H_2 \xrightarrow{\text{Pt}} \underset{H\quad\quad H}{\overset{CH_3\quad CH_3}{C=C}} \xrightarrow[\text{Pt}]{H_2} CH_3CH_2CH_2CH_3$$

2-butyne   cis-2-butene   n-butane

② 할로겐화 반응

알킨은 알켄에서와 비슷하게 염소와 브롬이 쉽게 삼중결합에 첨가된다.
플루오르는 일반적으로 너무 격렬하며, 요오드는 안정한 첨가 생성물을 만
들지 않는다. 아래와 같이 반응이 단계적으로 진행된다.

$$HC\equiv CH \ + \ Cl_2 \longrightarrow ClCH=CHCl \xrightarrow{Cl_2} CHCl_2CHCl_2$$

acetylene   1,2-dichloroethylene   1,1,2,2-tetrachloroethane

$$CH_3CH_2C\equiv CCH_3 \ + \ 2Cl_2 \longrightarrow CH_3CH_2CCl_2CCl_2CH_3$$

2-pentyne   2,2,3,3-tetrachloropentane

③ 할로겐화 수소의 첨가

알킨은 할로겐화 수소(HF, HCl, HBr 및 HI)의 첨가반응으로 먼저 할로
알켄을 만들고 다시 할로겐화수소가 반응하여 동일탄소원자에 2개의 할로
겐원자를 갖는 *gem*-이할로겐화물이 된다. 여기서 *gem*이란 1쌍의 geminal
이란 의미이다. 즉, 동일탄소에 동일원자 또는 치환기를 2개 갖는 화합물
을 제미날(geminal)화합물이라고 한다.

이들 첨가반응은 마르코브니코브(Markownikoff)의 법칙에 따른다.

$$HC\equiv CH \ + \ HBr \longrightarrow CH_2=CHBr \xrightarrow{HBr} CH_3CHBr_2$$

acetylene   vinyl bromide   1,1-dibromoethane
                                (1-bromoethene)

$$CH_3C \equiv CH + 2HCl \longrightarrow CH_3CCl_2CH_3$$

propyne $\qquad\qquad$ 2,2-dichloropropane

④ 물의 첨가.

황산수은(Ⅱ)의 묽은 황산용액에 알킨을 처리하면 물 1mol이 첨가되어 엔올(enol)이 생긴다. 이 수산기를 갖는 엔올은 바로 케톤형으로 전위된다. 이와같이 알킨의 수화(hydration)에 의해 케톤을 합성할 수 있다.

$$R-C \equiv C-R' \xrightarrow[HgSO_4, H_2SO_4]{H_2O} \underset{\underset{OH\ H}{|\ \ |}}{R-C=C-R'} \xrightarrow{전위} \underset{\underset{O}{\|}}{R-C-CH_2-R'}$$

$\qquad\qquad\qquad\qquad\qquad\qquad$ enol $\qquad\qquad\qquad\qquad$ ketone

⑤ 알킨의 중합 반응

3acetylene $\qquad\qquad\qquad\qquad$ benzene

아세틸렌 세 분자가 적절한 조건하에서 중합반응을 일으키면 위 식에서 와 같이 한 분자의 벤젠이 된다. 또한 아세틸렌에서 석유계의 용매에 안정한 네오프렌(neoprene)고무를 합성할 수 있다.

$$2CH \equiv CH \xrightarrow[HgCl_2]{NH_4Cl_2} CH_2=CH-C \equiv CH \xrightarrow{HCl} \underset{\underset{Cl}{|}}{CH_2=CH-C=CH_2}$$

acetylelne $\qquad\qquad\qquad\qquad$ vinyl acetylene $\qquad\qquad\qquad$ chloroprene
$\qquad\qquad\qquad\qquad\qquad\qquad\qquad\qquad\qquad\qquad\qquad$ (2-chloro-1,3-butadiene)

$$n\ \underset{\underset{Cl}{|}}{CH_2=CH-C=CH_2} \longrightarrow \underset{\underset{Cl}{|}}{(CH_2-CH=C-CH_2)n}$$

$\qquad\qquad\qquad\qquad\qquad\qquad\qquad\qquad\qquad\qquad$ neoprene

⑥ 금속화합물(acetylide)의 형성

R-C≡CH(1-알킨)의 구조를 가진 아세틸렌계 탄화수소는 Cu_2Cl_2, $AgNO_3$, $HgCl_2$와 같은 중금속염의 암모니아성 용액에 통하면 R-C≡C-M과 같은 아세틸리드(acetylide)를 침전한다.

$$2CH\equiv CH + 2Na \xrightarrow{\text{액체 암모니아}} 2CH\equiv CNa + H_2$$
$$\text{sodium acetylide}$$

$$CH\equiv CH + 2Cu(NH_3)_2OH \longrightarrow CuC\equiv CCu + 4NH_3 + 2H_2O$$
$$\text{cuprous acetylide}$$

금속 아세틸리드(acetylide)의 건조물은 폭발성이 있으므로 주의해야 한다.

⑦ 산 화

알킨은 $KMnO_4$, H_2O, O_3 에 의해서 삼중결합이 산화되고, 다시 절단된 후 그의 위치가 결정된다.

$$R-C\equiv C-R' \xrightarrow[KMnO_4]{O_3+H_2O} R-COOH + R'-COOH$$

$$R-C\equiv C-R' \xrightarrow{O_3} R-C\underset{O-O}{\overset{O}{\diamond}}C-R' \xrightarrow{H_2O} R-COOH + R'-COOH$$

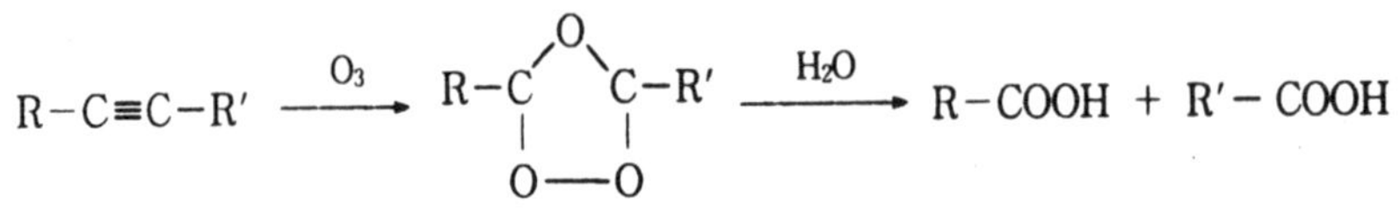

제 3 장 연습문제

1. 다음 화합물의 구조식을 써라.

   ① 2-chloro-1,3-butadiene

   ② 2-hexyne

   ③ 1,2-dibromocyclobutene

   ④ 2,4-dimethyl-2-pentene

2. 화합물 C_3H_4에 대한 가능한 모든 구조식을 말하여라.

3. 다음 구조를 IUPAC계에 의해서 각각 명명하여라.

   ① $ClCH=CHCH_3$ ② $(CH_3)_2C=C(CH_3)_2$

   ③ $CH_2=C(CH_3)CH=CH_2$ ④

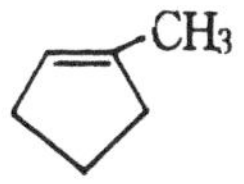

   ⑤ $CH_2=C(Cl)CH_3$ ⑥ $HC\equiv C(CH_2)_3CH_3$

4. 시스-트란스 이성질체는 1-부텐과 2-부텐에서 시스-트란스 이성질체가 있는가?

5. 다음 각 반응의 반응식을 적어라.

   ① 2-부텐 + HI

   ② 시클로펜텐 + HBr

6. 폴리프로필렌의 3개 또는 4개의 반복되는 단위 구조를 적어라.

7. 알켄의 오존분해반응으로써 아세톤$(CH_3)_2C=O$과 포름알데히드 $CH_2=O$을 같은 양으로 얻게 되었다. 이 알켄의 구조를 추측하여라.

8. 다음 반응에 대한 반응식을 적어라.

   ① $CH_3C\equiv CH$ + Cl_2(1몰)

   ② $CH_3C\equiv CH$ + Cl_2(2몰)

   ③ 1-부틴 + HBr(1몰과 2몰)

4

방향족화합물

1825년 Michael Faraday에 의해서 처음 발견된 방향족화합물의 모체는 벤젠(benzene)이다. 코올타르(coal tar)는 벤젠을 얻을 수 있는 중요한 자원이며 서유속에서도 얼마간의 벤젠이 들어 있다. 또한 벤젠은 석유탄화수소로부터 알칸의 방향족화 반응에 의하여 대량 생성할 수 있다.

한편, 이들 화합물의 유도체들이 다소 향기로운 냄새를 가지고 있으므로 흔히 이들 화합물을 방향족화합물(aromatic compound)이라 부르게 되었다.

4.1. 벤젠의 구조

벤젠의 분자식은 C_6H_6로서 표시되며 여섯 개의 탄소원자가 고리 모양으로 결합되고, 각 탄소원자에는 각각 한 개씩의 수소원자가 결합되어 있다는 것을 최초로 케쿨레(Kekule, 1865)가 주장하였다. 또 그는 벤젠을 (a)와 (b)의 두 가지 구조식으로 나타냈으며 이들은 서로 변이하기 때문에 이중결합의 위치는 고정되어 있지 않다고 하였다.

(a)   (b)

이것을 케쿨레의 진동설이라 하며, 이러한 사실은 벤젠 유도체의 하나인
오르토 크실렌(o-xylene)을 오존(O_3)으로 산화시킬 때 글리옥살(glyoxal),
비아세틸(biacetyl), 메틸글리옥살(methylglyoxal) 등이 생성되는 것으로써
잘 설명된다.

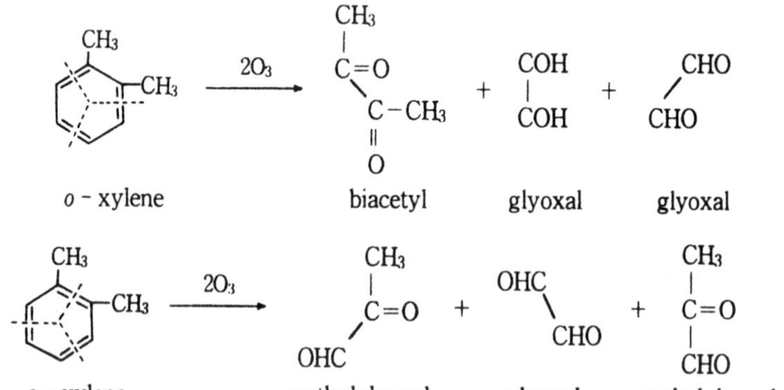

또한 벤젠 중의 여섯 개의 탄소사이의 결합은 모두 같은 성질을 가지
고 있어서 어느 것이 단일결합 또는 이중결합인지를 구별할 수 없는데,
이러한 성질을 표시하기 위하여 케쿨레의 진동설 이외에 클라우스(Claus,
1867)의 대각선구조식과 암스트롱 베이어(Armstrong Baeyer, 1892)의 중
심형구조식 등이 제안되어 있다.

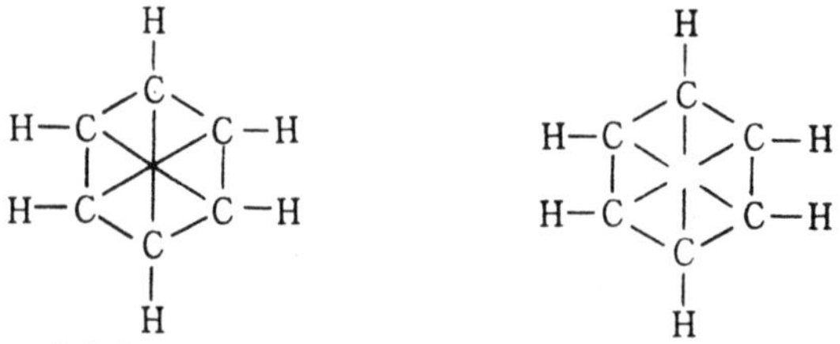

대각선 구조식   중심형 구조식

지금 흔히 사용되는 고전적인 벤젠의 구조는 ⬡ 또는 ⬡ 이지만, 표현 방법은 전자 분포의 견지에서는 적당하지 않다고 볼 수 있다. 즉, 이중결합을 이루는 파이(π)전자는 여섯 개의 탄소에 고르게 분포되어 있으므로 다음과 같은 방법으로 벤젠을 표현하자는 제안이 있다.

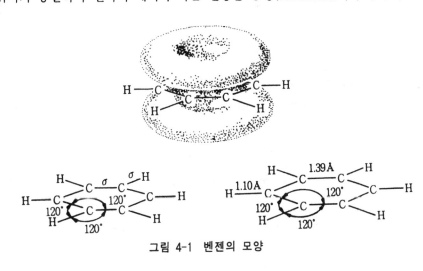

화합물에 있어서 두 가지 이상의 동등한 구조를 쓸 수 있으며, 원자들의 위치가 동일하나 전자의 배치가 다른 현상을 공명(resonance)이라 부른다.

그림 4-1 벤젠의 모양

이런 분자의 정확한 구조는 단 한 가지 식으로는 표시할 수가 없고 다만 지면에 표현할 수 있는 몇 가지 구조식의 공명혼성체(resonance hybrid)라고 생각되고 있다.

벤젠의 공명혼성체는 위에서 설명한 바와 같이 ⬡, ⬡ 로 비편재되어있는 전자를 점선이나 원으로 표시하거나 또는 고전적인 구조사이에 화살표를 써서 다음과 같이 표시한다.

4.2. 벤젠의 안정성

양자역학에 의하면 공명혼성체의 에너지는 한계구조식이 가진 에너지보다 적다. 다시 말하면 벤젠은 케쿨레 구조식의 (a)나 (b)와 같은 상태로 존재할 때 보다 이것을 중첩시킨 형태인 공명혼성체(즉, 실제의 벤젠)가 더 안정하다는 것인데, 이것은 공명에 의하여 에너지가 방출되어 안정화 되었기 때문이다. 이때 얼마만큼의 에너지를 방출시켜 안정화되었는가를 kcal/mole로 표시한 것을 공명에너지(resonance energy)라 하는데, 대개 실제의 벤젠(공명혼성체)이 가지고 있는 공명에너지는 약 36 kcal/mole이 된다.

벤젠의 공명에너지 산출방법의 예를 들면, 시클로헥센(cyclohexene)에 1mole의 수소를 부가시켜서 시클로헥산(cyclohexane)을 만들 때 28.6kcal /mole의 열량이 발생된다.

$$\text{cyclohexene} \quad + \quad H_2 \quad \longrightarrow \quad \text{cyclohexane} \quad + \quad 28.6 \text{ kcal/mole}$$

그런데 벤젠의 한계구조식에는 세 개의 이중결합이 있으므로 여기에 수소를 부가시켜서 시클로헥산을 만들려면 28.6×3 = 85.8 kcal/mole의 열량이 발생되어야 한다.

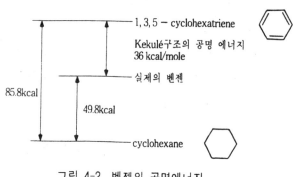

그림 4-2 벤젠의 공명에너지

그러나 실험결과에 의하면 벤젠의 수소부가열은 49.8 kcal/mole이므로 85.3-49.8 = 36 kcal/mole 만큼의 안정화를 위한 공명에너지가 된다.

4.3. 벤젠 유도체의 명명법

방향족화합물로부터 유도된 아릴(aryl)기는 기호 Ar-로 표시하며 벤젠고리에서 수소원자 한 개가 빠진 것을 페닐(phenyl)이라고 한다.

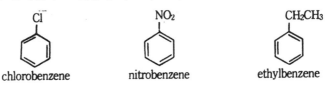

벤젠의 일치환체는 벤젠의 유도체로 명명한다.

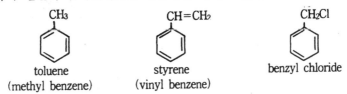

몇 가지 벤젠의 일치환체들은 관용명을 가지고 있다.

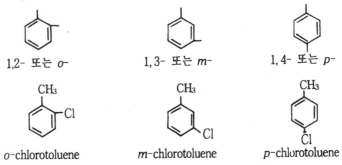

2개의 치환체가 존재할 때에는 세 가지의 구조이성질체가 가능하다. 즉, 1,2 치환체는 오르토(ortho, o-), 1,3 치환체는 메타(meta, m-), 1,4 치환체는 파라(para, p-)라고 한다.

또한 3개의 치환체가 존재할 때에는 고리에 번호를 붙인다.

1, 2, 3- (또는 *vic*-)	1, 3, 5-(또는 *sym*-)	1, 2, 4-(또는 *asym*-)
trichlorobenzene	trichlorobenzene	trichlorobenzene
vic : vicinal	*sym* : symmetrical	*asym* : asymmetrical

4.4. 방향족탄화수소의 물리적 성질

일반적으로 방향족 탄화수소는 독성이 있는 방향을 가지고 있으며 물보다 밀도가 작고 물에는 녹지 않는다. 끓는점은 분자량이 증가됨에 따라 커진다. 그러나 녹는점과 분자량과의 사이에는 거의 상관관계를 찾아볼 수 없다. 중요한 방향족탄화수소의 물리적 성질은 다음과 같다.

표 4-1 방향족 탄화수소의 물리적 성질

명 칭	구 조 식	융점(℃)	비점(℃)
benzene	C_6H_6	5.4	80.1
toluene	$C_6H_5CH_3$	-93	110.6
o -xylene	$1, 2-(CH_3)_2C_6H_4$	-28	144
m-xylene	$1, 3-(CH_3)_2C_6H_4$	-54	139
p-xylene	$1, 4-(CH_3)_2C_6H_4$	13	138
ethylbenzene	$C_6H_5CH_2CH_3$	-93	136
n-propylbenzene	$C_6H_5CH_2CH_2CH_3$	액체	159.5
cumene	$C_6H_5CH(CH_3)_2$	액체	152
n-butylbenzene	$C_6H_5CH_2CH_2CH_2CH_3$	액체	180
t-butylbenzene	$C_6H_5C(CH_3)_3$	액체	168
p-cymene	$p-CH_3C_6H_4CH(CH_3)_2$	-73.5	177
styrene	$C_6H_5CH=CH_2$	액체	146
allylbenzene	$C_6H_5CH_2CH=CH_2$	액체	156
stilbece(*trans*)	$C_6H_5CH=CHC_6H_5$	124	307
diphenylmethane	$(C_6H_5)_2CH_2$	27	262
triphenylmethane	$(C_6H_5)_3CH$	92.5	359
tetraphenylmethane	$(C_6H_5)_4C$	285	431

4.5. 벤젠의 제법

지방족화합물에서의 제조

벤젠, 톨루엔 등을 지방족탄화수소에서 합성하는 것은 옛날에는 매우 어렵다고 생각되어 왔으나, 오늘날에는 석유탄화수소의 열처리에 따라서 여러 가지 방향족화합물이 얻어지게 되었다.

hexane

n-heptane   methyl cyclohexane   toluene

이와 같이 사슬탄화수소로부터 방향핵을 만드는 반응을 일반적으로 방향족화(aromatization)라고 한다. 석유공업에서 말하는 개질(reforming) 혹은 하이드로포밍(hydroforming) 등의 과정에 있어서도 이와 같은 방향족화가 일어난다. 그 밖에 부타디엔(butadiene)과 에텐(ethene)으로부터도 합성된다.

1,3-butadiene ethene   cyclohexene   benzene

위의 반응은 디엘스-알데르(Diels-Alder) 합성법으로 알려져 있다.

아세틸렌(acetylene)을 중합시켜서 얻는 방법

2 acetylene   acetylene   benzene

코올타르에서의 제조

석탄을 고온에서 건류시키면 석탄가스, 코올타르, 암모니아, 물 및 코오크스(cokes)가 나온다. 코올타르는 석탄에서 약 5%가 나오는데 끈끈한 액체이며 이것을 분류시키면 벤젠을 비롯한 200여 종류의 화합물을 얻을 수 있다.

4.6. 벤젠의 반응

할로겐화

벤젠은 염화철이나 할로겐화철이 촉매로서 존재하면 염소나 브롬과 쉽게 반응한다.

chlorobenzene

알킬측쇄(alkyl side chain)가 존재하면 치환과정은 다음의 두 가지 경로 중의 하나를 따르게 된다.

toluene   benzyl chloride

니트로화

　　벤젠은 황산존재하에서 질산과 반응하면 수소가 니트로기와 치환될 수 있다.

술폰화

　　벤젠은 황산과는 반응을 하지 않으나 높은 온도에서는 천천히 술폰화가 일어난다.

알킬화

　　벤젠고리에 알킬기가 붙은 벤젠의 유도체들은 코올타르에서 얻을 수 있으며 이들의 대부분은 짧은 측쇄를 가지고 있다.

　　피티히(Fittig, 1864)는 할로겐화알킬과 방향족할로겐화물(aromatic halide)의 혼합물에 나트륨을 작용시킴으로써 부르쯔 반응(Wurtz reaction)을 알킬벤젠의 제조에까지 응용하였다. 이것을 부르쯔-피티히(Wurtz-Fittig)반응이라고 한다.

$$Ar-X \ + \ 2Na \ + \ X-R \longrightarrow Ar-R \ + \ 2Na^+X^-$$

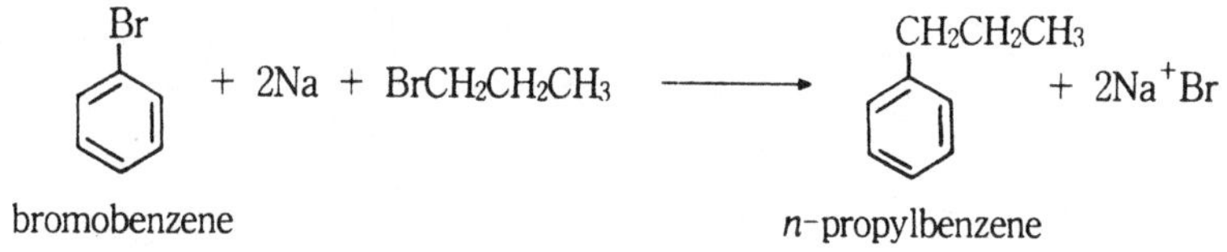

bromobenzene   n-propylbenzene

또 촉매로서 AlCl₃가 존재하면 할로겐화알킬이 방향족탄화수소와 축합한다(프리델-크라프트스(Friedel-Crafts)반응).

$$Ar-H \ + \ R-X \longrightarrow Ar-R \ + \ HX$$

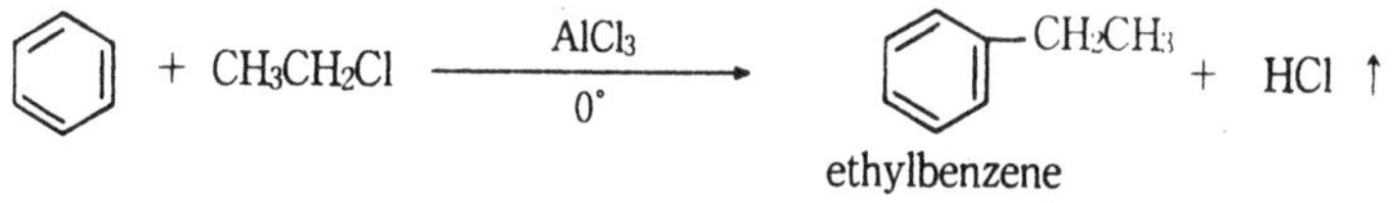

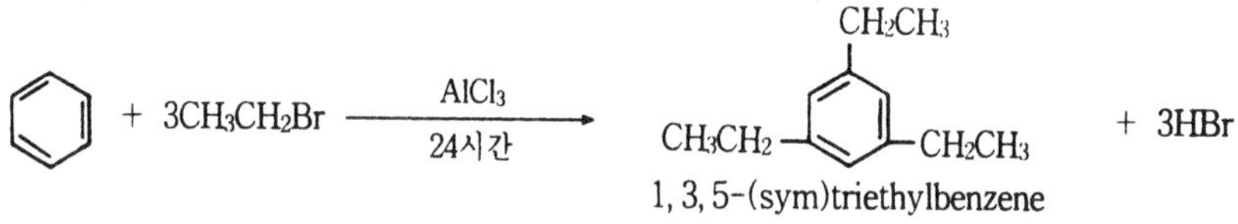

ethylbenzene

1, 3, 5-(sym)triethylbenzene

알킬화반응은 가끔 할로겐화알킬 대신 올레핀(olefin)과도 일어나며, 에틸벤젠은 벤젠과 에틸렌을 사용하여 이 방법으로 대량 생산된다.

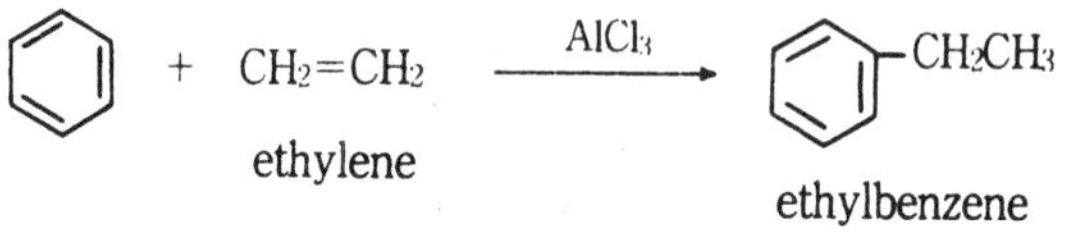

ethylene   ethylbenzene

에틸벤젠은 폴리스티렌(polystyrene)을 만드는 데에 쓰인다.

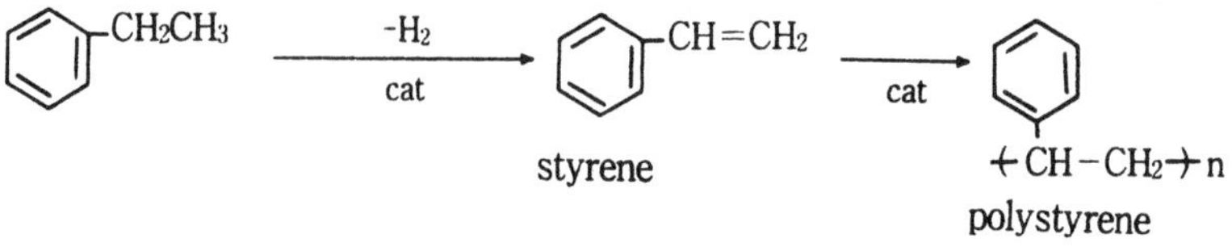

styrene   polystyrene

고급 올레핀(olefin)으로 알킬화하면 측쇄가 있는 알킬방향족화합물을 생성한다.

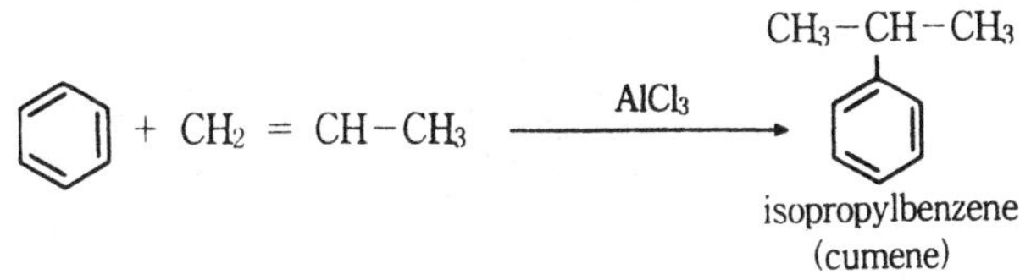
+ CH2 = CH−CH3
AlCl3
CH3−CH−CH3
isopropylbenzene
(cumene)

4.7. 벤젠의 치환반응에서의 지향성

벤젠의 치환반응(니트로화, 할로겐화, 술폰화 및 알킬화)을 생각해보면 벤젠고리 여섯 개의 위치가 동등하다는 것을 알 수 있다. 그리고 벤젠 고리에는 한 개 이상의 치환기를 도입할 수 있다. 벤젠의 한 개의 수소가 이미 Y인 치환기로 치환되었을 때, 다음에 들어갈 수 있는 치환기 X는 다음과 같은 다섯 가지 방법으로 들어갈 수 있다.

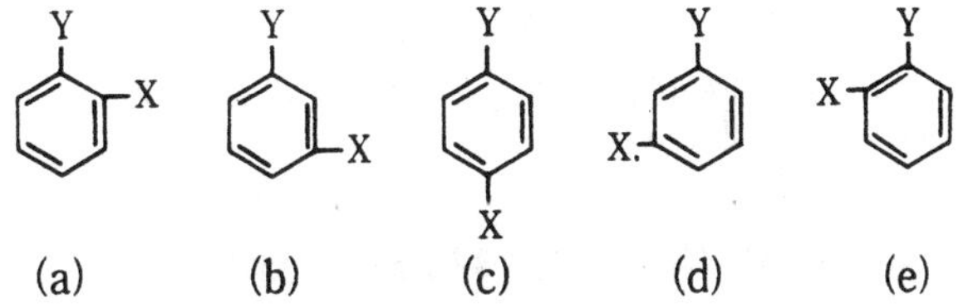
Y
X
(a)
(b)
(c)
(d)
(e)

그런데, (a)=(e), (b)=(d)이므로 (a), (b), (c)의 각 치환체가 생길 수 있는 확률은 (a) = 40 %, (b) = 40 %, (c) = 20 %로 생각할 수 있다. 그러나 실제에 있어서는 이와 같이 되지 않고 이미 존재하는 치환기의 종류(위에서는 Y)에 따라 다음 그림에서 보는 바와 같이 2차적으로 들어가는 치환기의 공격 위치가 달라진다.

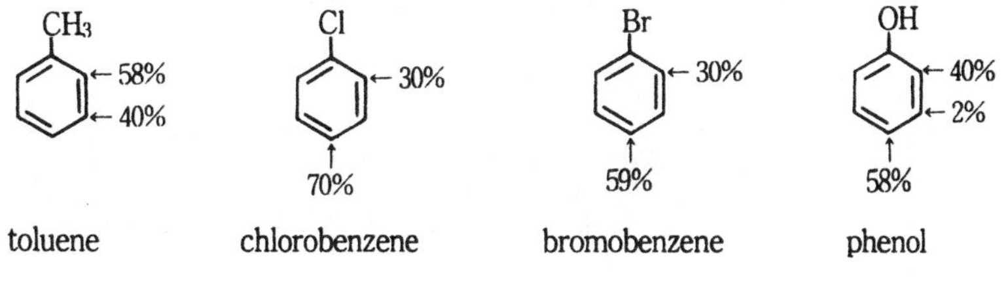
CH3
58%
40%
toluene
Cl
30%
70%
chlorobenzene
Br
30%
59%
bromobenzene
OH
40%
2%
58%
phenol

benzoic acid   nitrobenzene   acetanilide

이와 같이 벤젠 유도체인 C_6H_5Y에 다시 치환기 X를 도입하려고 할 경우, 그 기가 들어가는 위치는 주로 기존기 Y의 종류에 따라 정해지는 것으로 새로운 도입기 X의 종류에는 그다지 관계가 없다. 이러한 성질을 지향(directing)이라 하고 그 위치에 따라서 두 가지로 구별된다.

① o, p 지향성을 표시하는 기

CH_3 및 기타의 알킬(alkyl)기, Cl, Br, I, OH, OCH_3(기타의 OR), NH_2, NHR, NR_2, $NHCOCH_3$(NHCOR), CH_2COOH, CH_2COOR

② m 지향성을 표시하는 기

NO_2, COOH(COOR), CHO, COR, SO_3H, CN, NH_3, $-NH_2R$, NHR_2, NR_3

4.8. 벤젠의 3치환체의 생성

벤젠고리에 2개의 치환기가 이미 들어가 있는 경우에는 이들 두 치환기의 상대적인 힘의 강약에 따라서 제 3의 기의 위치가 좌우된다.

특히 o, p-지향성기와 m-지향성기의 2개가 함께 존재할 때는 o, p-지향성 치환기의 영향을 더 많이 받는다.

① o, p - 지향성기

OH, NH_2 > CH_3CONH_2 > Cl > I > Br > CH_3

② m - 지향성기

NO_2 > COOH > SO_3H

다음 구조식에서 화살표는 제 3치환기가 들어갈 위치를 표시한 것이다.

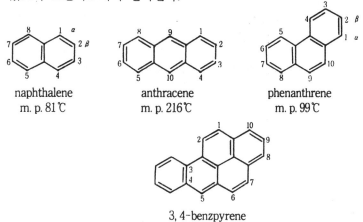

4.9. 방향족 다핵화합물

한 화합물 속에 벤젠고리가 두 개 이상 축합해서 존재하는 것을 방향족 다핵화합물이라하고 이들 중에서 탄소고리만으로된 탄화수소는 다음과 같은 것이 있으며 코올타르에서 얻어진다.

naphthalene
m. p. 81℃

anthracene
m. p. 216℃

phenanthrene
m. p. 99℃

3, 4-benzpyrene

나프탈렌(naphthalene)

나프탈렌은 코올타르중에 약 5% 존재하며 무색판상이고 특유한 냄새를 가지며 승화성이 있는 결정체이다. 물에는 불용이나 유기용매에는 가용성이고 부패 살균성 등을 가진다.

안트라센(anthracene)

안트라센은 코올타르중에 0.5% 함유되어 있고, 무색판상 청자색의 형광을 가지는 결정으로서 벤젠에 녹으나 다른 유기용매에는 난용이다. 화학적 성질은 나프탈렌과 유사하나 한층 더 산화 환원을 받기 쉽다.

벤즈피렌(benzpyrene)

불완전연소하여 생기는 매연, 타르 또는 담배연기에서 발견할 수 있는 유기물질이며 네 개 이상의 고리가 붙은 방향족화합물로서 최근 암을 발생할 수 있는 물질로 알려졌다.

4.10. 헤테로고리 방향족화합물

방향족고리의 탄소원자는 다른원자(주로 질소, 산소, 황)로 바뀌어도 방향족계의 성질은 그대로 유지한다.

  pyridine   pyrazine   pyrrole   furan   thiophene

제 4 장 연습문제

1. 다음 물질명을 써라.

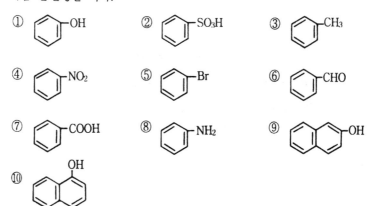

2. Ortho, meta, para형과 vicinal, asymmetric, symmetric 형의 치환체의 위치를 표시하여라.

3. 다음 화합물을 nitro화하는 경우 주로 얻어지는 mononitro화합물의 구조식과 명칭을 써라.

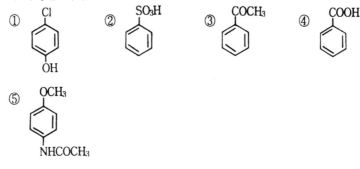

4. 다음의 단어를 예를 들어 설명하여라.

① homocyclic   ② alicyclic

③ aryl   ④ heterocyclic

⑤ directing(지향)

5. 벤젠으로부터 에틸벤젠을 유도하는 방법을 써라.

6. 세 가지의 크실렌을 각각 니트로화시켜서 얻는 물질의 구조식을 모두 쓰고 명명하라.

7. 다음 제법을 써라.

① benzene → *p*-chloronitrobenzene

② toluene → *p*-nitro benzoic acid

③ toluene → *m*-nitro benzoic acid

5

입체화학

　입체화학(stereochemistry)은 분자의 삼차원적 구조 즉, 공간배열을 연구하는 화학의 한 분야이다. 화합물의 구조이성질체(structural isomer)는 분자내의 원자들의 결합순서가 다르나 입체이성질체(stereoisomer)는 구성원자의 공간적 배열이 다르다.

　입체이성질체는 거울상이성질체(enantiomer)와 부분입체이성질체(diastereomer)로 나눌 수 있다.

$$
\text{이성질체(isomers)} \begin{cases} \text{구조이성질체} \\ \text{입체이성질체} \begin{cases} \text{거울상이성질체} \\ \text{부분입체이성질체} \end{cases} \end{cases}
$$

　거울상이성질체는 서로 거울상이지만 부분입체이성질체는 그렇지 않다. 즉, 서로 포갤 수 없는 거울상관계이면 거울상이성질체이다. 예를 들면 구조 Ⅰ과 구조 Ⅱ는 서로 거울상이며 결합된 기의 방향이 서로 반대이어서 포갤 수 없다.

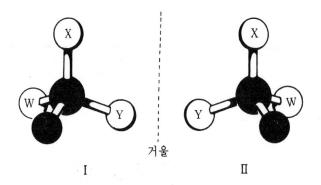

I   II

거울상 이성질체의 필요충분조건은 분자의 비대칭성(dissymmetry 또는 chirality)이다. 사면체 탄소화합물의 비대칭성은 한 탄소에 4개의 서로 다른 치환기가 결합되어있을 때 생긴다. 이러한 탄소를 비대칭탄소(asymmetric carbon)라고 한다. 이러한 분자의 거울상은 서로 겹쳐질 수 없으며 거울상 이성질체가 된다.

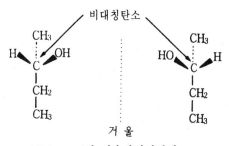

2-butanol의 거울상이성질체

2-부탄올은 거울상이성질체의 한 예이며, 이들 이성질체는 편광면을 회전시키는데, 그 크기는 같지만 방향이 반대이다. 이와 같이 편광면을 회전시키는 성질이 있을 때 광학활성(optical activity)을 가진다고 한다. 따라서 거울이성질체는 다른 물리적 성질은 모두 같으나 단지 편광면을 회전시키는 성질만이 다를 뿐이다. 화학적 성질에 있어서는 다른 광학활성물질과 반응할 때 그 반응속도가 다르다. 이러한 성질은 생체내의 반응에서 매우 중요한 것이며 대개는 어느 한 거울이성질체만 생물학적으로 활성을 나타낸다.

기하이성질체(geometric isomer)인 시스-트란스이성질체는 서로 거울상
이 아니므로 부분입체이성질체에 속한다. 예로서 1,2-디클로로에텐(1,
2-dichloroethene)의 시스형과 트란스형은 같은 원자의 순서를 갖지만 그의
공간 배열이 다르다.

$$\underset{\text{cis-1,2-dichloroethene}}{\overset{\displaystyle\text{Cl}\qquad\text{Cl}}{\underset{\displaystyle\text{H}\qquad\text{H}}{\text{C} = \text{C}}}}\qquad\qquad\underset{\text{trans-1,2-dichloroethene}}{\overset{\displaystyle\text{Cl}\qquad\text{H}}{\underset{\displaystyle\text{H}\qquad\text{Cl}}{\text{C} = \text{C}}}}$$

5.1. 편 광

19세기 초기에 비오트(Biot)는 여러 천연의 유기화합물이 편광면을 회전
한다는 사실을 발견하였다. 빛은 전자기진동을 가지고 있으며, 그 진동은
빛의 진행 방향에 항상 수직이다. 다시 말해서 광원에서 나오는 빛은 모든
수직방향으로 진동할 수 있다. 그러나 니콜(Nicol) 프리즘 같은 적당한 장
치를 통과하면 어느 한쪽 방향의진동편을 가지는 빛만 통과하게 되는데, 이
것을 평면편광(plane polarized light)이라고 하며 그의 진동면을 편광면이라
고 한다.

 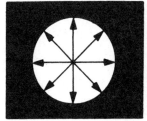 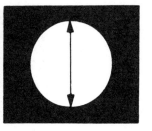

옆에서 본 빛의 파동　　　모든 방향으로 진동하는 빛　　　평면 편광

평면편광을 만들기 위한 광원은 보통 단색나트륨빛을 사용하며, 편광프
리즘을 통과하여 편광이 되어 시료관을 통하고 분석프리즘에 도달한다.

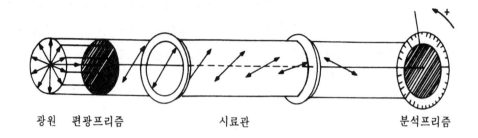

광원 편광프리즘   시료관   분석프리즘

편광의 회전각도(α)는 시료의 양(농도), 시료관의 길이, 온도, 용매의 종류 그리고 빛의 파장에 따라 달라진다. 그러나 같은 조건에서 측정된 값은 물질에 따라 고유하다. 비선광도(specific rotation) $[\alpha]$ 는 다음과 같이 나타낸다.

$$[\alpha]_{\lambda}^{T} = \frac{100\,\alpha}{l \times C}$$

λ는 광원의 파장이며, T는 측정온도, l은 시험관의 길이, C는 용액 100ml 속의 시료의 g수 그리고 α는 관찰된 광회전각도이다. 예를 들어 $[\alpha]_{D}^{52}=+60°$(C = 0.1, CHCl$_3$)이면 광원은 나트륨 D선(5893Å)을, 시료는 CHCl$_3$ 100ml 에 0.1g을 녹여서 10cm의 시료관에 넣고 측정하였을 때 오른쪽으로 60° 회전하였음을 의미한다.

이와 같이 편광면을 우측으로 회전시키는 성질을 우선성(dextrorotatory) 이라고 하며 (+)로 표시하고, 좌측으로 회전시키는 성질을 좌선성(levoro-tatory)이라고 하며 (−)로 표시한다. 그러나 두 거울상이성질체가 같은 양이 섞이면 좌선성과 우선성이 상쇄되어 편광면을 회전시키지 못하며 이러한 화합물을 라세미혼합물(racemic mixture) 또는 라세미체(racemate)라고 한다. 이와 같이 편광면을 회전시키지 못하는 성질을 광학적 비활성(optically inactive)이라고 한다.

5.2. 키랄성

거울상이성질체는 분자가 키랄(chiral)이다. 키랄이란 말은 그리스어

cheir에서 왔으며 손을 의미한다.

우리들의 왼손을 생각하자. 우리의 손은 거울상과 포개어질 수 없다. 왼손을 거울에 비치면 거울상은 오른손처럼 보인다. 왼손과 오른손은 이와 같이 거울상 관계에 있지만 양손은 서로 포개어지지 않는다. 신발이나 장갑도 마찬가지다. 이와 같이 분자나 물체들이 자신의 거울상과 포개어질 수 없는 것을 키랄(chiral)이라고 한다.

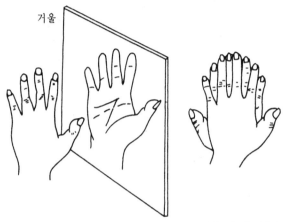

키랄성 물체들은 자신의 거울상과 포개어 질 수 없다.

반대로 간단한 물컵은 아키랄(achiral)이며 이들은 자신의 거울상과 포개어질 수 있다. 왼손과 물컵에서 설명한 이론은 그대로 분자에도 적용된다. 자신의 거울상과 포개어지는 분자는 아키랄 분자이고 자신의 거울상과 포개어지지 않는 분자는 키랄분자이다.

앞에 나온 2-부탄올의 거울상은 서로 포개어질 수 없는 키랄분자가 되고 대칭요소가 없는 비대칭(asymmetry) 분자이다. 그러나 트란스-1,2-디브로모시클로프로판(trans-1,2-dibromocyclopropane)의 두 거울상은 서로 포개어질 수 없는 키랄분자이지만 대칭축을 가지고 있어 비대칭(asymmetry)은 아니다. 이러한 분자를 반대대칭(dissymmetry)이라고 한다. 따라서 키랄은 단지 거울상과 포개어질 수 없다는 것을 뜻하며, 분자에 대칭요소가 없거나 대칭축만 가지고 있으면 거울상이성질체를 가질 수 있는 키랄분자이다.

시스-1, 2-디브로모시클로프로판은 두 거울상이 포개어질 수 있기 때문에 아키랄이며, 트란스-1, 2-디브로모시클로프로판의 두 거울상과 거울상의 관계는 없지만 입체이성질체의 관계가 있다. 따라서 이들 시스-1, 2-디브로모시클로프로판과 트란스-1, 2-디브로모시클로로판은 서로 부분입체이성질체가 된다.

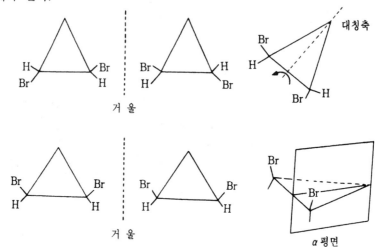

5.3. 삼차원 구조의 도시

사면체의 삼차원구조를 평면에 도시하기는 어렵다. 이러한 목적으로 사용되는 것이 투시식(perspective formula)과 투영식(projection formula)이다. 투시식에서 굵은선은 지면에서 앞쪽으로 있는 것이고 점선은 지면의 뒤에 위치하는 것이다.

피셔(Fischer)의 투영식은 간단하기 때문에 널리 사용된다. 중심탄소에서 좌우의 선은 지면의 앞쪽에, 아래와 위의 선은 지면의 뒤쪽에 있음을 나타낸다.

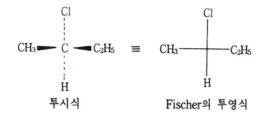

투시식   Fischer의 투영식

피셔의 투영식에서 다음의 구조는 같은 것이 된다.

그러나 거울상이성질체는 다음과 같이 나타낼 수 있다.

이것은 피셔의 투영식에서 치환기를 홀수번 교환하면 배열이 다르게 되지만 짝수번 교환하면 같은 배열의 분자가 됨을 뜻한다.

5.4. 명명법

D- 및 L-족

글리세르알데히드(glyceraldehyde)를 거울상이성질체의 표준물질로하여 명명한다. 즉, (+)-글리세르알데히드를 D-, (-)-글리세르알데히드를 L-로 임의로 절대배열(absolute configuraition)을 정하고, 다른 화합물은 두 글리세르알데히드의 유도체로 생각하여 상대배열(relative configuration)을 정한다. 그러나 D와 L은 그 이성질체의 우선성(+)이나 좌선성(-)을 나타내는 것은 아니다. (+)와 (-)는 편광면의 회전방향을 표시하는 분자의 물리적 성질이며 실험에 의해서만 결정된다. 종전에는 (+)와 (-)대신 d와 l을 사용하기도 하였다.

OH가 오른쪽 ⟶

$$\begin{array}{c} CHO \\ H{-}\!\!\!-OH \\ CH_2OH \end{array}$$

$$\begin{array}{c} CHO \\ HO{-}\!\!\!-H \\ CH_2OH \end{array}$$

⟵ OH가 왼쪽

D-(+)-glycer aldehyde

L-(−)-glycer aldehyde

$$\begin{array}{c} CHO \\ H{-}\!\!\!-OH \\ CH_2OH \end{array}$$ → $$\begin{array}{c} CO_2H \\ H{-}\!\!\!-OH \\ CH_2OH \end{array}$$ → $$\begin{array}{c} COOH \\ H{-}\!\!\!-Cl \\ CH_2OH \end{array}$$ → $$\begin{array}{c} CO_2H \\ H{-}\!\!\!-OH \\ CH_3 \end{array}$$ → $$\begin{array}{c} COOH \\ H{-}\!\!\!-NH_2 \\ CH_3 \end{array}$$

D-(+)-glyceraldehyde   D   D   D   D

$$\begin{array}{c} COOH \\ HO-C-H \\ CH_3 \end{array}$$ ⟶ $$\begin{array}{c} COO^{\ominus}Na^{\oplus} \\ HO-C-H \\ CH_3 \end{array}$$ ⟶ $$\begin{array}{c} COOC_2H_5 \\ HO-C-H \\ CH_3 \end{array}$$

L-(+)-lactic acid   L-(−)-sodium lactate   L-(−)-ethyl lactate

탄수화물은 -CH₂OH기 다음의 비대칭탄소를 기준하여 D-, L-부호를 붙인다.

$$\begin{array}{c} CHO \\ H-C-OH \\ CH_2OH \end{array}$$
D

$$\begin{array}{c} CHO \\ H-C-OH \\ H-C-OH \\ CH_2OH \end{array}$$
D

$$\begin{array}{c} CHO \\ HO-C-H \\ H-C-OH \\ CH_2OH \end{array}$$
D

$$\begin{array}{c} CHO \\ H-C-OH \\ HO-C-H \\ CH_2OH \end{array}$$
L

$$\begin{array}{c} CHO \\ HO-C-H \\ HO-C-H \\ CH_2OH \end{array}$$
L

$$\begin{array}{c} CHO \\ HO-C-H \\ CH_2OH \end{array}$$
L

R-S 계

D- 및 L-글리세르알데히드와의 관련성을 결정하기 어려운 화합물에서는 D- 및 L-계열을 정하기가 어렵다. 2-브로모-2-클로로부탄이 그러한 예이다.

$$\begin{array}{c} Cl \\ | \\ CH_3-C-Br \\ | \\ CH_2CH_3 \end{array}$$

2-bromo-2-chlorobutane

따라서 Cahn, Ingold 및 Prelog에 의해 새로운 명명법이 제안되었으며 이것이 R-S계이다.

R과 S를 정하는 방법은 다음과 같다.

① 비대칭탄소에 연결된 원자에서 원자번호가 큰 것부터 순서를 정한다.

$$\begin{array}{c} CH_3 \\ | \\ Br-C-H \\ | \\ I \end{array}$$

I>Br>C>H

1 2 3 4

$$\begin{array}{c} CH_3 \\ | \\ HO-C-I \\ | \\ Cl \end{array}$$

I>Cl>O>C

1 2 3 4

② 같은 원자번호이면 그 원소에 연결된 다음번 원소의 원자번호에 의해 결정된다. 이중결합과 3중결합은 같은 원소가 각각 두 번 또는 세 번 연결된 것으로 생각한다.

$$\begin{array}{c} COOH \\ | \\ HO-C-H \\ | \\ CHO \end{array}$$

-OH > -COOH > -CHO > -H

1 2 3 4

$$\begin{array}{c} CH_2CH_3 \\ | \\ CH_2=CH-C-CH_3 \\ | \\ C\equiv CH \end{array}$$

-C≡CH > -CH=CH_2 > -CH_2CH_3 > -CH_3

1 2 3 4

③ 가장 작은 번호를 관찰하는 사람에게서 가장 멀리 놓는다.

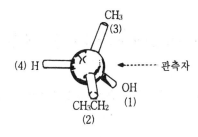

④ 나머지 세 개의 치환기의 번호가 관찰하는 사람을 중심으로하여 큰 것에서 작은 것을 시계방향으로 배열이 되면 R(라틴어, rectus 오른쪽)이고 그 반대방향이면 S(라틴어, sinister 왼쪽)이다.

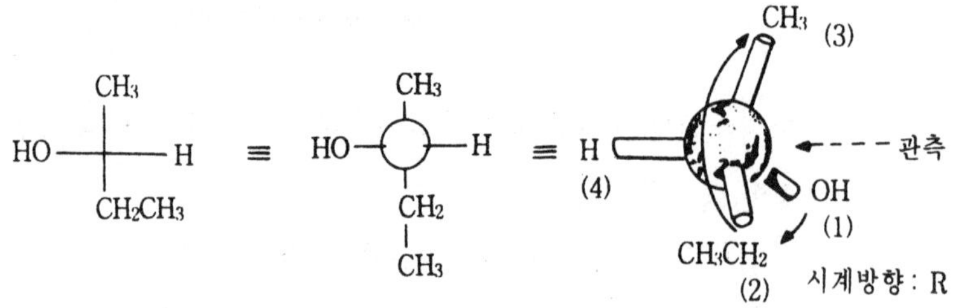

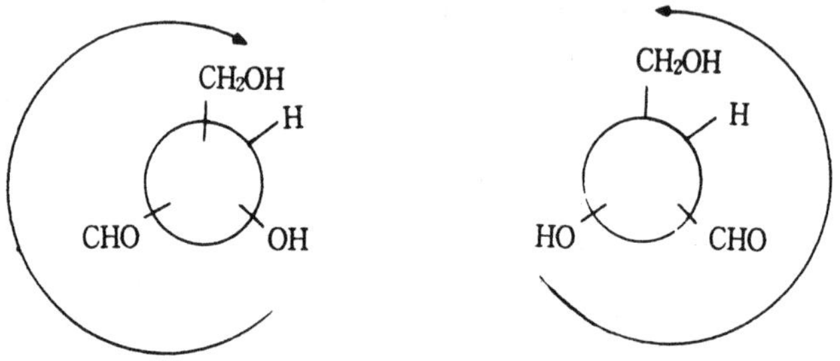

(R)-glyceraldehyde
≡D(+)-glyceraldehyde

(S)-glyceraldehyde
≡L(−)-glyceraldehyde

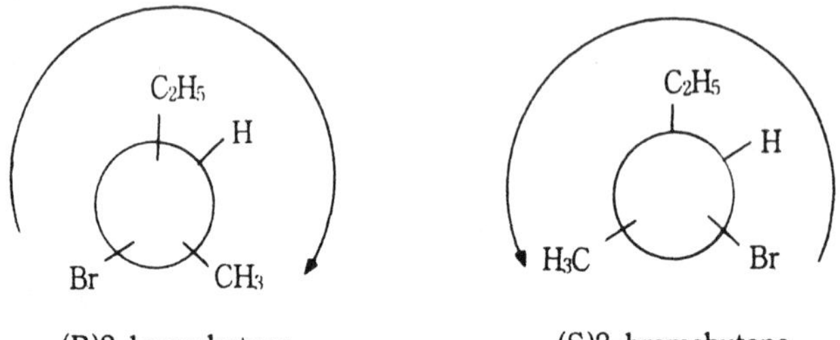

(R)2-bromobutane

(S)2-bromobutane

라세미혼합물이면 앞에 RS를 붙인다. R-S계에서도 R과 S는 편광면의 좌선성과 우선성에 대하여 무관하다.

5.5. 비대칭탄소가 2개인 화합물

비대칭탄소가 하나 있는 화합물에서 입체이성질체의 수는 2개 이었으나 비대칭탄소수가 늘어나면 그의 이성질체 수도 늘어난다. 각 비대칭탄소에 대하여 2개의 입체이성질체가 있으므로 n개의 비대칭탄소에 대하여 2^n개의 입체이성질체가 생기게 된다. 예를 들어 2-브로모-3-클로로부탄은 비대칭탄소가 2개이고 입체이성질체는 4개이다.

$$
\begin{array}{cccc}
\text{CH}_3 & \text{CH}_3 & \text{CH}_3 & \text{CH}_3 \\
| & | & | & | \\
\text{H}-\text{C}-\text{Cl} & \text{Cl}-\text{C}-\text{H} & \text{H}-\text{C}-\text{Cl} & \text{Cl}-\text{C}-\text{H} \\
| & | & | & | \\
\text{Br}-\text{C}-\text{H} & \text{H}-\text{C}-\text{Br} & \text{H}-\text{C}-\text{Br} & \text{Br}-\text{C}-\text{H} \\
| & | & | & | \\
\text{CH}_3 & \text{CH}_3 & \text{CH}_3 & \text{CH}_3 \\
\text{(A)} & \text{(B)} & \text{(C)} & \text{(D)}
\end{array}
$$

이성질체 : C_2 주위의 배열 : $Br>CH(Cl)>CH_3>H\rightarrow S$
C_3 주위의 배열 : $Cl>CH(Br)>CH_3>H\rightarrow S$

화합물 A에서 C_2 주변의 배열은 $Br>C-Cl>C-H>H$ 순서이므로 S이고 또 C_3 주변은 $Cl>C-Br>C-H>H$이며 역시 S이다. 따라서 이성질체 A는 (2S : 3S)-2-브로모-3-클로로부탄이 된다. A와 B 그리고 C와 D는 서로 거울상이성질체이다. 그러나 A와 C 또는 A와 D, B와 C 또는 B와 D는 서로 거울상이성질체가 아니고 다만 공간배열만 다를 뿐이다. 이와 같이 거울상 이성질체가 아닌 구조를 가진 광학이성질체들을 부분입체이성질체라고 한다. 이들은 거울상이성질체와는 달리 물리적, 화학적성질이 서로 다르다. 앞에서 네 개의 입체이성질체의 엇먹는 구조에서 서로 비슷한 원자단이 탄소사슬에 대하여 같은 쪽에 있는 C와 D를 에리트로(erythro) 이성질체라고 하고 그렇지 않은 A와 B를 트레오(threo)이성질체라고 한다.

A   threo   B   C   erythro   D

에리트로와 트레오는 당(sugar)의 에리트로스와 트레오스의 구조를 닮았
다고하여 사용되는 말이다.

$$
\begin{array}{cc}
\text{CHO} & \text{CHO} \\
\text{H}\!-\!\!-\!\text{OH} & \text{HO}\!-\!\!-\!\text{H} \\
\text{H}\!-\!\!-\!\text{OH} & \text{H}\!-\!\!-\!\text{OH} \\
\text{CH}_2\text{OH} & \text{CH}_2\text{OH} \\
\text{erythrose} & \text{threose}
\end{array}
$$

두 개의 비대칭탄소를 가지고 있으나 한 탄소원자에 붙어 있는 원자단
들이 다른 하나의 탄소원자에 붙어있는 것과 같은 경우에는 광학이성질체
의 수는 2^n개보다 적게 된다. 예로서 타르타르산(tartaric acid)의 입체이성
질체는 다음과 같이 된다.

이성질체 Ⅰ과 Ⅱ는 거울상이성질체이다. 그러나 Ⅲ과 Ⅳ는 대칭중심을 가
지는 분자이며 서로 포개어질 수 있기 때문에 아키랄분자이고 서로 동일하다.

다시 말하여 광학활성이 없다. 이러한 화합물을 메소(meso) 화합물이라
하고 입체이성질체인 Ⅰ, Ⅱ와 부분입체이성질체가 된다.

$$
\begin{array}{cccc}
\text{COOH} & \text{COOH} & \text{COOH} & \text{COOH} \\
\text{H}\!-\!\text{C}\!-\!\text{OH} & \text{HO}\!-\!\text{C}\!-\!\text{H} & \text{H}\!-\!\text{C}\!-\!\text{OH} & \text{HO}\!-\!\text{C}\!-\!\text{H} \\
\text{HO}\!-\!\text{C}\!-\!\text{H} & \text{H}\!-\!\text{C}\!-\!\text{OH} & \text{H}\!-\!\text{C}\!-\!\text{OH} & \text{HO}\!-\!\text{C}\!-\!\text{H} \\
\text{COOH} & \text{COOH} & \text{COOH} & \text{COOH} \\
\text{Ⅰ} & \text{Ⅱ} & \text{Ⅲ} & \text{Ⅳ}
\end{array}
$$

L-(+)-tartaric   D-(−)-tartaric   *meso*-tartaric acid
acid(2R : 3R)   acid(2S : 3S)   (2R : 3S)

표 5-1 타르타르산의 물리적 성질

	$[\alpha]_D^{20}$ (17.4, H_2O)	융점 (℃)	밀도	용해도(g/100g · H_2O)
D-	+12.7	171	1.7608	139(20℃)
L-	−12.7	171	1.7608	139(20℃)
라세미혼합물	0	206	1.788	20.6(20℃)
메소화합물	0	140	1.666	125(20℃)

5.6. 비대칭탄소가 없는 거울상이성질체

다음 치환된 알렌은 비대칭탄소가 없는 화합물이지만 거울상이성질체를 만든다. 이때는 축 a-b가 키랄축이 되어 거울상이성질체가 되게 한다.

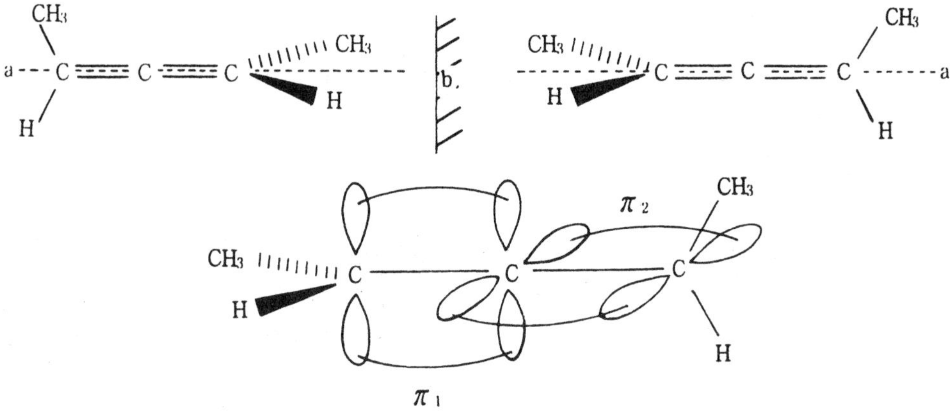

allene

알렌의 두 이중결합은 서로 수직이며 회전이 되지 않는다. 이와 같이 오르토위치에 치환된 비페닐(biphenyl)도 치환체가 크면 입체장애(steric hindrance)에 의해 회전을 할 수 없으며 거울상을 가지게 된다.

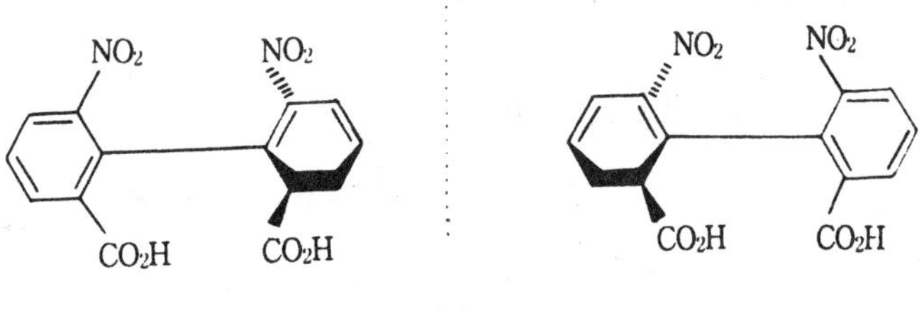

거울

다른 예로서 트란스-시클로옥텐은 이중결합을 포함하는 키랄면(chiral plane)을 가지는 거울상이성질체를 가진다.

분자의 모양이 다음과 같이 나선형일때도 거울상이성질체를 가진다.

5.7. 반응의 입체화학

입체특이성

입체적으로 다른 반응물이 입체적으로 서로 다른 생성물로 변하는 반응을 입체특이성(stereospecific) 반응이라고 한다.

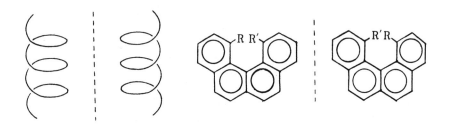

반전(inverson)

비대칭탄소에 연결된 결합이 끊어지고 반대편에서 결합이 다시 형성되는 것이며, 반응과정에서 세 개의 결합이 마치 우산이 바람에 뒤집히는 것과 같이 반전된다.

보존(retention)

반응 후에도 처음의 공간배열이 그대로 유지되는 것을 말한다. 비대칭탄소에 연결된 결합이 끊어지지 않는 반응과 끊어진 뒤에 다시 그 위치에 다시 결합이 형성되는 것이 있다.

라세미화(racemization)

비대칭탄소가 하나인 광학활성화합물이 라세미화합물을 만드는 것을 말하며 완전한 라세미화가 일어나면 광학적으로 비활성이 된다. 먼저 아키랄 중간체를 이룬 후에 다시 키랄 분자로 변하는 반응형태와 분자의 배열이 반전되어 일어나는 반응형태가 있다.

5.8. 분 할

실험실에서 합성되는 유기화합물은 거의 라세미혼합물이다. 이 라세미혼합물에서 광학적활성인 화합물을 얻어내는 것을 분할(resolution)이라고 한다. 거울상이성질체는 편광면을 서로 다른 방향으로 회전시키는 것 외에 모든 물리적 성질이 같으므로 물리적 성질을 이용한 분할은 어렵다. 따라서 다른 광학활성인 화합물과의 반응속도의 차이를 이용하게 된다.

분할의 방법은 기계적 분할, 부분입체이성질체의 염의 생성, 부분입체이성질체의 유도체 생성, 효소에 의한 분할 그리고 크로마토그래피(chromatography)에 의한 분할 방법이 있다.

L. Pasteur는 현미경으로 타르타르산의 나트륨 암모늄염의 결정을 손으로 분할하였다. 그러나 다른 거울상이성질체도 모두 이러한 기계적인 분할을 할 수는 없다.

일반적으로 가장 많이 사용되는 방법은 부분입체이성질체의 염을 이용하는 것이다. 이것은 두 거울상이성질체가 다른 광학활성인 물질과 염을 형성할 때에, 어떤 용매에서 결정을 형성하는 속도가 다름을 이용하거나 용해도 차이를 이용하게 된다. 분할하려는 물질이 산이면 광학활성인 염기로 염을 만들고, 염기를 분할하려면 광학활성인 산을 사용한다.

$$(+)\,R-COOH \atop (-)\,R-COOH \} \quad + \quad (-)\,R-NH_2 \quad \longrightarrow \quad {(+)\,RCOO^-(-)\,RNH_3^+ \atop + \atop (-)\,RCOO^-(-)\,RNH_3^+}$$

분별 결정
으로 분리

racemate　　　　　　　　　부분입체이성질체의 염

분리된
거울상　$\Big\{$　$(+)\,RCOOH\downarrow + (-)\,RNH_3^+Cl^-_{(aq)} \xleftarrow{\ HCl\ } (+)\,RCOO^-(-)\,RNH_3^+$
이성질체　　$(-)\,RCOOH\downarrow + (-)\,RNH_3^+Cl^-_{(aq)} \xleftarrow{\ HCl\ } (-)\,RCOO^-(-)\,RNH_3^+$

부분입체이성질체의 유도체를 이용하는 것은 알코올의 라세미혼합물을 분할하는데에 이용된다. 광학활성인 산과 에스테르를 만들어 분리하거나, 디카르복시산과 한 쪽만 에스테르를 만들어 앞에서와 같이 부분입체이성질체의 염으로 분할하기도 한다.

$$(+)-(R^*)-OH \atop (-)-(R^*)-OH \} \quad \xrightarrow[-2H_2O]{(+)-R^*-COOH}$$

$$(R^*)-O-\overset{\overset{\displaystyle O}{\|}}{C}-(R^*) \quad \xrightarrow[H_2O]{NaOH} \quad (+)-(R^*)-OH$$
$$(+) \qquad\qquad (+)$$

및　　　　　　　　　$+ \ (+)-R^*-COO^\ominus Na^\oplus$

$$(R^*)-O-\overset{\overset{\displaystyle O}{\|}}{C}-(R^*) \quad \xrightarrow[H_2O]{NaOH} \quad (-)-(R^*)-OH$$
$$(-) \qquad\qquad (+)$$

$$DL-R^*-OH \quad \longrightarrow \quad \text{(프탈산의 DL-반에스테르)} \quad \xrightarrow{\ +(-)-brucine\ } \quad {(-)\text{-brucine D염} \atop \text{및} \atop (-)\text{-brucine L염}}$$

라세미체　　　　　　프탈산의 DL-반에스테르　　　　　　부분입체성질체

$$\xrightarrow{\ 가수분해\ } D-R^*-OH$$
$$\xrightarrow{\ 가수분해\ } L-R^*-OH$$

효소는 두 광학이성질체 중에서 어느 하나를 더 빨리 분해시키는 등 특이하게 작용한다. 예를 들면 (+)-타르타르산을 (-)-타르타르산보다 빨리

분해시키는 곰팡이 종류가 있다. 이를 이용하면 (−)-이성질체를 거의 순수하게 얻을 수 있다. 크로마토그래피법에서는 분리관의 충진물을 광학활성물질로 채우면 두이성질체와 상호작용의 차이가 생겨서 분할이 가능하다.

5.9. E-Z 이성질체

알켄에서는 흔히 시스와 트란스에 의해서 이성질체를 나타낸다. 이것은 치환기가 둘일 때에는 편리하지만 셋 이상이면 적용하기 어렵다. 따라서 더 큰 치환체가 같은 방향에 있으면 Z(독일어, zusammen)으로, 다른 방향이면 E(독일어, entgegen)을 사용한다. 보통 Z은 시스에 E는 트란스에 해당된다.

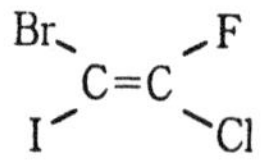

(Z)-1-bromo-2-chloro-
2-fluoro-1-iodoethene
(I>Br, Cl>F)

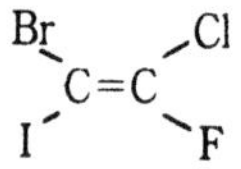

(E)-1-bromo-2-chloro-
2-fluoro-1-iodoethene
(I>Br, Cl>F)

제 5 장 연습문제

1. 다음 용어를 설명하라.
    ① 비대칭탄소(asymmetric carbon)
    ② 라세미혼합물(racemic mixture)
    ③ 키랄(chiral)
    ④ 아키랄(achiral)
    ⑤ 우선성(dextrorotatory)
    ⑥ 좌선성(levorotatory)
    ⑦ 메소화합물(meso compound)

2. 이성질체를 둘로 대별하여 그들을 다시 나누어 보아라.

3. 편광의 원리에 대하여 간단히 설명하라.

4. $HOOCCH(CH_3)CHBrCOOH$의 모든 입체배치의 식을 써라.

5. 분자식이 $C_5H_{10}O_2$인 산이 있는데 이것은 광학적으로 활성이다. 이 화합물의 구조식은 어떠한 것인가?

6. 다음식에 해당되는 광학적 활성체는 각각 몇 개씩인가?
    ① $CH_3CH_2CH(OH)CHClCH_3$
    ② $(CH_3)_2CHCH_2CH(CH_3)COOH$
    ③ $C_6H_5CHBrCH_2CH(OH)CH_2CH(NH_2)COOH$
    ④ $CH_3CH(OH)CH(OH)CH_3$
    ⑤ $C_6H_5CHBrCHBrCOC_6H_5$

6

알코올과 에테르

6.1. 알코올

탄화수소의 수소원자를 OH기로 치환시킨 것을 알코올(R-OH)이라고 하며 OH기의 수에 따라 한 개인 것을 1가 알코올(monohydric alcohol), 두 개인 것을 2가 알코올(dihydric alcohol), 세 개인 것을 3가 알코올 (trihydric alcohol), 그 밖의 여러 개인 것을 다가 알코올(polyhydricalcohol)이라 부른다.

$$CH_3-OH \qquad C_2H_5-OH \qquad \begin{matrix} CH_2-CH_2 \\ | \quad\ | \\ OH \quad OH \end{matrix}$$

$$\text{1가 알코올} \qquad\qquad \text{2가 알코올}$$

또, OH기가 붙어 있는 탄소의 종류에 따라서, 1급탄소에 OH가 붙은 것을 1급 알코올, 2급탄소에 OH가 붙은 것을 2급 알코올, 3급탄소에 OH가 붙은 것을 3급 알코올이라고 한다.

$$R-\underset{\underset{\textstyle H}{|}}{\overset{\overset{\textstyle H}{|}}{C}}-OH \qquad R-\underset{\underset{\textstyle R'}{|}}{\overset{\overset{\textstyle H}{|}}{C}}-OH \qquad R-\underset{\underset{\textstyle R'}{|}}{\overset{\overset{\textstyle R''}{|}}{C}}-OH$$

1급 알코올   2급 알코올   3급 알코올
(*primary* alcohol)   (*secondary* alcohol)   (*tertiary* alcohol)

6.2. 알코올의 명명법

알코올의 명명법은 관용명, IUPAC 명명법 그리고 카르비놀(carbinol) 명명법으로 나눌 수 있다.

관용명

알킬기의 명칭 다음에 알코올을 붙여서 부른다.

CH_3-OH	methyl alcohol
CH_3CH_2-OH	ethyl alcohol
$CH_3CH_2CH_2-OH$	*n*-propyl alcohol
$CH_3\underset{\underset{\textstyle OH}{|}}{CH}CH_3$	isopropyl alcohol
$CH_3CH_2CH_2CH_2-OH$	*n*-butyl alcohol
$CH_3-\underset{\underset{\textstyle CH_3}{|}}{CH}-CH_2-OH$	isobutyl alcohol
$CH_3-\underset{\underset{\textstyle CH_3}{|}}{\overset{\overset{\textstyle CH_3}{|}}{C}}-OH$	*tert*-butyl alcohol

IUPAC 명명법

IUPAC명은 더 복잡한 알코올을 명명하는데 사용된다.

탄화수소의 IUPAC명의 어미 -e을 -이로 바꾸어서 부른다.

수산기의 수가 두 개이면 diol, 세 개이면 triol 등을 어미에 붙인다. 탄소에 번호를 붙일 필요가 있을 때에는 수산기가 붙어있는 탄소원자를 포함하는 가장 긴 탄소사슬을 모체로하여 수산기가 붙은 탄소의 번호가 가급적 적은 숫자가 되도록 모체사슬에 번호를 붙인다. 수산기의 위치를 표시하는 숫자는 기본명 앞이나 뒤 끝에 붙이기도 한다

$CH_3 - OH$ methanol

$CH_3CH_2 - OH$ ethanol

$CH_3CH_2CH_2 - OH$ 1-propanol

CH_3CHCH_3
    |
   OH   2-propanol

       CH_3
       |
$CH_3 - C - OH$ 2-methyl-2-propanol
       |
       CH_3

$CH_2 - CH - CH_2 - OH$
        |
       CH_3 2-methyl-1-propanol 또는 2-methyl propanol-1

$HOCH_2CH_2CH_2CH_2OH$ 1,4-butanediol

화합물에 C=C나 C≡C가 있으면 비록 가장 긴 사슬이 아니더라도 이 불포화탄소를 포함하는 사슬을 모체로 택한다.

$CH_2CH = CHCH_2OH$ 2-buten-1-ol

$CH_3CH = CHCHCH_3$
             |
            OH   3-penten-2-ol

$CH_3CHCH_2 - C = CH_2$
     | |
    OH CH_2CH_3 4-ethyl-4-penten-2-ol

카르비놀 명명법

메틸알코올을 카르비놀이라 하고, 다른 1가알코올을 카르비놀의 유도체로서 명명하는 방법이다.

CH_3-OH carbinol

CH_3CH_2-OH methyl carbinol

$$CH_3-\underset{\underset{CH_3}{|}}{CH}-OH$$

dimethyl carbinol

$$CH_3-\overset{\overset{CH_3}{|}}{\underset{\underset{CH_3}{|}}{C}}-OH$$

trimethyl carbinol

$$CH_3-CH_2-\underset{\underset{OH}{|}}{CH}-CH_3$$

ethyl methyl carbinol

6.3. 알코올의 물리적 성질

알코올은 중성이며, $C_1 \sim C_{11}$은 액체이고, C_{12} 이상의 것은 고체이다.

표 6-1 알코올의 물리적 성질

화 학 식	이 름	융점 (℃)	비점 (℃)	용해도 (g/100g의물, 20℃)
CH_3OH	methyl alcohol	- 96	64.7	∞
C_2H_5OH	ethyl alcohol	-114.5	78.3	∞
C_3H_7OH	n-propyl alcohol	-126	97.4	∞
C_4H_9OH	n-butyl alcohol	- 89	117.5	9
$C_5H_{11}OH$	n-amyl alcohol	- 78.5	138	2.7
$C_6H_{13}OH$	n-hexyl alcohol	- 51.6	156	0.6
$C_7H_{15}OH$	n-heptyl alcohol	- 34.6	176	0.18
$C_8H_{17}OH$	n-octyl alcohol	- 14	195	0.05
$C_9H_{19}OH$	n-nonyl alcohol	- 5	213.5	-
$C_{10}H_{21}OH$	n-decyl alcohol	+ 7	232.9	-

저급의 알코올은 물에 녹으나 탄소수가 증가할수록 용해도가 낮아진다. 즉 OH기는 친수성이지만 알킬(R)기는 친유성이므로 이것이 커지면 물에 불용이 된다. 알코올의 비등점은 대체로 같은 분자량을 갖는 탄화수소보다 훨씬 높다. 그 이유는 분자내에 수소결합이 있기 때문이라고 생각된다.

또 액상의 알코올은 특유한 냄새와 맛을 가지며 고체인 것은 탄화수소의 성질에 가까우므로 유기용매에 녹는다.

6.4. 알코올의 제법

할로겐화알킬의 가수분해

할로겐화알킬(RX)을 수산화나트륨, 수산화칼륨 또는 산화은(Ag_2O)의 수용액과 반응시키면 알코올을 생성한다.

$$RX + KOH \longrightarrow ROH + KX$$

할로겐화알킬의 가수분해 순서는 3급>2급>1급 알코올의 순서이다.

알데히드(aldehyde)와 케톤(ketone)의 환원

알데히드 또는 케톤에 적당한 환원제($LiAlH_4$, $NaBH_4$)를 작용시키든가 수소에 의한 접촉환원을 하면 알데히드에서는 1급 알코올이, 케톤에서는 2급 알코올이 각각 생성된다.

$$R-CHO \xrightarrow{[H]} R-CH_2OH$$

aldehyde   1급 alcohol

$$R-\underset{\underset{O}{\|}}{C}-OH \xrightarrow{[H]} R-CH_2-OH$$

지방산   1급 alcohol

$$R-\underset{\underset{O}{\|}}{C}-R' \xrightarrow{[H]} R-\underset{\underset{OH}{|}}{CH}-R'$$

ketone   2급 alcohol

에스테르의 가수분해

동식물체 내에서는 비교적 많은 양의 알코올이 유기산과 결합된 에스테르형태로 존재하며 유지나 왁스(wax)가 그 대표적인 것이다. 이러한 에스테르를 산이나 알칼리로 가수분해시키면 알코올이 생성된다.

$$RCOOR' + H_2O \longrightarrow RCOOH + R'OH$$

ester   carboxylic acid   alcohol

예를 들면

$$C_{11}H_{23}COOC_{16}H_{33} + H_2O \rightleftharpoons C_{11}H_{23}COOH + C_{16}H_{33}OH$$

lauric acid   cetyl alcohol

에스테르의 환원

지방산에스테르를 금속 Na와 알코올을 사용하여 환원시킨다. 이것은 왁스에서 고급알코올을 만드는데 사용된다.

$$RCOOR' \xrightarrow{Na + C_2H_5OH} RCH_2OH + R'OH$$

보우발트-블랭크(Bouveault-Blanc)법에 의하면 금속 Na를 160℃로 가열 용융하고, 여기에 에스테르를 5~6배의 무수 에탄올을 녹인 용액에 급속히 주입하여 환원시키면 1급 알코올이 된다.

$$C_{13}H_{27}COOCH_3 \xrightarrow{용융Na + C_2H_5OH} C_{14}H_{29}OH + CH_3OH$$

methyl myritate   1-tetradecanol

알켄의 가수분해

알켄을 진한 황산에 흡수시켜 가수분해하면 알코올이 생성된다.

$$RCH = CH_2 + H_2O \xrightarrow{\text{conc} \cdot H_2SO_4} R-CH-CH_3$$
$$\underset{\text{2급 알코올}(sec\text{-alcohol})}{\overset{|}{\underset{OH}{}}}$$

$$R-C = CH_2 + H_2O \xrightarrow{\text{conc} \cdot H_2SO_4} R-CH-CH_3$$

2급 알코올(sec-alcohol)

$$\underset{R'}{\overset{|}{R-C}} = CH_2 + H_2O \xrightarrow{\text{conc} \cdot H_2SO_4} R-CH-CH_3$$

3급 알코올($tert$-alcohol)

그리냐르(Grignard)시약의 이용

그리냐르 시약을 반응시키면 포름알데히드(formalhyde)에서는 1급 알코올이 만들어지고, 알데히드에서는 2급 알코올, 케톤에서는 3급 알코올이 만들어진다.

$$HCHO + RMgX \longrightarrow RCH_2-OMgX \xrightarrow{HX} R \cdot CH_2OH + MgX_2$$

formal-
dehyde

Grignard
시약

1급 알코올

$$R \cdot CHO + R'MgX \longrightarrow R-CH-OMgX \xrightarrow{HX} R-CH-OH + MgX_2$$

aldehyde

2급 알코올

$$R-C=O + R''MgX \longrightarrow R-C-OMgX \xrightarrow{HX} R-C-OH + MgX_2$$

ketone

3급 알코올

6.5. 알코올의 반응

알코올의 반응성은 제1급, 제2급, 제3급 알코올에 따라 현저하게 다르다.

금속의 치환반응

알코올의 OH기의 수소원자가 Na, K 등의 알칼리금속과 치환되어 반응하면 격렬하게 반응이 일어난다.

$$2CH_3OH + 2Na \longrightarrow 2CH_3O^-Na^+ + H_2 \uparrow$$

이러한 알코올의 금속치환체를 알코올레이트(alcoholate) 또는 알콕시드(alcoxide)라 하고 CH_3ONa를 소듐메틸레이트(sodium methylate) 또는 소듐메톡시드(sodium methoxide)라고 부른다. 또 알칼리토금속과는 소량의 I_2나 $HgCl_2$를 촉매로 사용하여 가열하면 치환반응이 일어난다.

$$2CH_3OH + Mg \xrightarrow[\text{가열}]{I_2} Mg(OCH_3)_2 + H_2$$

$$6C_2H_5OH + 2Al \xrightarrow[\text{가열}]{\text{xylene 중 } I_2 \text{ or } HgCl_2} 2Al(OC_2H_5)_3 + 3H_2$$

할로겐의 치환반응

알코올은 PCl_3, PCl_5, HX, $SOCl_2$ 등의 시약에 의해 할로겐의 치환이 일어난다.

$$3CH_3OH + PCl_3 \longrightarrow 3CH_3Cl + H_3PO_3$$

일반적으로 제3급 알코올이 할로겐 치환을 일으키기 쉽다. 예를 들면, 반응력이 약한 진한 염산은 제1급, 제2급 알코올과는 반응하지 않으나 제3급 알코올과는 상온에서도 치환반응을 일으킨다. 그러나, HBr 또는 HI는 촉매 없이도 알코올과 잘 반응하며 이때에는 일단 옥소늄(oxonium)염이 형성되어 이것이 분해하는 것이라고 생각된다.

$$H_3C : \overset{..}{\underset{..}{O}} : H \ + \ H : \overset{..}{\underset{..}{Br}} : \ \rightleftharpoons \ [H_3C : \overset{\overset{H}{|}}{\underset{..}{O}} : H]^+ : \overset{..}{\underset{..}{Br}} : \ \rightleftharpoons \ CH_3Br \ + \ H_2O$$

oxonium ion

또, HBr 대신에 NaBr과 진한 황산을 가하고 가열하는 방법도 많이 사용하고 있다.

$$CH_3OH \ + \ NaBr \ + \ H_2SO_4 \longrightarrow CH_3Br \ + \ NaHSO_4 \ + \ H_2O$$

에스테르화 반응

알코올은 유기산과 서서히 반응하면 에스테르를 형성하며 이때의 반응을 에스테르화(esterification)라 한다. 에스테르화에 있어서 알코올의 반응속도는 제1급>제2급>제3급 알코올의 순서이다.

$$\underset{\text{alcohol}}{R-O-H} \ + \ \underset{\text{carboxylic acid}}{HO-\overset{\overset{O}{\|}}{C}-R'} \ \xrightarrow{H^+} \ \underset{\text{ester}}{R-O-\overset{\overset{O}{\|}}{C}-R'} \ + \ H_2O$$

몇 가지 전형적인 에스테르 생성 반응을 보면

$$\underset{\text{ethyl alcohol}}{CH_3CH_2OH} \ + \ \underset{\text{acetic acid}}{CH_3CO_2H} \ \xrightarrow{H^+} \ \underset{\text{ethyl acetate}}{CH_3\overset{\overset{O}{\|}}{C}OCH_2CH_3} + H_2O$$

phenol + CH_3CO_2H $\xrightarrow{H^+}$ phenyl acetate + H_2O

CH_3OH + methyl alcohol, benzoic acid $\xrightarrow{H^+}$ methyl benzoate + H_2O

또 알코올은 무기산과도 에스테르를 생성한다.

　　예를 들면 다이나마이트의 폭발 성분인 니트로글리세린(nitroglycerin)은 글리세롤과 질산의 에스테르화 반응으로 제조된다.

$$
\begin{array}{l}
CH_2OH \\
| \\
CHOH \\
| \\
CH_2OH
\end{array}
\;+\; 3HONO_2 \;\longrightarrow\;
\begin{array}{l}
CH_2ONO_2 \\
| \\
CHONO_2 \\
| \\
CH_2ONO_2
\end{array}
\;+\; 3H_2O
$$

glycerol　　　　nitric acid　　　　　glyceryl trinitrate
　　　　　　　　　　　　　　　　　　　　(nitroglycerine)

　　이와 비슷한 반응으로 생화학에서 대단히 중요한 인산염 에스테르 (phosphate ester)는 알코올과 인산과의 에스테르화 반응으로 제조된다.

$$
\underset{\text{phosphoric acid}}{\overset{\displaystyle O \atop \displaystyle \|}{HO-P-OH}}\;+\;\underset{\text{alcohol}}{R-OH}\;\underset{}{\overset{H^+}{\rightleftharpoons}}\;\underset{\text{phosphate ester}}{\overset{\displaystyle O \atop \displaystyle \|}{HO-P-OR}}\;+\;H_2O
$$

(with OH below each P)

산화반응

　　저급 알코올은 산화제에 의해서 용이하게 산화되어 다음과 같이 된다.

1급 알코올 $\xrightarrow{[O]}$ aldehyde $\xrightarrow{[O]}$ carboxylic acid

2급 알코올 $\xrightarrow{[O]}$ ketone

3급 알코올 $\xrightarrow{[O]}$ 산화되지 않음

예를 들면

$$
\underset{\text{ethyl alcohol}}{CH_3CH_2OH}\;\xrightarrow[\text{환원동}]{-2H}\;\underset{\text{acetaldehyde}}{CH_3CHO}\;\xrightarrow[KMnO_4]{[O]}\;\underset{\text{acetic acid}}{CH_3COOH}
$$

$$
\underset{\textit{iso}\text{-propyl alcohol}}{CH_3CH(OH)CH_3}\;\xrightarrow[KMnO_4]{-2H}\;\underset{\text{acetone}}{CH_3COCH_3}
$$

탈수반응

알코올류는 분자내의 탈수반응에 의해 알켄을 생성한다.

이것은 일반적으로 많은 양의 진한황산을 가하여 고온으로 가열하거나 적당한 촉매를 사용하여 고온 처리하면 생성된다.

$$CH_3CH_2OH \xrightarrow[-H_2O]{H_2SO_4} CH_2 = CH_2$$

$$\text{ethanol} \qquad\qquad \text{ethylene}$$

2급 알코올에 있어서는 OH기가 붙어있는 탄소에 인접된 탄소 중에서 수소가 적게 붙은 탄소의 수소원자와 OH기가 결합하여 탈수되기 쉽다.

$$\underset{\substack{|\\H\ \ OH}}{CH_3-\overset{\overset{\displaystyle CH_3}{|}}{C}-CH}-CH_2-CH_3 \xrightarrow[-H_2O]{H_2SO_4} CH_3-\overset{\overset{\displaystyle CH_3}{|}}{C}=CH-CH_2-CH_3$$

$$\text{2-methyl - 3-pentanol} \qquad\qquad \text{2-methyl - 2-pentene}$$

알코올에서 알켄을 생성하는 반응속도는 3급 > 2급 > 1급 알코올의 순서이다.

6.6. 중요한 알코올

메틸알코올(methyl alcohol, methanol, CH_3OH)

가장 간단한 알코올로서 무색의 특이한 냄새를 가지며 물과 잘 혼합한다. 옛날에는 초산, 아세톤과 같이 목재의 건류로 얻어졌기 때문에 목정(wood alcohol)으로 알려지고 있다. 오늘날에는 다음과 같은 고압반응으로 합성되고 있다.

$$CO + 2H_2 \xrightarrow{\text{275-400℃, 210~280atm}} CH_3OH$$

$$\text{methyl alcohol}$$

유독한 메틸알코올을 마시면 복통, 구토, 근육 이완, 혼수 등이 나타나고
특히 시신경과 시세포수축 때문에 실명하게 되며 심한 경우에는 사망하게 된
다. 그러나 훌륭한 용제로서 또는 유기합성의 원료로서 용도가 매우 넓다.
특히 포름알데히드의 제조에 다량 소비된다.

$$CH_3OH \xrightarrow{\text{탈수소}} HCHO$$
$$\text{formaldehyde}$$

에틸알코올(ethyl alcohol, ethanol, CH_3CH_2OH)

전분질을 당화효소나 산으로 분해하여 포도당으로 하고 여기에 효모를
가하여 발효시켜 제조한다.

$$(C_6H_{12}O_6)_n \xrightarrow{\text{당화효소 또는 산}} C_6H_{12}O_6 \longrightarrow 2C_2H_5OH + 2CO\uparrow$$
$$\text{전분} \qquad\qquad\qquad \text{포도당} \qquad\qquad \text{에탄올}$$

여기서 얻어진 에탄올을 증류하면 95.8% 정도의 공비점혼합물(azeotro-
pic mixture)까지 농축된다. 그 이상은 증류에 의한 농축이 불가능하므로
생석회 등을 넣어서 수분을 흡착 제거한다. 공비점혼합물이란 최소비점을
뜻하는 것으로 95.8% 에탄올에 4.2%의 물이 혼합된 것의 비점은 78.1℃로
순수한 에탄올의 비점(78.5℃)보다 낮다.

이런 비율의 함수 에탄올은 증류하여도 물을 제거시킬 수가 없기 때문
에 이를 공비점혼합물이라 한다.

아밀알코올(amyl alcohol, pentanol, $C_5H_{11}OH$)

아밀알코올에는 여덟 개의 이성체가 있는데, 이 중에서 다음 3가지는
에탄올을 발효할 때 부수적으로 생성되는 푸젤유(fusel oil) 속에 공존한다.

$CH_3CH_2CH_2CH_2CH_2OH$ b. p. 137℃, n-amyl alcohol(pentanol)

$CH_3-CH-CH_2-CH_2-OH$ b. p. 131℃, isoamyl alcohol
　　　　｜
　　　　CH_3 (3-methyl-1-butanol)

$CH_3-CH_2-CH-CH_2-OH$ b. p. 128℃, active amyl alcohol
　　　　　　｜
　　　　　　CH_3 (2-methyl-1-butanol)

6.7. 다가 알코올

일반적으로 한 분자내에 OH기가 2개 이상 있는 알코올을 다가 알코올 (polyhydric or polyhydroxy alcohol)이라고 하며 OH기가 증가하면 알코올의 비점이 상승하며 흡수성과 수용성이 커지는 것이 보통이다.

에틸렌 글리콜(ethylene glycol, 1, 2-ethanediol)

가장 간단한 2가 알코올로서 단순히 글리콜(glycol)이라고 한다. 무색의 점질과 흡습성이 있는 액체로서 다소 감미가 있다.

$$CH_2=CH_2 \xrightarrow{KMnO_4} \begin{array}{c} CH_2-CH_2 \\ |\quad\ | \\ OH\ \ OH \end{array}$$

ethylene glycol

$$CH_2=CH_2 \xrightarrow{HOCl} \begin{array}{c} CH_2-CH_2 \\ |\quad\ | \\ OH\ \ OH \end{array}$$

이것은 용매, 화장품원료, 자동차의 부동액으로 이용된다.

글리세린(glycerin, glycerol, 1, 2, 3-propanetriol)

가장 간단한 3가 알코올로서 흡습성이 강한 점성이 있는 불휘발성 액체이다. 감미가 있고 물에 잘 녹는다.

글리세린은 비교적 무해하므로 그대로 의약과 화장품에 사용되고 그밖에 담배의 습조제, 합성수지 및 화약의 제조 원료로 사용되고 있다. 글리세린에 진한 질산을 작용시키면 니트로글리세린(nitroglycerin)이 되는데 노벨상의 창시자인 노벨(Alfred Nobel)은 이것을 원료로하여 다이나마이트를 발명하였다. 니트로글리세린은 매우 불안정한 물질로서 약간의 충격으로도 폭발한다.

$$
\begin{array}{l}
CH_2OH \\
| \\
CHOH \; + \; 3HNO_3 \; \xrightarrow{H_2SO_4} \\
| \\
CH_2OH \\
\text{glycerin}
\end{array}
\qquad
\begin{array}{l}
CH_2-ONO_2 \\
| \\
CH-ONO_2 \; + \; 3H_2O \\
| \\
CH_2-ONO_2 \\
\text{nitroglycerin}
\end{array}
$$

천연의 동식물성유지는 모두 글리세린과 여러 가지 지방산과의 에스테르이다. 따라서 유지를 사용한 비누 제조시에 부산물로서 글리세린이 다량 얻어진다. 글리세린의 에스테르를 글리세리드(glyceride)라 한다. 유지는 지방산의 글리세리드이다.

$$
\begin{array}{l}
CH_2-OCOR \\
| \\
CH-OCOR \; + \; 3NaOH \; \xrightarrow{\text{가수분해}} \\
| \\
CH_2-OCOR \\
\text{glyceride}
\end{array}
\qquad
\begin{array}{l}
CH_2OH \\
| \\
CHOH \; + \; 3RCOONa \\
| \\
CH_2HO \\
\text{glycerin}
\end{array}
$$

오늘날에는 석유화학에서도 프로펜에서 글리세린이 합성된다.

$$
\begin{array}{l}
CH_2 \\
\| \\
CH \; \xrightarrow{Cl_2,\ 400\sim500\,℃} \\
| \\
CH_3 \\
\text{propene}
\end{array}
\begin{array}{l}
CH_2 \\
\| \\
CH \; \xrightarrow[\text{가수분해}]{NaOH} \\
| \\
CH_2Cl \\
\text{allyl chloride}
\end{array}
\begin{array}{l}
CH_2 \\
\| \\
CH \\
| \\
CH_2OH \\
\text{allyl alcohol}
\end{array}
$$

$$
\xrightarrow{HO\,{}^{\cdot}Cl}
\begin{array}{l}
CH_2Cl \\
| \\
CHOH \; \xrightarrow[\text{가수분해}]{NaOH} \\
| \\
CH_2OH \\
\text{monochlorohydrin}
\end{array}
\begin{array}{l}
CH_2OH \\
| \\
CHOH \\
| \\
CH_2OH \\
\text{glycerol}
\end{array}
$$

6.8. 에테르

알코올이 물의 수소원자 하나를 알킬기로 치환한 것이라고 본다면 에테르(ether)는 물의 수소원자 두 개를 알킬(R)기 또는 아릴(Ar)기로 치환한 것이라고 볼 수 있다.

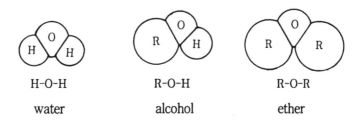

H-O-H	R-O-H	R-O-R
water	alcohol	ether

그림 6-1 물, 알코올, 에테르의 구조

에테르의 명명법

에테르의 일반식은 R-O-R, R-O-Ar, Ar-O-Ar의 형식으로 나타낸다. 이 때 산소원자에 결합된 두 원자단이 모두 동일한 종류의 원자단인 것을 단순 에테르(simple ether), 다른 것을 혼합 에테르(mixed ether)라고 한다. 에테르는 흔히 관용명으로 부르며 원자단의 이름 다음에 에테르를 붙여서 부르고 IUPAC법에서는 두 알킬기 중에서 탄소원자수가 많은 알킬기에 해당하는 알칸의 수소를 알콕시기(alkoxy group) RO-로 치환한 것으로 보고 명명한다.

$CH_3-O-CH_2CH_3$	$CH_3CH_2-O-CH_2CH_3$	$\langle\!\!\!\bigcirc\!\!\!\rangle-O-CH_3$
methylethyl ether (methoxyethane)	diethyl ether 또는 ether(ethoxyethane)	anisole methylphenyl ether (methoxybenzene)
혼합에테르	단순에테르	혼합에테르

표 6-2 에테르의 종류와 비점

화 학 식	관 용 명	비 점(℃)
CH_3-O-CH_3	dimethyl ether	-24.9
$C_2H_5-O-C_2H_5$	diethyl ether(ether)	34.9
$CH_3-O-C_2H_5$	methylethyl ether	7.9
$\begin{matrix} CH_2 \\ | \quad\rangle O \\ CH_2 \end{matrix}$	ethylene oxide	10.8
$\begin{matrix} CH_2-CH_2 \\ | \qquad\rangle O \\ CH_2-CH_2 \end{matrix}$	tetrahydrofuran	65
$\begin{matrix} \;\;CH_2-CH_2 \\ O\langle \qquad\rangle O \\ \;\;CH_2-CH_2 \end{matrix}$	dioxane	101

에테르의 성질

에테르는 물에 조금 녹으며 많은 유기화합물의 좋은 용매가 되어 식물이나 그 밖의 다른 물질로부터 유기생성물을 추출하는데 사용된다. 또 에테르는 비교적 안정한 화합물로서 묽은 산, 알칼리, 금속나트륨과 반응하지 않으므로 이 성질을 이용하여 이성체인 알코올과 구별한다. 에테르는 HI와 다음과 같이 반응한다.

$$CH_3-O-CH_2CH_2CH_3 + HI \xrightarrow{\text{고온}} CH_3I \;+\; CH_3CH_2CH_2OH$$

methyl n-propyl ether   methyl iodide n-propy alcohol

또 과잉의 HI에 의해서

$$CH_3-O-CH_2CH_2CH_3 + 2HI \xrightarrow{100℃} CH_3I + CH_3CH_2CH_2I + H_2O$$

방향족 에테르는 같은 형의 반응에 의하여 쉽게 페놀(phenol)로 된다.

$$\langle\bigcirc\rangle-O-CH_2CH_3 + HBr \longrightarrow \langle\bigcirc\rangle-OH + CH_3CH_2Br$$

또, 에테르는 진한 염산 또는 진한 황산에 용해한다. 이것은 산의 수소이온 H^+가 에테르의 산소원자에 부가하여 일종의 착염을 만들기 때문이다.

$$C_2H_5 - O - C_2H_5 \ + \ H^+Cl^- \ \longrightarrow \ [C_2H_5 - O - C_2H_5]^+Cl^-$$

$$\underset{\text{oxonium 염}}{\overset{|}{H}}$$

이렇게 보면 에테르는 넓은 의미에서 염기라고 볼 수 있다.

그러나 옥소늄(oxonium)염은 저온에서만 안정하며 또 물을 가하면 쉽게 본래의 에테르가 된다.

중요한 에테르

① 디에틸에테르(diethyl ether, ethoxyethane)

보통 에테르라고 하며 인화성이고 휘발성이 강한 무색의 액체로서 물에는 잘 녹지 않으나 지용성 성분의 용매로 실험실에 널리 사용하고 의약용으로는 마취제에 쓰인다.

$$CH_3CH_2OH \ + \ HOSO_3H \ \xrightarrow{\ 0\,℃\ } \ CH_3CH_2OSO_3H$$

$$CH_3CH_2OSO_3H \ + \ HOSO_3H \ \xrightarrow{\ 140\,℃\ } \ CH_3CH_2 - O - CH_2CH_3$$

② 산화에틸렌(ethylene oxide, epoxyethane)

에폭시화물(epoxide)은 고리에테르의 일종으로 에테르에 포함된 산소가 3고리를 이루는 화합물이다. 에폭시화물 중에서 가장 간단한 화합물은 산화에틸렌이며 다음의 방법으로 합성된다.

$$\underset{\text{ethylene chlorohydrin}}{\overset{CH_2OH}{\underset{CH_2Cl}{|}}} \ \xrightarrow{\ KOH\ } \ \underset{\text{ethylene oxide}}{\overset{CH_2}{\underset{CH_2}{|}}{>}O} \ + \ KCl \ + \ H_2O$$

반응성이 매우 풍부하여 화학약품의 합성에 널리 사용되며, 니스나 락카의 용제로 많이 쓰인다.

에폭시화물의 명명은 탄소사슬에 번호를 붙이고 산소가 결합된 탄소번호와 에폭시(epoxy)라는 접두어를 붙인다.

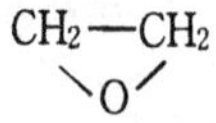

epoxyethane 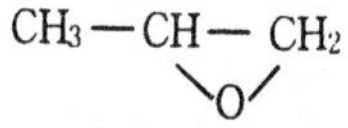   1, 2-epoxypropane 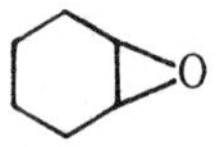   1, 2-epoxycyclohexane

③ 디페닐 에테르(dipenyl ether)

도우(Dow)법에 의한 페놀의 공업적 생산 중에 부산물로서 얻어지는 물질이다. 이것은 높은 비등점을 가지며 열전도의 매개체로서 사용되는 비교적 불활성인 액체이다. 자연에 존재하는 방향족화합물 중 에테르 결합을 하고 있는 대표적인 예로는 정향의 성분인 오이게놀(eugenol)과 대회향유의 성분인 아네톨(anethole)이 있다.

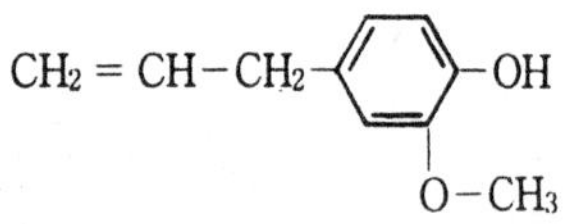

eugenol 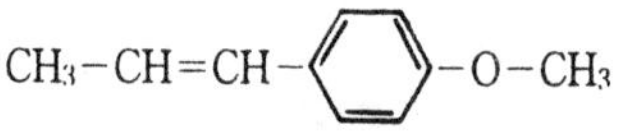   anethole

제 6 장 연습문제

1. 다음의 알코올을 IUPAC법으로 명명하라.

① $ClCH_2CH_2OH$

② 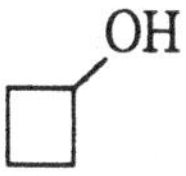

③ $CH_2=CH-CH_2OH$

④
$$\begin{array}{l} \qquad\qquad\qquad\quad CH_2CH_2CH_3 \\ \qquad\qquad\qquad\quad | \\ CH_3CHCH_2CHCH_2OH \\ \qquad\;\; | \\ \qquad\;\; OH \end{array}$$

⑤
$$\begin{array}{l} CH_3CHCH=CHCHC\equiv CCH_2OH \\ \qquad\;\; | \qquad\qquad\;\; | \\ \qquad\; Br \qquad\quad\; CH_2CH_3 \end{array}$$

⑥
$$\begin{array}{l} CH_3CHCH_2CH_3 \\ \qquad\;\; | \\ \qquad\; OH \end{array}$$

2. 다음의 명명에 해당하는 구조식을 쓰시오.

① 2-methyl-2-hexanol　　② 1, 5-hexanediol

③ 2-ethyl-2-butene-1-ol　　④ 3-cyclohexen-1-ol

⑤ *o*-bromophenol　　⑥ 2, 4, 6-trinitrophenol

3. $CH_3CH_2CH_2CH_2OH + HCl \xrightarrow{\text{열},\ ZnCl_2} CH_3CH_2CH_2CH_2\text{-}Cl + H_2O$의 메카니즘을 단계별로 적고 촉매인 염화아연의 역할을 설명하여라.

4. 다음 알코올 산화반응식을 적어라.

① 3-pentanol　　② 1-pentanol

5. 탄화수소에 OH기를 도입시키면 비점에 어떤 영향을 미치는가?

6. 다음화합물을 탈수시키면 어떤 물질을 얻을 수 있나?

① 3-methyl-3-pentanol

② $(CH_3)_2C(OH)CH_2CH_2CH_2OH$

7. 다음화합물을 명명하라.

① $C_2H_5OCH_2CH(CH_3)_2$

②

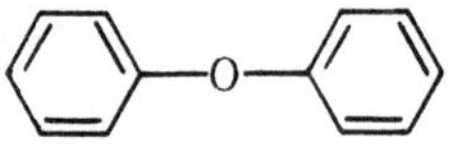

③ $CH_2=CH-O-CH=CH_2$

④ $CH_2=C-C=CH_2$
         | |
        C_2H_5 OC_2H_5

⑤ $CH_3CH_2CHCH_3$
          |
          O
         △

⑥ $CH_2CH_2CH_2CH_2$
        └—O—┘

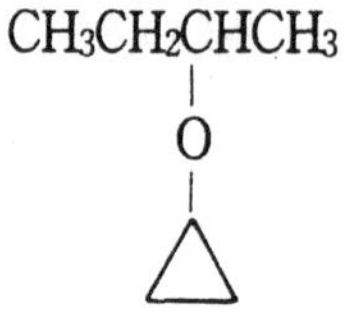

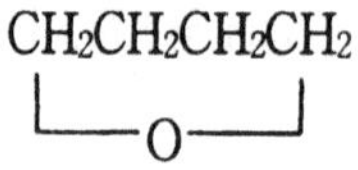

8. Epoxide란 무엇인가?

7

할로겐 화합물

탄화수소의 수소원자를 할로겐으로 치환한 화합물을 유기할로겐화합물이라고 한다. 유기할로겐화합물은 그 모체탄화수소에 따라서 지방족할로겐화합물(alkyl halide)과 방향족할로겐화합물(aryl halide)로 나눈다. 또 치환한 할로겐원자의 수에 따라 모노, 디, 트리 및 폴리할로겐화물로 구별한다. 모노할로겐화물의 할로겐원자는 비교적 쉽게 다른 원자 또는 원자단과 치환되어 새로운 유도체가 되므로 합성의 중간체로서 중요하다.

7.1. 할로겐화알킬의 종류 및 성질

할로겐화알킬은 할로겐이 붙은 탄소의 종류에 따라서 1급, 2급 및 3급 할로겐화알킬로 구분된다.

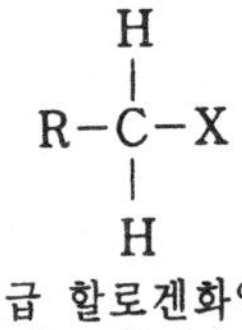

$$
\begin{array}{ccc}
\quad\; \text{H} & \quad\; \text{R} & \quad\; \text{R} \\
\quad\; | & \quad\; | & \quad\; | \\
\text{R}-\text{C}-\text{X} & \text{R}-\text{C}-\text{X} & \text{R}-\text{C}-\text{X} \\
\quad\; | & \quad\; | & \quad\; | \\
\quad\; \text{H} & \quad\; \text{H} & \quad\; \text{R}
\end{array}
$$

1급 할로겐화알킬　　　2급 할로겐화알킬　　　3급 할로겐화알킬
(prim-alkyl halide)　　(sec-alkyl halide)　　(tert-alkyl halide)

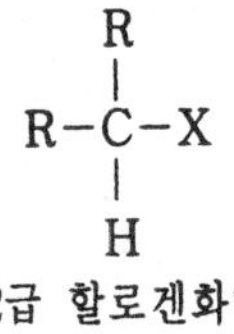

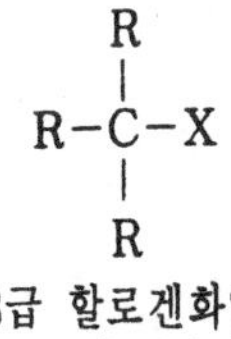

할로겐화알킬에는 RF, RCl, RBr, RI가 있으며 이들의 반응성은 RI>RBr>RCl>RF와 같이 할로겐 원소의 크기가 클수록 그 반응성도 크다. 또한 알킬기의 크기에 따라서 할로겐화알킬의 반응성이 다르며 할로겐화 메틸(methyl halide)은 할로겐화에틸(ethyl halide)이나 이보다 큰 할로겐화알킬에 비해 반응성이 강하다.

$$CH_3X > C_2H_5X > n\text{-}C_3H_7X > n\text{-}C_4H_9X$$

알칸에 할로겐이 치환되면 원래의 탄화수소보다 비등점과 비중이 훨씬 높아진다. 그 영향은 F<Cl<Br<I의 순으로 강하다.

할로겐화알킬은 물에 녹지 않고 탄화수소, 에테르, 알코올 등의 유기용매에 잘 녹으며 이들의 순수 물질은 모두 무색이지만 요오드 화합물만이 불안정하며 햇빛에서는 분해되어 요오드를 유리하고 차차 적갈색으로 변한다. 또 저분자량의 할리드(halide)들은 대개 달콤한 냄새와 맛을 지니고 있다.

표 7-1 할로겐화알킬의 물리적 성질과 명명의 예

관 용 명	IUPAC명	분자식	융점(℃)	비점(℃)
methyl chloride	chloromethane	CH_3Cl	-97	-24
methylene chloride	dichloromethane	CH_2Cl_2	-96.7	40~41
chloroform	trichloromethane	$CHCl_3$	-63.5	61.2
carbon tetrachloride	tetrachloromethane	CCl_4	-22.6	76.8
methyl bromide	bromomethane	CH_3Br	-93	4.6
methylene bromide	dibromomethane	CH_2Br_2	-52.8	99
bromoform	tribromomethane	$CHBr_3$	8~9	150.5
carbon tetrabromide	tetrabromomethane	CBr_4	90.1	189.5
methyl iodide	iodomethane	CH_3I	-64.4	42.5
methylene iodide	diiodomethane	CH_2I_2	5.7	180(분해)
iodoform	triiodomethane	CHI_3	119	승화
carbon tetraiodide	tetraiodomethane	CI_4	분해	

7.2. 할로겐화알킬의 제법

치환반응

$$CH_3CH_2CH_2CH_3 + Cl_2 \longrightarrow CH_3CH_2CH_2CH_2Cl$$
$$\text{또는} \qquad\qquad + HCl$$
$$CH_3CHClCH_2CH_3$$

이 반응은 빛이나 열에 의하여 알칸을 할로겐화하는 방법으로써 여러 가지 많은 치환체가 생성되므로 순수한 것은 얻기 힘들다.

부가반응

$$CH_2=CH_2 + HCl \xrightarrow{AlCl_3} CH_3CH_2Cl$$
ethene $\qquad\qquad\qquad$ chloroethene

$$CH_3CH=CH_2 + HBr \xrightarrow{AlCl_3} CH_3CHBrCH_3$$
propene $\qquad\qquad\qquad$ 2-bromopropane

알코올과 할로겐화수소에 의한 탈수

$$ROH + HX \xrightarrow{\text{탈수제}} RX + H_2O$$

$$CH_3CH_2CH_2CH_2OH + HBr \xrightarrow{H_2SO_4} CH_3CH_2CH_2CH_2Br + H_2O$$

$$CH_3CH_2CH_2CH_2OH + HCl \xrightarrow{ZnCl_2} CH_3CH_2CH_2CH_2Cl + H_2O$$

이 방법의 반응성은 $HI > HBr > HCl$의 순서이고 HCl의 경우에는 탈수제가 존재하지 않으면 반응이 일어나지 않는다. 그러나 3급 알코올에서는 탈수제가 없어도 쉽게 3급 할로겐화알킬을 얻을 수 있다.

$$CH_3-\underset{\underset{CH_3}{|}}{\overset{\overset{CH_3}{|}}{C}}-OH + HCl \longrightarrow CH_3-\underset{\underset{CH_3}{|}}{\overset{\overset{CH_3}{|}}{C}}-Cl + H_2O$$

알코올과 할로겐화인의 반응

$$C_2H_5OH + PCl_5 \longrightarrow C_2H_5Cl + POCl_3 + HCl$$
$$3CH_3OH + PCl_3 \longrightarrow 3CH_3Cl + H_3PO_3$$

또 할로겐화알킬은 알코올과 염화티오닐(thionyl chloride, $SOCl_2$)을 반응시켜서도 만드는데 이 반응에서는 부산물인 HCl, SO_2가 기체이므로 생성물을 분리하기 쉽다.

$$ROH + SOCl_2 \longrightarrow RCl + HCl\uparrow + SO_2\uparrow$$

7.3.   할로겐화알킬의 반응

그리냐르(Grignard) 반응

무수에테르 중에서 할로겐화알킬(RX)에 금속 Mg를 반응시키면 RMgX (alkyl magnesium halide)를 형성한다. 이 시약은 프랑스의 화학자 그리냐르(Grignard, 1871~1935)의 이름에 따라 그리냐르 시약이라고 한다.

$$RX + Mg \xrightarrow{\text{ether}} RMgX$$

예를 들면

$$C_2H_5Br + Mg \xrightarrow{\text{ether}} C_2H_5MgBr$$
$$\text{ethyl magnesium bromide}$$

축합반응(condensation)

할로겐화알킬은 부르쯔(Wurtz)의 반응을 거쳐 알칸을 만든다.

$$2RX + 2Na \longrightarrow R-R + 2NaX$$
haloalkane　　　　　　　alkane

또한 그리냐르 시약과 작용시켜도 알칸이 생성된다.

$$RX + R'MgX \longrightarrow R-R' + MgX_2$$
alkane

여러 금속화합물과의 반응(할로겐을 다른 기로 치환)

$$C_2H_5Br + KCN \longrightarrow C_2H_5CN + KBr$$
ethyl cyanide

$$C_2H_5Br + NaSH \longrightarrow C_2H_5SH + NaBr$$
ethyl mercaptan
(ethyl hydrosulfide)

$$C_2H_5Br + CH_3ONa \longrightarrow C_2H_5OCH_3 + NaBr$$
ethyl methyl ether

$$C_2H_5I + NaC\equiv C-R \longrightarrow C_2H_5C\equiv C-R + NaI$$
alkyne

7.4. 폴리할로겐화물

탄화수소에 2개 이상의 할로겐 원자가 치환된 것에는 용제와 추출제로서 유용한 것이 많다. 이들은 물에 녹지 않으며 특이한 냄새가 있는 무거운 액체로서 일반적으로 유독하다. 화학적 성질은 할로겐화알킬과 비슷하다.

디할로알칸(dihaloalkane)에서 동일한 탄소에 할로겐원자가 붙어있을 때는 젬-디할로알칸(*gem*-dihaloalkane), 인접된 두 탄소에 붙어 있을 때는 빅-디할로알칸(*vic*-dihaloalkane) 등으로 구별된다.

vic-dihaloalkane　　　　　　*gem*-dihaloalkane

여기서 *gem*은 라틴어 gemimus(twin, double), *vic*은 vicinus (neighbo-ring)에서 유래되었다.

클로로포름(chloroform, trichloromethane, CHCl₃)

무색의 액체이며 에탄올이나 아세톤을 표백분과 증류시켜서 제조하거나, 또는 CCl₄를 부분적으로 환원시켜서 공업적으로 제조한다.

$$2CH_3CH_2OH + 2CaOCl_2 \longrightarrow 2CH_3CHO + 2CaCl_2 + 2H_2O$$
ethanol　　　　　　　　　　　　acetaldehyde

$$2CH_3CHO + 6CaOCl_2 \longrightarrow 2CCl_3CHO + 3Ca(OH)_2 + 3CaCl_2$$
chloral

$$2CCl_3CHO + Ca(OH)_2 \longrightarrow 2CHCl_3 + (HCOO)_2Ca$$
chloroform

클로로포름을 일광에 쪼이면 포스겐(phosgen)이 되는데 포스겐은 일차 대전까지 독가스로 사용되었다.

$$2CHCl_3 + 3O \longrightarrow 2COCl_2 + Cl_2 + H_2O$$
phosgen

$$COCl_2 + H_2O \longrightarrow 2HCl + CO_2$$

클로로포름은 전신마취제로 사용되기도 하며, 지방·수지·고무류의 용제로서 용도가 매우 넓다.

요오드포름(iodoform, CHI₃)

$$CH_3CH_2OH + 10I + H_2O \longrightarrow CHI_3 + CO_2 + 7HI$$

방부제·소독제로 쓰이며, 에틸알코올이나 아세톤과 같이 CH₃CO-, CH₃CH(OH)-를 가진 화합물을 검출하는데 사용된다.

사염화탄소(carbon tetrachloride, tetrachloromethane)

$$CS_2 + 3Cl_2 \longrightarrow CCl_4 + S_2Cl_2$$

소화제로 사용되며, 우수한 용제 및 훈연제로 쓰인다.

디클로로디플루오로메탄(dichlorodifluoromethane, CCl_2F_2)

무독, 무미, 비인화성이고 금속에 대해서 부식성이 없으며 연무질 (aerosol)의 용제로 사용되기도 한다. 또한 freon-12의 상품명으로 냉매로도 이용된다.

$$3CCl_4 + 2SbF_3 \xrightarrow{\text{SbF}_5} 3CCl_2F_2 + 2SbCl_3$$

$$CCl_4 + 2HF \xrightarrow{\text{SbF}_3} CCl_2F_2 + 2HCl$$

클로로피크린(chloropicrin)

클로랄(chloral) 또는 트리클로로메탄(trichloromethane)을 HNO_3로 처리하여 만들거나 피크린산(picric acid)에 표백분을 작용시켜 만들며, 최루탄 가스, 훈연제로 사용된다.

$$\underset{\text{chloral}}{CCl_3CHO} + HNO_3 \longrightarrow \underset{\text{chloropicrin}}{CCl_3NO_2} + HCOOH$$

제 7 장 연습문제

1. 다음화합물의 구조식을 써라
   ① isopropyl iodide   ② n-butyl bromide
   ③ t-butyl chloride   ④ benzylchloride
   ⑤ p-chlorodiphenylmethane   ⑥ 1-bromo-3-chloro-4-methylhexane

2. 다음화합물의 IUPAC 명을 써라.
   ① $CH_3CH_2CH_2CH_2CCl_2CH_3$ ② $CH_3CH_2CHClCH(CH_3)_2$
   ③ $(CH_3)_2CHCH_2CH_2Cl$ ④ $(CH_3)_2CClCH_2CH_2Cl$
   ⑤ $CH_3CHBrCH_2CH_2CH_2Cl$ ⑥ $CH_3C=CHCH_2Cl$
    |
    Cl

3. 다음 할로겐화물들의 일차, 이차 또는 삼차를 구분하여라.
   ① $CH_3CH_2CH_2CH_2Br$

   ② $CH_3{-}CHCH_2Cl$
   $\phantom{CH_3{-}C}$|
   $\phantom{CH_3{-}C}CH_3$

   ③ CH_3CHCH_3
   |
   Cl

   ④ CH_3
   |
   $CH_3CH_2CHCHCH_3$
   |
   Cl

4. 실험식 C_4H_9Cl로 된 화합물의 모든 이성체의 구조식을 쓰고 각각 명명하라.

5. C_2H_5I에 다음 물질을 작용시킬 때의 반응을 써라.
   ① KOH수용액   ② KOH 알코올 용액
   ③ KCN   ④ 금속 Na
   ⑤ KSH

6. 다음의 할로겐 화합물을 가수분해할 때 생기는 주요생성물의 명칭과 화학
   식을 써라.
   ① CH_3CH_2Cl ② CH_3CHCl_2 ③ CH_3CCl_3

알데히드와 케톤

알데히드(aldehyde)와 케톤(ketone)은 작용기로서 카르보닐기(>C=O)를 가지고 있으므로, 카르보닐화합물이라고 하며 알데히드나 케톤의 특유한 성질은 이 카르보닐기에 의한 것이라 볼 수 있다.

카르보닐기의 탄소에 결합된 두 원자단 중에서 한 개가 수소원자이거나 두 개가 모두 수소원자이면 이 화합물은 알데히드이다.

$$
\begin{array}{ccc}
\quad\overset{\displaystyle O}{\underset{\displaystyle \|}{}} & \quad\overset{\displaystyle O}{\underset{\displaystyle \|}{}} & \quad\overset{\displaystyle O}{\underset{\displaystyle \|}{}} \\
H-C-H & R-C-H & Ar-C-H \\
\text{formaldehyde} & \text{aliphatic aldehyde} & \text{aromatic aldehyde}
\end{array}
$$

카르보닐기의 탄소에 결합된 두 개의 원자단이 알킬기 혹은 아릴기인 화합물은 케톤이다.

$$
\begin{array}{ccc}
\quad\overset{\displaystyle O}{\underset{\displaystyle \|}{}} & \quad\overset{\displaystyle O}{\underset{\displaystyle \|}{}} & \quad\overset{\displaystyle O}{\underset{\displaystyle \|}{}} \\
R-C-R' & Ar-C-Ar' & R-C-Ar \\
\text{aliphatic ketone} & \text{aromatic ketone} & \text{mixed ketone}
\end{array}
$$

8.1.   알데히드와 케톤의 명명법

간단한 알데히드는 그것을 산화함으로써 생성되는 산의 이름에 밀접한 관계를 가진 관용명으로. 불린다. 즉, 알데히드의 관용명은 해당하는 산의 관용명에서 어미 -ic 또는 -oic를 떼고 알데히드(aldehyde)를 붙여서 부른다. 예를 들면 HCHO의 산화로는 포름산(formic acid)이 생성되므로 이 알데히드를 포름알데히드(formaldehyde)라 하고, CH_3CHO의 산화로는 아세트산(acetic acid)이 생성되는 까닭에 이것을 아세트알데히드(acetaldehyde)라 한다.

표 8-1 몇 가지 알데히드의 물리적 성질

명 칭	화 학 식	비점(℃)	융점(℃)	비 중
formaldehyde	$\overset{\text{O}}{\overset{\|}{\text{H}-\text{C}-\text{H}}}$	-21	-92	0.815
acetaldehyde	$\overset{\text{O}}{\overset{\|}{CH_3-\text{C}-\text{H}}}$	21	-121	0.801
propionaldehyde	$\overset{\text{O}}{\overset{\|}{CH_3CH_2C-\text{H}}}$	48.8	-81	0.807
n-butyraldehyde	$\overset{\text{O}}{\overset{\|}{CH_3CH_2CH_2C-\text{H}}}$	75.7	-99	0.817
isobutyraldehyde	$\overset{\text{O}}{\overset{\|}{CH_3CHC-\text{H}}} \atop \underset{\text{CH}_3}{\|}$	61	-65.9	0.794
benzaldehyde	$\langle\bigcirc\rangle\!-\!\overset{\text{O}}{\overset{\|}{\text{C}-\text{H}}}$	179.5	-59	1.046

케톤의 관용명은 카르보닐기에 결합되어 있는 두 개의 알킬기 혹은 아릴기의 이름을 열거하고 어미에 케톤(ketone)이라는 말을 붙여서 명명한다.

IUPAC법에 의한 명명은 알코올 명명에 있어서의 -ol 대신 -al (알데히드의 경우) 또는 -one(케톤의 경우)를 붙여서 부른다.

치환알데히드에서 그 위치를 나타내는 번호는 알데히드탄소로부터 시작하고 케톤에서는 카르보닐탄소가 가장 낮은 수가 되도록 번호를 붙인다.

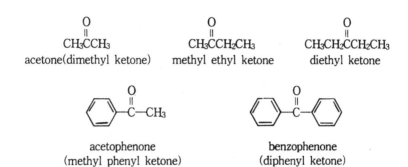

$$\underset{\text{acetone(dimethyl ketone)}}{CH_3CCH_3}$$

$$\underset{\text{methyl ethyl ketone}}{CH_3CCH_2CH_3}$$

$$\underset{\text{diethyl ketone}}{CH_3CH_2CCH_2CH_3}$$

acetophenone
(methyl phenyl ketone)

benzophenone
(diphenyl ketone)

표 8-2 알데히드와 케톤의 명명의 예

화 학 식	IUPAC명	관 용 명
CH_3CHO	ethanal	acetaldehyde
CH_3CHCHO $\mid$ CH_3	2-methyl propanal	isobutyraldehyde
$\overset{\gamma\ \ \beta\ \ \alpha}{\underset{\overset{\mid\ \ \mid}{Br\ Br}}{\underset{4\ \ 3\ \ 2\ \ 1}{CH_3CHCHCHO}}}$	2, 3-dibromobutanal	α, β-dibromobutyr aldehyde
O $\parallel$ $CH_2CCH_2CH_3$	butanone	methyl ethyl ketone
O $\parallel$ $\underset{1\ \ 2\ 3\ \ 4\ \ 5}{CH_3CCH_2CH_2CH_3}$	2-pentanone	methyl propyl ketone
O $\parallel$ $\underset{1\ \ 2\ 3\ \ 4\ \ 5}{CH_3CCH_2CHCH_3}$ $\mid$ CH_3	4-methyl-2-pentanone	methyl isobutyl ketone

그러나 1개 이상의 작용기가 존재할 때에는 다음과 같이 여러개의 접미어가 필요하게 될 수 있다.

$$\underset{\underset{CH_3}{\mid}}{\overset{O}{\underset{4\quad\ 3\quad\ 2\ \ 1\parallel}{CH_3-CH_2=C-C-H}}}$$

2-methyl-2-butenal

$$\begin{array}{ccccccc} & \overset{O}{\underset{\|}{}} & & & \overset{OH}{\underset{|}{}} & \\ \overset{1}{CH_3}-\overset{2}{C}-\overset{3}{CH_3}-\overset{4}{CH_2}-\overset{5}{C}-\overset{6}{CH_3} \end{array}$$

5-hexanol-2-one

8.2. 알데히드와 케톤의 제법

알코올의 산화작용

제 1 급 알코올을 산화시키면 알데히드가 되고, 제 2 급 알코올이 산화하면 케톤이 된다.

$$R-CH_2OH \xrightarrow[K_2Cr_2O_7 \; 또는 \; KMnO_4]{[O]} R-CH=O$$

제 1 급 알코올   aldehyde

$$\begin{array}{c}R\\ \quad \\ R'\end{array}\!\!\!>\!CHOH \xrightarrow[K_2Cr_2O_7 \; 또는 \; KMnO_4]{[O]} \begin{array}{c}R\\ \quad \\ R'\end{array}\!\!\!>\!C=O$$

제 2 급 알코올   ketone

젬-디할로알칸(*gem*-dihaloalkane)의 가수분해

같은 탄소에 2개의 할로겐이 결합하고 있는 탄화수소를 알칼리로써 가수분해하면 알데히드 또는 케톤으로 된다.

$$\begin{array}{c}Cl\\ |\\ R-C-H\\ |\\ Cl\end{array} + \; 2NaOH \xrightarrow{-H_2O} RCHO + 2NaCl$$

aldehyde

$$\begin{array}{c}Cl\\ |\\ R-C-R'\\ |\\ Cl\end{array} + \; 2NaOH \xrightarrow{-H_2O} \begin{array}{c}O\\ \|\\ R-C-R'\end{array} + 2NaCl$$

ketone

그리냐르(Grignard) 시약에 의한 방법

그리냐르 시약에 개미산 에스테르를 작용시키면 알데히드가 생성된다.

$$
\underset{\text{ethylformate}}{HC \overset{O}{\underset{OC_2H_5}{\diagup}}} \quad + \quad RMgX \quad \longrightarrow \quad \underset{}{H - \overset{OMgX}{\underset{OC_2H_5}{\overset{|}{C}}} - R}
$$

$$
\xrightarrow{+H_2O} \quad \underset{\text{aldehyde}}{RCHO} \quad + \quad \underset{\text{ethanol}}{C_2H_5OH} \quad + \quad Mg \overset{X}{\underset{OH}{\diagup}}
$$

또한 니트릴(nitrile)에 그리냐르 시약을 작용시키면 케톤이 되는데, 이때 그리냐르 시약이 너무 많으면 생성된 케톤과 작용하게 되므로 주의해야 한다.

$$
\underset{\text{nitrile} \quad \text{Grignard 시약}}{RC \equiv N \; + \; R'\,MgX} \longrightarrow \underset{N - MgX}{R - \overset{}{\underset{\|}{C}} - R'} \xrightarrow{2H_2O} \underset{\text{ketone}}{R - \overset{O}{\overset{\|}{C}} - R'} + NH_3 + MgXOH
$$

8.3. 알데히드와 케톤의 반응

산화 반응

알데히드나 케톤은 $KMnO_4$나 $K_2Cr_2O_7$ 등의 강산화제로 산화시키면 카르복실산(carboxylic acid)이 된다. 이밖에도 유명한 산화제로는 톨렌(Tollens)시약, 페엘링(Fehling) 용액 및 베네딕트(Benedict) 용액이 있는데 이들은 온화한 산화제이므로 환원성을 가진 알데히드는 산화시키지만 케톤은 산화시키지 못한다.

즉 톨렌(Tollens)시약과의 알데히드의 산화는 금속을 생성하고 페엘링(Fehling) 용액 혹은 베네딕트(Benedict) 용액은 산화 제1구리의 붉은색 침전을 생성한다. 케톤은 부분적으로 산화된 탄소원자에 붙은 수소원자가 없기 때문에 좀 더 강력한 조건에서만 산화될 수 있다.

그러므로 케톤은 위의 시약으로 산화되지 않으므로 위의 시약은 알데히드와 케톤을 식별하는 방법으로 이용된다.

$$RCHO + 2Ag(NH_3)_2^+ + 2OH^- \longrightarrow RCO_2-NH_4 + 2Ag\downarrow + 3NH_3 + H_2O$$

aldehyde   Tollens 시약   acid salt   silver metal

$$RCHO + 2Cu^{++}(complex) \xrightarrow{\text{NaOH}} RCO_2-Na^+ + Cu_2O\downarrow$$

aldehyde   Fehling 또는   acid salt   red precipitate
               Benedict 용액

환원 반응

알데히드와 케톤은 높은 온도 및 압력하에서 Ni, Pt촉매에 의해 수소로 환원하면 다음과 같은 반응이 진행된다. 즉, 알데히드는 1차 알코올을 케톤은 2차 알코올을 생성한다.

$$RCHO + H_2 \longrightarrow RCH_2OH$$
$$R_2CO + H_2 \longrightarrow R_2CHOH$$

또한 화학적 환원제에 의하여 환원되어 알코올로 될 수 있는데 이때 LiAlH$_4$는 알데히드나 케톤을 환원시키는 시약 중의 하나이다.

시안화수소(HCN)의 부가

알데히드나 케톤에 시안화수소를 작용시키면 시아노히드린(cyanohydrin)을 생성한다. 시아노히드린은 묽은 산에 의해 용이하게 가수분해를 받아 α-옥시산으로 된다.

시아노히드린은 옥시산, 아미노산, 당의 제조시 중간체로서 중요시되고 있다.

$$>C=O + H^+CN \longrightarrow \begin{array}{c} \diagdown \\ C \diagup \end{array}\begin{array}{l} OH \\ CN \end{array}$$
cyanohydrin

$$\begin{array}{c} O \\ \parallel \\ CH_3C-H \end{array} + HCN \longrightarrow \begin{array}{c} OH \\ \mid \\ CH_3C-CN \\ \mid \\ H \end{array} \xrightarrow[H^+]{H_2O} CH_3CHOHCOOH$$

acetaldehyde
cyanohydrin

latic acid

$$(CH_3)_2CO + HCN \longrightarrow \begin{array}{c} OH \\ \mid \\ CH_3-C-CN \\ \mid \\ CH_3 \end{array}$$

acetone
cyanohydrin

시안화 암모늄(NH₄CN)을 사용하면 가수분해 생성물로서 α-아미노산이 생성된다. 이 과정을 스트랙커(Strecker)반응이라 하는데 이는 α-아미노산 합성에 유용한 반응이다.

$$\begin{array}{c} O \\ \parallel \\ CH_3C-H \end{array} + NH_4CN + H_2O \longrightarrow \begin{array}{c} CH_3CHCOOH \\ \mid \\ NH_2 \end{array}$$

acetaldehyde   alanine

카르보닐산소의 반응

카르보닐 화합물은 히드록실아민(hydroxyl amine), 페닐히드라진(phenyl hydrazine) 및 세미카바지드(semicarbazide)와 쉽게 축합하고 이때 물을 생성한다.

$$\begin{array}{c} R \\ \diagdown \\ R' \diagup \end{array}C=O + H_2NOH \longrightarrow \begin{array}{c} R \\ \diagdown \\ R' \diagup \end{array}C=N-OH + H_2O$$

hydroxylamine   oxime

$$\begin{matrix} R \\ R' \end{matrix}C=O + H_2N-NHC_6H_5 \longrightarrow \begin{matrix} R \\ R' \end{matrix}C=N-NHC_6H_5 + H_2O$$

phenyl hydrazine   phenyl hydrazone

$$\begin{matrix} R \\ R' \end{matrix}C=O + H_2N-NHCONH_2 \longrightarrow \begin{matrix} R \\ R' \end{matrix}C=N-NHCONH_2 + H_2O$$

semicarbazide   semicarbazone

이들 시약은 알데히드와 케톤의 카르보닐기와 쉽게 축합하여 독특한 융점을 갖는 결정성의 고체를 생성하므로 카르보닐 화합물의 분리확인에 잘 쓰인다. 또 식품의 향기성분에 함유된 저분자량의 알데히드나 케톤의 분석에도 이용된다.

그리냐르(Grignard) 시약과의 반응

일반적으로 알데히드는 그리냐르 시약과 반응하여 제 2 급 알코올을 생성한다.

$$RCH=O + R'-MgX \xrightarrow{\text{ether중}} R \cdot CH \begin{matrix} R' \\ OMgX \end{matrix} \xrightarrow[\text{산}]{\text{가수분해}} \begin{matrix} R' \\ R \end{matrix}CHOH$$

예를 들면

$$CH_3CHO + C_2H_5MgBr \longrightarrow CH_3CH \begin{matrix} C_2H_5 \\ OMgBr \end{matrix} \longrightarrow CH_3CH(OH)C_2H_5$$

2-butanol

다만 포름알데히드만은 제 1급 알코올을 생성한다.

$$CH_2=O \xrightarrow{R'MgX} CH_2 \begin{matrix} R' \\ OMgX \end{matrix} \xrightarrow{H_2O} R'CH_2OH$$

그러나 케톤은 제 3급 알코올을 생성한다.

$$\begin{matrix} R \\ R' \end{matrix}C = O + R''-MgX \longrightarrow \begin{matrix} R \\ R' \end{matrix}C \begin{matrix} R'' \\ OMgX \end{matrix} \longrightarrow \begin{matrix} R \\ R' \end{matrix}C \begin{matrix} R'' \\ OH \end{matrix}$$

알돌 축합반응

알데히드는 알칼리의 존재하에서 자기부가(self-addition)반응을 하여 2분자가 축합하여 알돌(aldol)을 생성한다. 알돌은 알데히드와 알코올로 이루어졌다는 뜻이다. 케톤도 같은 방법으로 케톨(ketol)을 생성한다.

$$2CH_3\overset{\displaystyle O}{\overset{\|}{C}}H \xrightarrow{OH^-} \overset{\gamma}{C}H_3\overset{\beta}{C}H\overset{\alpha}{C}H_2\overset{\displaystyle O}{\overset{\|}{C}}H$$
$$\underset{|}{}$$
$$OH$$

acetaldehyde β-hydroxybutanal(aldol)

$$2CH_3-\overset{\displaystyle O}{\overset{\|}{C}}-CH_3 \xrightarrow{OH^-} \overset{CH_3}{\underset{CH_3}{>}}CCH_2COCH_3$$
$$\underset{OH}{|}$$

acetone   diacetone alcohol(ketol)

이것은 고급 카르보닐 화합물일수록 일어나기 쉽다.

다만, α 위치에 수소원자가 존재하지 않은 HCHO, $(CH_3)_3CCHO$와 같은 알데히드는 이 축합을 일으키지 않는다.

알돌은 가열하면 쉽게 α, β 불포화 알데히드를 생성한다.

$$RCH_2CHO + R\overset{\alpha}{C}H_2CHO \longrightarrow R-\overset{\beta}{C}H_2\overset{\alpha}{C}H-CHCHO \xrightarrow[\text{탈수}]{\text{가열}} R\overset{\beta}{C}H_2\overset{\alpha}{C}H=CCHO$$
$$\underset{OH}{|}\ \underset{R}{|} \qquad\qquad \underset{R}{|}$$

알코올의 첨가

소량의 산 및 염기의 촉매작용으로 알코올이 알데히드와 케톤에 첨가되면 히드록시기와 알콕시기가 동일탄소에 결합된 헤미아세탈(hemiacetal)을 형성한다.

$$CH_3\overset{\displaystyle O}{\overset{\|}{C}}-H + CH_3OH \xrightarrow{HCl} CH_3-\overset{\displaystyle H}{\underset{\displaystyle OCH_3}{\overset{|}{\underset{|}{C}}}}-OH$$

acetaldehyde   hemiacetal

한편, 알데히드와 케톤을 산 존재하에서 과량의 알코올로 처리하면 아세탈(acetal)이 형성된다. 이 아세탈은 동일탄소에 두 개의 알콕시기를 가지고 있는 화합물이다.

$$
\underset{\underset{OCH_3}{|}}{\overset{\overset{H}{|}}{CH_3-C-OH}} + CH_3OH \xrightarrow{\text{HCl}} \underset{\underset{OCH_3}{|}}{\overset{\overset{OCH_3}{|}}{CH_3C-H}} + H_2O
$$

$$\text{acetal}$$

아세탈구조는 많은 중요한 생물학적 화합물에서 발견되며, 포도당, 리보스, 과당 등과 같은 몇 가지 당은 자연에 고리형 헤미아세탈로 존재한다.

카니짜로(Cannizzaro) 반응

α-수소를 갖지 않은 알데히드는 강염기하에서 자체의 산화-환원을 일으켜 알코올과 카르복시산염을 형성한다. 이 반응을 카니짜로(Cannizzaro) 반응이라 한다.

$$2HCHO \xrightarrow{\text{NaOH}} CH_3OH + HCOONa$$

8.4. 중요한 알데히드와 케톤

포름알데히드(formaldehyde, methanal, HCHO)

가장 간단한 알데히드로서 자극성의 냄새가 있는 무색의 기체이며 메탄올을 산화시켜 만든다. 포르말린(formalin)은 포름알데히드의 약 40% 수용액이며 포름알데히드는 수용액 중에서 다음과 같은 수화물로서 존재한다.

$$HCHO + H_2O \xrightarrow{\hspace{3cm}} CH_2(OH)_2$$

$$\text{dihydroxy methane}$$

또 각종 중합, 축합반응을 일으키며 포름알데히드에는 α 탄소가 없으므로 카니짜로(Cannizzaro) 반응을 일으킨다.

$$2HCHO \ + \ KOH \ \longrightarrow \ HCOOK \ + \ CH_3OH$$

포름알데히드에 NH_3를 작용시키면 헥사메틸렌테트라아민(hexamethyle-netetramine, $(CH_2)_6N_4$)이란 결정성 화합물을 얻는다. 이것은 이뇨제나 폭약제조에 이용되며, 일명 유로트로핀(urotropine)이라고도 한다.

$$6\,HCHO \ + \ 4\,NH_3 \ \longrightarrow \ \text{[구조식]} \ + \ 6\,H_2O$$

hexamethylenetetramine
(urotropine)

포르말린은 살균소독제로 이용되며, 단백질을 응고시켜서 물에 녹지 않는 물질로 만들기 때문에 시체 등을 부패하지 않도록 보존하는데 쓰이며 여러 가지 생물 및 조직들의 표본 보존제로 이용된다.

아세트알데히드(acetaldehyde, ethanal, CH_3CHO)

알콜발효 또는 탄수화물대사과정에서 중간물질로 만들어지는 생물학적으로 중요한 물질로서 자극성 냄새가 강한 휘발성 액체이며 물, 에테르, 알코올에 잘 녹는다.

paraldehyde   metaldehyde

아세트알데히드도 포름알데히드와 같이 중합반응을 하며, 황산 존재하의 상온에서는 삼중체인 파라알데히드(paraldehyde)를 만들고, 저온(0℃)에서는 사중체인 메타알데히드(metaldehyde)를 만든다.

아세트알데히드는 식초산 및 부탄올의 합성원료로 사용된다.

아크롤레인(acrolein)

글리세린을 탈수제($KHSO_4$, P_2O_5)와 함께 가열하여 만든다.

$$
\begin{array}{c}
CH_2OH \\
| \\
CHOH \\
| \\
CH_2OH \\
\text{glycerin}
\end{array}
\quad \xrightarrow{-2H_2O} \quad
\begin{array}{c}
CH_2 \\
\| \\
C \\
\| \\
CHOH
\end{array}
\quad \longrightarrow \quad
\begin{array}{c}
CH_2 \\
\| \\
CH \\
| \\
CHO \\
\text{acrolein}
\end{array}
$$

자극성이 심한 액체로 중합되기 쉬우며, 알데히드와 알켄의 성질을 가지고 있다. 동물성 유지를 태울 때 자극성 냄새가 나는 것은 아크롤레인에 의한 것이다.

아세톤(acetone, propanone, CH_3COCH_3)

특이한 냄새가 있는 무색의 액체로서 인화성, 폭발성이 매우 높다. 용제로서 사용되며 여러 가지 합성약품의 원료로서 그 용도가 넓다. 아세톤의 공업적 제법은 다음과 같다.

$$starch \xrightarrow{\text{acetone-butanol발효}} acetone$$

$$2CH_3COOH \xrightarrow[400\sim500℃]{MnO} CH_3COCH_3 + CO_2 + H_2O$$

acetic acid　　　　　　　　　　acetone

$$2CH\equiv CH \xrightarrow[500℃]{Fe_2O_3 + ZnO} CH_3CHOHCH_3 \xrightarrow[400℃\sim600℃]{Ag,\ Cu} CH_3COCH_3 + H_2O$$

acetylene　　　　　　　　　　　　　　　　　　　　acetone

8.5. 알데히드와 케톤의 차이점

① 알데히드는 톨렌(Tollens)시약과 페엘링(Fehling)용액을 환원시키지만 케톤은 그렇지 못하다.

② 알데히드는 탄소수의 변화없이 용이하게 산화되어 카르복실산으로 되지만 케톤은 강하게 산화시키면 탄소수가 적은 카르복실산이 된다.

③ 대부분의 알데히드는 쉬프스(Shiff)시약을 환원시키지만 케톤은 음성 이다. 쉬프스(Shiff)시약은 푸크신(fuchsine)의 적색색소를 아황산으로 탈색 시킨 것으로 알데히드의 환원반응에 의하여 본래의 푸크신색을 낸다.

④ 케톤은 중합반응을 하지 않는다.

제 8 장   연습문제

1. 다음 화합물의 구조식을 써라.

① isopropylmethyl ketone

② isobutyraldehyde

③ 3-methyl-2-hexanone

④ diacetone alcohol

⑤ 2, 2-dimethylheptanal

⑥ aldol

2. 다음 화합물을 IUPAC명명법에 따라 명명하여라.

① $CH_3CH(OH)COCH_2CH_3$

② $CH_2=CH-CH_2CHO$

③ $(CH_3)_2CHCH_2CH_2CH_2C(CH_3)=CHCH_2OH$

④ $CH_3CH=CH-CHO$

3. 다음 용어의 예를 들어라.

① acetal

② hemiacetal

③ ketal

④ oxime

⑤ phenylhydrazine

⑥ phenylhydrazone

4. 알데히드와 케톤의 성질에 대해서 공통점 및 상이점을 써라.

5. Formaldehyde의 제법과 그의 용도를 써라.

6. C_3H_6O의 분자식을 가진 두 종류의 카르복실 화합물에 대해 어떻게 구별되는가?

카르복실산과 그 유도체

카르복실산(carboxylic acid)은 분자 중에 $-\overset{\overset{O}{\|}}{C}-OH$(카르복실기)를 가진 화합물로서 유기산이라고도 한다.

카르복실(carboxyl)이란 말은 카르보닐(carbonyl, $>C=O$)기와 히드록시(hydroxy, $-OH$)기로 구성되어 있다는 뜻이며, 일반적으로 그 수용액은 약한 산성을 띠고 있다. 카르복실산은 한 분자내에 카르복실기가 한 개 있는 1 염기산(monocarboxylic acid)과 두 개 있는 2 염기산(dicarboxylic acid), 세 개 있는 3 염기산(tricarboxylic acid) 등으로 구별하기도 하고 지방족에 카르복실기가 붙은 지방족카르복실산과 방향족에 카르복실기가 붙은 방향족카르복실산으로 구별하기도 한다.

$H-\overset{\overset{\displaystyle H}{|}}{\underset{\underset{\displaystyle H}{|}}{C}}-\overset{\overset{\displaystyle O}{\|}}{C}-OH$

acetic acid
(aliphatic acid)

benzoic acid
(aromatic acid)

R-COOH
monocarboxylic acid

$HOOC-(CH_2)_n-COOH$
dicarboxylic acid

지방족 카르복실산은 때로는 지방산으로 불리며 그것은 이러한 산들이
천연지방에서 쉽게 얻어지기 때문이다.

카르복실산은 자연에 널리 존재하는데 특히 감귤류중의 시트르산(citric
acid), 과일 및 야채 속의 옥살산(oxalic acid), 식초 속의 아세트산(acetic
acid), 단백질 중의 아미노산, 지질중의 지방산(fatty acid)등은 우리 주변에
서 가장 흔히 볼 수 있는 것이다.

카르복실산 유도체는 카르복실기의 히드록시기 대신 다른 기나 원자가
치환된 화합물이다. 산 할로겐 화합물, 산 무수물, 에스테르, 아미드 및 카
르복실산염은 히드록시기 대신 할로겐원자, 아실옥시기, 알콕시기, 아미노
기와 산소이온이 결합된 것이다.

9.1. 카르복실산의 명명법

카르복실산은 분자내에 1개 이상의 카르복실기(-COOH)을 갖는 유기화
합물로 정의한다. 카르복실산은 자연에 독립된 산으로 혹은 산 유도체로
널리 존재하므로 인간이 일찍 알게된 유기화합물이다. 이들 카르복실산은
관용명으로 더 알려져 있으며 흔히 산을 만들어 낸 원료를 표시하는 라틴
어 또는 그리스어에서 유리되기도 하였다.

$$
\underset{\text{formic acid}}{\overset{\overset{\textstyle O}{\|}}{HCOH}}
\qquad
\underset{\text{acetic acid}}{\overset{\overset{\textstyle O}{\|}}{CH_3COH}}
\qquad
\underset{\text{benzoic acid}}{\overset{\overset{\textstyle O}{\|}}{C_6H_5{-}COH}}
\qquad
\underset{\text{oxalic acid}}{\overset{\overset{\textstyle O\ \ O}{\|\ \ \|}}{HOC-COH}}
$$

$$
\underset{\text{acrylic acid}}{CH_2{=}CHCOOH}
\qquad
\underset{\text{phthalic acid}}{}
\qquad
\underset{\text{terephthalic acid}}{}
\qquad
\underset{\substack{\text{3-hydroxy-3-carboxy}\\ \text{pentanedioic acid}\\ \text{(citric acid)}}}{\begin{array}{c}CH_2COOH\\ | \\ HO-C-COOH\\ | \\ CH_2COOH\end{array}}
$$

formic acid   acetic acid   benzoic acid   oxalic acid

acrylic acid   phthalic acid   terephthalic acid   3-hydroxy-3-carboxy pentanedioic acid (citric acid)

IUPAC법은 COOH기를 가지고 있는 가장 긴 탄소사슬에 해당하는 탄화수소의 어미 -e를 -oic acid로 바꾸어 부른다. 카르복실기는 그 구조가 알데히드기와 비슷하기 때문에 탄소사슬 끝에 붙는다. 사슬 중에 치환된 부분이 있을 때는 그 위치를 α, β, γ ……로 표시하는 방법(관용명)과 탄소번호(IUPAC명, 이 때는 카르복실 탄소가 1번이 됨)로 표시하는 방법이 있다.

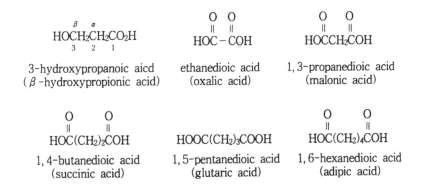

	O‖HCOH	O‖CH₃COH	O‖CH₃CH₂COH	O‖CH₃CH₂CH₂COH
IUPAC명	methanoic acid	ethanoic acid	propanoic aicd	butanoic acid
관용명	(formic acid)	(acetic aicd)	(propionic acid)	(butyric aicd)

디-산(di-acid), 삼-산(tri-acid)등은 같은 수의 탄소를 포함하는 탄화수소의 이름 끝에 -dioic acid, -trioic acid 등을 붙인다. 이들중 많은 화합물에 대해서도 관용명이 쓰여진다. 몇가지 예를 들어 본다. 괄호안은 관용명이다.

$$\overset{\beta}{\text{HOCH}_2}\overset{\alpha}{\text{CH}_2}\text{CO}_2\text{H}$$

3-hydroxypropanoic aicd
(β-hydroxypropionic acid)

$$\overset{O}{\overset{\|}{\text{HOC}}}-\overset{O}{\overset{\|}{\text{COH}}}$$

ethanedioic acid
(oxalic acid)

$$\overset{O}{\overset{\|}{\text{HOC}}}\text{CH}_2\overset{O}{\overset{\|}{\text{COH}}}$$

1,3-propanedioic acid
(malonic acid)

$$\overset{O}{\overset{\|}{\text{HOC}}}(\text{CH}_2)_2\overset{O}{\overset{\|}{\text{COH}}}$$

1,4-butanedioic acid
(succinic acid)

$$\text{HOOC}(\text{CH}_2)_3\text{COOH}$$

1,5-pentanedioic acid
(glutaric acid)

$$\overset{O}{\overset{\|}{\text{HOC}}}(\text{CH}_2)_4\overset{O}{\overset{\|}{\text{COH}}}$$

1,6-hexanedioic acid
(adipic acid)

카르복실산에서 히드록시기를 제거한 잔유기를 아실기(acyl group)라 하는데 관용명은 해당산의 영어명에서 "ic acid"를 떼고 "yl"를 붙여서 명명하고 IUPAC명은 "oic acid" 대신 "oyl"를 붙여서 명명한다. 다음 예 중 괄호안은 IUPAC명이다.

$$H-C\overset{\displaystyle O}{\underset{\diagdown}{\diagup}}$$

formyl group
(methanoyl group)

$$CH_3C\overset{\displaystyle O}{\underset{\diagdown}{\diagup}}$$

acetyl group
(ethanoyl group)

$$CH_3CH_2-C\overset{\displaystyle O}{\underset{\diagdown}{\diagup}}$$

propionyl group
(propanoyl group)

benzoyl group

9.2. 카르복실산의 물리적 성질

카르복실산은 알코올처럼 히드록시기를 가지고 있으므로 수소결합이 가능하다. 카르복실산의 O-H결합은 알코올보다 더 편극화되어 있고 따라서 알코올보다 더 강한 수소결합을 한다. 카르복실산은 고체, 액체 및 기체상태에서도 어느 정도 고리모양의 이합체(dimer)로 존재한다.

$$R-C\overset{O\cdots H-O}{\underset{O-H\cdots O}{}}C-R$$

그러므로 카르복실산의 끓는점은 분자량이 비슷한 알코올의 끓는점보다 높다.

표 9-1 알코올과 카르복실산의 끓는점 비교

구　　　조	명　　칭	분 자 량	비점(℃)
H-COOH	formic aicd	46	100
CH_3CH_2OH	ethanol	46	78
CH_3CH_2COOH	propionic acid	74	141
$CH_3CH_2CH_2CH_2OH$	1-butanol	74	110
⬡-COOH	benzoic acid	122	250
⬡-CH₂CH₂OH	2-phenylethanol	122	220

탄소수가 2~5개 정도인 카르복실산은 자극성 냄새를 가진 액체이고 물
에 대한 용해도는 탄소수가 비슷한 알코올과 거의 같다. 탄소수가 6개 이
상이면 물에 거의 녹지 않는다. 몇 가지 산에 대한 물리적 성질을 표 9-2
에 나타내었다.

표 9-2 몇 가지 산의 물리적 성질

명 칭	구 조	비점($^\circ$C)	융점($^\circ$C)	용해도g/100mℓ의 H$_2$O, 25°C
formic acid	HCOOH	101	8 ⌉	
acetic acid	CH$_3$COOH	118	17	
propionic acid	CH$_3$CH$_2$COOH	141	-22	잘 용해됨
n-butyric acid	CH$_3$(CH$_2$)$_2$COOH	164	-8 ⌋	
caproic acid	CH$_3$(CH$_2$)$_4$COOH	202	-1.5	0.4
capric acid	CH$_3$(CH$_2$)$_8$COOH	268	31 ⌉	
palmitic acid	CH$_3$(CH$_2$)$_{14}$COOH	356	64	거의 불용성
stearic acid	CH$_3$(CH$_2$)$_{16}$COOH	383	69 ⌋	
benzoic acid	C$_6$H$_5$COOH	249	122	약 0.4
oxalic acid	(COOH)$_2$	–	189	약 15

9.3. 카르복실산의 산성도

카르복실산은 수용액 중에서 다음과 같이 해리하여 산성을 나타내고 염
기성이 강한 물질에 양성자를 제공할 수 있다.

$$R-\underset{\underset{O}{\|}}{C}-O-H \quad \rightleftharpoons \quad R-\underset{\underset{O}{\|}}{C}-O^\ominus \ + \ H^\oplus$$

carboxylic acid   carboxylate anion

또는

$$R-\underset{\underset{O}{\|}}{C}-O-H + H_2O \quad \rightleftharpoons \quad R-\underset{\underset{O}{\|}}{C}-O^\ominus \ + \ H_3O^\oplus$$

이 반응식의 이온화상수(K_a)는 산의 강도를 나타내는 척도이며 다음과
같이 표현된다.

$$K_a = \frac{[RCOO^{\ominus}][H_3O^{\oplus}]}{[RCOOH]}$$

$H_3O^{\oplus}$ 이온의 농도가 증가할수록 K_a값이 증가하고 산성도는 증가한다.
아세트산의 K_a값은 1.8×10^{-5}이고 몇가지 카르복실산의 이온화상수는 표
9-3 과 같다.

표 9-3 몇 가지 카르복실산의 이온화상수

명 칭	구 조	K_a
acetic acid	CH_3COOH	1.8×10^{5}
propionic acid	CH_3CH_2COOH	1.4×10^{5}
n-butyric acid	$CH_3CH_2CH_2COOH$	1.6×10^{5}
formic acid	$HCOOH$	2.1×10^{4}
chloroacetic acid	$ClCH_2COOH$	1.5×10^{3}
dichloroacetic acid	$Cl_2CHCOOH$	5.0×10^{2}
trichloroacetic acid	Cl_3CCOOH	2.0×10^{1}
2-chlorobutyric acid	$CH_3CH_2CHClCOOH$	1.4×10^{3}
3-chlorobutyric acid	$CH_3CHClCH_2COOH$	8.9×10^{5}
benzoic acid	C_6H_5COOH	6.6×10^{5}
o-chlorobenzoic acid	o-ClC_6H_4COOH	12.5×10^{4}
m-chlorobenzoic acid	m-ClC_6H_4COOH	1.6×10^{4}
p-chlorobenzoic acid	p-ClC_6H_4COOH	1.0×10^{4}
p-nitrobenzoic acid	p-$NO_2C_6H_4COOH$	4.0×10^{4}
phenol	C_6H_5OH	1.0×10^{10}
ethanol	CH_3CH_2OH	about 10^{20}

카르복실산이 이온화하면 카르복실산음이온(carboxylate anion)이 생기
고 공명구조로 인해 전자의 비편재화(delocalization)가 일어난다.

전자의 비편재화는 카르복실산음이온을 공명에너지에 의해 안정화시키기 때문에 카르복실산은 알코올보다 강산이다.

카르복실산에 결합된 치환기도 카르복실산음이온의 안정도에 영향을 준다. 할로겐이나 니트로기와 같은 전자를 끄는 치환기는 음이온의 안정화에 기여하고 따라서 산성도를 증가시킨다. 예를들면, 탄소-염소결합은 염소가 탄소보다 전기음성도가 크기 때문에 극성결합이다. 카르복실산에 염소가 치환되면 이온화되어 생성된 카르복실산음이온은 염소로 인해 부분적인 양전하를 띄는 α-탄소에 의해 안정화된다.

$$\overset{\delta\ominus}{Cl}-\overset{\delta\oplus}{CH_2}-COOH \rightleftharpoons \overset{\delta\ominus}{Cl}-\overset{\delta\oplus}{CH_2}-\overset{\ominus}{COO} + H^{\oplus}$$

카르복실산 산성도에 대한 치환기효과를 유발효과(inductive effect)라고 한다. 이 효과는 치환기의 전기음성도 크기, 치환기와 카르복실기의 거리 및 알킬기의 크기에 따라 달라진다.

표 9-4 카르복실산의 산성도에 대한 치환기효과

치환기 효과	산	$K_a \times 10^5$
알킬그룹의 증가	H-COOH	17
	CH_3-COOH	1.75
	CH_3-CH_2-COOH	1.3
전자를 당기는 치환기 증가	CH_3-COOH	1.75
	ClCH_2-COOH	136
	Cl_2CH-COOH	5530
	Cl_3C-COOH	23200
전기음성도 증가	I-CH_2-COOH	67
	Br-CH_2-COOH	125
	Cl-CH_2-COOH	136
	F-CH_2-COOH	260
카르복실기와 치환기의 거리	CH_3-CH_2-CH(Cl)-COOH	139
	CH_3-CH(Cl)-CH_2-COOH	8.9
	Cl-CH_2-CH_2-CH_2-COOH	2.96

9.4. 카르복실산의 제법

1차알코올의 산화

$$R-CH_2OH \ + \ H_2Cr_2O_7 \longrightarrow R-COOH$$

1차 알코올을 크롬산으로 산화하면 카르복실산이 생성된다.

알데히드의 산화

$$R-CHO \xrightarrow{\ [O]\ } RCOOH$$

알데히드도 쉽게 산화되어 카르복실산이 된다. 알데히드는 실온에서 대기중에 존재하는 산소에 의해 점차 산화되어 카르복실산으로 변한다.

방향족 화합물의 곁사슬 산화

알킬기가 치환된 방향족화합물을 산화제($KMnO_4$)로 처리하면 벤조산을 얻을 수 있다.

그리냐르(Grignard) 합성법

$$R-MgBr \xrightarrow{CO_2} R-\underset{\underset{O}{\|}}{C}-OMgBr \xrightarrow{H_3O^{\oplus}} R-COOH$$

카르보닐화합물에 그리냐르시약의 첨가에 대해서는 앞서 기술한 바 있다. 그리냐르시약과 이산화탄소와의 반응도 동일한 메카니즘으로 진행되며 중간생성물인 카르복실산의 브로모마그네슘염이 생긴다. 이 중간체를 묽은 산으로 처리하면 쉽게 가수분해되어 카르복실산이 얻어진다.

$$\underset{R-MgBr}{O=C=O} \longrightarrow \underset{R \quad MgBr}{O=C-O} \qquad 또는 \qquad R-\underset{\underset{O}{\|}}{C}-OMgBr$$

bromomagnesium carboxylate

이 반응은 할로겐화알킬이나 할로겐화아릴에서 탄소수가 하나 더 증가된 카르복실산 합성에 이용할 수 있다.

$$\underset{CH_3CH-Br}{\overset{CH_3}{|}} \xrightarrow[ether]{Mg} \underset{CH_3-CH-MgBr}{\overset{CH_3}{|}} \xrightarrow[2.H_3O^{\oplus}]{1.CO_2} \underset{CH_3CH-COOH}{\overset{CH_3}{|}}$$

니트릴의 가수분해

$$R-CN + H_2O \xrightarrow[가열]{H^{\oplus}} R-COOH + NH_4^{\oplus}$$

nitrile

니트릴(R-CN)을 산성 수용액에서 가수분해하면 카르복실산이 된다. 일반적으로 할로겐화알킬을 NaCN 또는 KCN과 반응시키면 S_N2 반응이 일어나 니트릴이 된다. 그러므로 이 반응을 이용하면 할로겐화알킬에서 탄소수가 하나 증가한 카르복실산을 얻을 수 있다.

$$\text{⬡}-CH_2Cl \xrightarrow{NaCN} \text{⬡}-CH_2-CN \xrightarrow{H_3O^{\oplus}} \text{⬡}-CH_2COOH$$

9.5.　카르복실산의 반응

에스테르화반응

$$\langle\text{benzene}\rangle-COOH + CH_3CH_2OH \;\overset{H^{\oplus}}{\rightleftharpoons}\; \langle\text{benzene}\rangle-COOCH_2CH_3 + H_2O$$

ethylbenzoate

　　산의 존재하에서 카르복실산을 알콜과 작용하면 에스테르를 생성한다. 에스테르의 명명법은 산의 -ic acid를 -ate로 바꾸어 부른다. 이때 알콜로 부터 유도된 알킬기나 아릴기의 이름을 앞에 붙인다.

$CH_3\overset{\overset{O}{\|}}{C}-OCH_2CH_3$ ethyl acetate

$CH_3CH_2\overset{\underset{O}{\|}}{C}-O-\overset{\overset{CH_3}{|}}{\underset{\underset{CH_3}{|}}{C}}-CH_3$ t-butyl propionate

$CH_3-\overset{\overset{O}{\|}}{C}-O-\langle\text{benzene}\rangle$ phenyl acetate

염의 생성

$$R-COOH + NaOH \longrightarrow R-COO^{\ominus}Na^{\oplus} + H_2O$$

sodium carboxylate

　　카르복실산은 수산화물이온과 같은 염기와 반응하여 카르복실산염과 물을 생성한다. 카르복실산염은 공업적으로 이용되고 있다. 염색공업에서는 아세트산나트륨(sodium acetate)이 사용되고 벤조산나트륨(sodium benzoate)은 식품보존제로 사용된다.

　　카르복실산의 염은 무기산의 염을 부르는 것과 같이 명명한다. 즉 양이온을 먼저 부르고 카르복실산의 음이온을 뒤에 부른다. 음이온의 이름은 다음과 같이 -ic을 -ate로 바꾸어 부른다.

$CH_3-\overset{\overset{O}{\|}}{C}-ONa^+$ sodium acetate

$\langle\text{benzene}\rangle-C\overset{\nearrow O}{\underset{\searrow O\,K^+}{}}$ potassium benzoate

$\left(CH_3CH_2C\overset{\nearrow O}{\underset{\searrow O^-}{}}\right)_2 Ca^{++}$ calcium propionate

환원반응

$$R-COOH + LiAlH_4 \longrightarrow R-CH_2OH$$

카르복실산을 수소화알루미늄리튬으로 환원하면 해당하는 1차알코올이 된다.

할로겐 치환반응

$$R-\overset{\alpha}{C}H_2-COOH + X_2 \xrightarrow{P} R-\underset{\underset{X}{|}}{C}H-COOH + HX$$

소량의 인 존재하에서 할로겐과 카르복실산을 반응시키면 α 위치의 수소가 할로겐으로 치환되어 α-할로겐 카르복실산이 얻어 진다. 이 반응을 헬-볼라드-젤린스키(Hell-Volhard-Zelinsky)반응이라 한다. 이 반응으로 만들어진 α-할로겐 카르복실산에 과량의 암모니아를 가하면 α-아미노산이 생성된다.

$$R-\underset{\underset{X}{|}}{C}H-COOH + 2NH_3 \longrightarrow R-\underset{\underset{NH_2}{|}}{C}H-COOH + NH_4X$$
$$\alpha\text{-amino acid}$$

산 할로겐화물 생성

카르복실산은 염화티오닐($SOCl_2$), 오염화인 및 삼염화인과 반응하여 산 할로겐화물을 만든다.

$$R-\underset{\underset{O}{\|}}{C}-OH \xrightarrow[\text{또는 } PCl_5]{SOCl_2} R-\underset{\underset{O}{\|}}{C}-Cl$$

9.6. 디카르복실산

디카르복실산(dicarboxylic acid)은 분자내에 작용기로 카르복실기를 2 개
가지고 있는 2 염기산이다. 지방족 디카르복실산은 대체로 관용명이 널리
알려져 있다. IUPAC명명법에서는 접미어로 -dioic acid를 붙인다. 디카르
복실산은 실온에서 고체이며 합성중간체 또는 공업적으로 유용한 물질이
다. 간단한 디카르복실산의 물리적인 성질은 표 9-5와 같다.

표 9-5 몇 가지 디카르복실산의 물리적 성질

명 칭	구 조	융점($^\circ$C)	비점($^\circ$C)	pK$_a$(25°C)
oxalic acid	HOOC-COOH	190	-	1.46
malonic acid	HOOC-CH$_2$-COOH	135	-	2.80
succinic acid	HOOC-(CH$_2$)$_2$-COOH	187	235	4.17
glutaric acid	HCOC-(CH$_2$)$_3$-COOH	98	303	-
adipic acid	HOOC-(CH$_2$)$_4$-COOH	152	340	-
pimelic acid	HOOC-(CH$_2$)$_5$-COOH	105	-	-
maleic acid	HOOC-CH=CH-COOH(*cis*)	131	-	-
fumaric acid	HOOC-CH=CH-COOH(*trans*)	287	-	-

수 산(oxalic acid, IUPAC : ethanedioic acid)

수산은 자연계 식물(대황)에 들어 있으며 독성이 매우 강하다. 특히 공
업적으로는 세척제 혹은 환원제로 이용되고 있다.

말론산(malonic acid, IUPAC : propanedioic acid)

말론산은 디에틸에스테르 형태가 유기합성에 이용된다. 산 존재하에서
가열하면 탈탄산이 일어난다.

$$\text{HOOC}-\text{CH}_2-\text{COOH} \xrightarrow{\Delta} \text{CH}_3\text{COOH} + \text{CO}_2$$

숙신산(succinic acid, IUPAC : butanedioic acid)

숙신산은 16세기에 호박을 가열하여 증류물 중에서 얻어낸 것이 처음이

다. 숙신산은 화석에서 천연적으로 생성되며 락카, 염료, 사진공업에 이용된다.

글루타르산(glutaric acid, IUPAC명 : pentanedioic acid)

글루타르산은 사탕무우 뿌리에 함유되어 있다.

아디프산(adipic acid, IUPAC명 : hexanedioic acid)

아디프산은 사탕무우 즙에 들어 있다. 공업적으로는 시클로헥산올을 진한 질산으로 산화시켜 얻고 있다. 공업적인 용도로는 나일론 및 그 밖의 고분자물질의 재료로 많이 사용된다.

푸말산(fumaric acid, *trans*-butenedioic acid)과 말레인산(maleic acid, *cis*-butenedioic acid)

푸말산은 식물 및 동물의 호흡에 필요한 성분이고 말레인산은 약간 독성이 있다.

fumaric acid
(*trans*-butenedioic acid)

maleic acid
(*cis*-butenedioic acid)

프탈산(phthalic acid, IUPAC명 : 1,2-benzene dicarboxylic acid)

프탈산은 *o*-크실렌을 산화하여 얻는다.

9.7. 산 할로겐화물

산 할로겐화물(acid halide)은 카르복실기에 결합된 히드록시기 대신 할로겐이 치환된 산유도체로 일반식은 RCOX로 표시한다. RCO-를 아실기 (acyl group)라 부르기 때문에 산 할로겐화물을 할로겐화아실(acyl halide) 이라고도 한다. 그중 염화아실(acyl chloride)은 주로 합성중간체로 사용되 며 반응성이 큰 화합물이기때문에 습기를 피해 보관해야 한다.

산 할로겐화물의 명명법

할로겐화 아실의 명명은 해당되는 카르복실산을 기본으로 한다. 카르복실산의 어미 "-ic acid"를 "-yl"로 바꾸고 그 뒤에 할리드(halide)의 이름을 붙여서 부른다.

$$CH_3CH_2COOH \longrightarrow CH_3CH_2\overset{\|}{\underset{O}{C}}-Cl$$

propanoic acid   propanoyl chloride
(propionic acid)   (propionyl chloride)

$$CH_3\underset{\underset{CH_3}{|}}{CH}CH_2CH_2COOH \longrightarrow CH_3\underset{\underset{CH_3}{|}}{CH}CH_2CH_2\overset{\|}{\underset{O}{C}}-Cl$$

4-methylpentanoic acid   4-methylpentanoyl chloride

m-nitrobenzoic acid   m-nitrobenzoyl chloride

산 할로겐화물의 제법

카르복실산에서 염화아실을 합성하는 방법은 앞에서 이미 언급하였다. 주로 사용되는 시약은 $SOCl_2$, PCl_3, PCl_5등이다.

$$\text{C}_6\text{H}_5-\text{CH}_2\text{COOH} + \text{SOCl}_2 \longrightarrow \text{C}_6\text{H}_5-\text{CH}_2-\overset{\text{O}}{\underset{\|}{\text{C}}}-\text{Cl} + \text{HCl} + \text{SO}_2$$

phenyl acetic acid

phenyl acetyl chloride

9.8. 산 무수물

카르복실산 두 분자가 물을 잃고 생성되는 화합물이 카르복실산 무수물 (acid anhydride)이다.

$$\text{R}-\overset{\text{O}}{\underset{\|}{\text{C}}}-\text{OH}+\text{H}-\text{O}-\overset{\text{O}}{\underset{\|}{\text{C}}}-\text{R}' \rightleftharpoons \text{R}-\overset{\text{O}}{\underset{\|}{\text{C}}}-\text{O}-\overset{\text{O}}{\underset{\|}{\text{C}}}-\text{R}' + \text{H}_2\text{O}$$

산 무수물의 명명법

산무수물은 카르복실산의 영어명 "acid"를 무수물이라는 말인 "anhydride" 로 바꾸어 부른다. 결합된 두 아실기가 서로 다를 경우에는 그 중에서 간 단한 아실기부터 명명한다.

$$\text{CH}_3\overset{\text{O}}{\underset{\|}{\text{C}}}-\text{O}-\overset{\text{O}}{\underset{\|}{\text{C}}}\text{CH}_3 \qquad \text{actic anhydride}$$

$$\text{C}_6\text{H}_5-\overset{\text{O}}{\underset{\|}{\text{C}}}-\text{O}-\overset{\text{O}}{\underset{\|}{\text{C}}}-\text{C}_6\text{H}_5 \qquad \text{benzoic anhydride}$$

$$\text{CH}_3\text{CH}_2-\overset{\text{O}}{\underset{\|}{\text{C}}}-\text{O}-\overset{\text{O}}{\underset{\|}{\text{C}}}-\text{CH}_3 \qquad \text{acetic propionic anhydride}$$

산 무수물의 제법

산무수물은 다음 반응식과 같이 할로겐화아실과 카르복실산염을 반응시 켜 얻는다.

$$R-\underset{\underset{O}{\|}}{C}-Cl \ + \ R'-\underset{\underset{O}{\|}}{C}-O^{\ominus}Na^{\oplus} \ \longrightarrow \ R-\underset{\underset{O}{\|}}{C}-O-\underset{\underset{O}{\|}}{C}-R' \ + \ NaCl$$

위 반응식을 이용하여 단순무수물(R과 R′가 동일)과 혼합무수물(R과 R′가 다름)을 각각 합성할 수 있다. 공업적으로 가장 중요한 산무수물은 아세트산무수물(acetic anhydride)이며 다음과 같은 방법으로 케텐을 중간체로하여 대량 생산하고 있다.

$$\underset{\text{acetic acid}}{CH_3COOH} \ \xrightarrow[\text{AlPO}_4]{750℃} \ \underset{\text{ketene}}{CH_2=C=O \ + \ H_2O} \ \xrightarrow{CH_3COOH} \ \underset{\text{acetic achydride}}{CH_3-\underset{\underset{O}{\|}}{C}-O-\underset{\underset{O}{\|}}{C}-CH_3}$$

디카르복실산을 가열하면 물이 빠지면서 고리형 산무수물이 생성된다.

$$\underset{\text{succinic acid}}{\begin{array}{l} CH_2-COOH \\ | \\ CH_2-COOH \end{array}} \ \xrightarrow{\quad \varDelta \quad} \ \underset{\text{succinic anhydride}}{\begin{array}{l} CH_2-C{\overset{O}{\underset{}{\diagdown}}} \\ | \qquad\quad O \ + \ H_2O \\ CH_2-C{\overset{}{\underset{O}{\diagup}}} \end{array}}$$

9.9. 에스테르

카르복실산에 알코올을 작용시켜 에스테르화반응을 일으키면 에스테르(ester)를 얻을 수 있다. 산 또는 알코올 중에서 하나를 과량 사용해서 에스테르가 많이 생성되는 쪽으로 평형을 이동시킬 수 있다. 또한 반응을 완결시키기 위해서 생성되는 물을 빨리 제거하는 것이 바람직하다.

에스테르의 명명법

에스테르는 염과 비슷한 방법으로 명명한다. 알코올에서 온 알킬기 또는 아릴기를 먼저 부르고 산의 어미 "-ic acid"를 "-ate"로 바꾸어 뒤에 부른다.

$$H-\underset{\underset{O}{\|}}{C}-O-CH_3 \qquad\qquad \text{methyl formate}$$

formic   methyl
acid   alcohol

$$CH_3CH_2\underset{\underset{O}{\|}}{C}-O-\underset{\underset{CH_3}{|}}{\overset{\overset{CH_3}{|}}{C}}-CH_3 \qquad\qquad \text{t-butyl propionate}$$

propionic t-butyl
acid   alcohol

$$\underset{\underset{O}{\|}}{C}-O-CH_2CH_2CH_3 \qquad\qquad \text{n-propyl benzoate}$$

benzoic acid n-propyl alcohol

$$CH_3\underset{\underset{O}{\|}}{C}-O-CH_2- \qquad\qquad \text{benzyl acetate}$$

acetic acid   benzyl alcohol

에스테르의 성질

에스테르는 우리 생활주변에 넓게 퍼져 있는 중요한 화합물 중의 하나
이다. 분자량이 작은 에스테르는 천연과일의 특유한 냄새 성분이다. 과일
의 향긋한 냄새는 여러 가지 화합물의 복잡한 혼합물이지만, 단일 에스테
르가 향기성분으로 존재하는 경우가 많다. 몇가지 에스테르의 특징을 표
9-6 에 나타내었다.

표 9-6 몇 가지 에스테르의 특징

구 조	명 칭	향 기
$HC-OCH_2CH_3$ $\|$ O	ethyl formate	람주의 향
$CH_3C-O-CH_2CH_2CH_2CH_2CH_3$ $\|$ O	n-pentyl acetate	바나나
$CH_3C-O-CH_2CH_2CH_2CH_2CH_2CH_2CH_2CH_3$ $\|$ O	n-octyl acetate	오렌지
$CH_3CH_2CH_2CH_2C-O-CH_2CH_3$ $\|$ O	ethyl valerate	파인애플

유지(fat and oil)나 왁스(wax)는 분자량이 큰 에스테르이며, 이것의 물리 화학적 성질에 대해서는 12장에서 기술하기로 한다.

분자량이 작은 에스테르는 물에 불용인 액체로서 유기화합물의 좋은 용매로 광범위하게 사용되고 있다. 포름산에틸은 피혁의 표면처리제인 니트로셀룰로오스(nitrocellulose)의 좋은 용매이고 아세트산에틸은 락카 및 메니큐어를 제거하는 데에 사용된다.

에스테르의 제법

에스테르합성법으로 강산 존재하에서 카르복실산과 알코올을 반응시키는 에스테르화 반응을 앞에서 기술한 바 있다.

$$R-\underset{\underset{O}{\|}}{C}-OH + R'-OH \; \xrightleftharpoons{H^{+}} \; R-\underset{\underset{O}{\|}}{C}-O-R' + H_2O$$

에스테르합성에 있어서 에스테르화반응 다음으로 중요한 반응은 염화아실과 알코올을 반응시켜 얻는 방법이다.

$$R-\underset{\underset{O}{\|}}{C}-Cl + R'-OH \; \longrightarrow \; R-\underset{\underset{O}{\|}}{C}-O-R' + HCl$$

염화아실과 알코올의 반응은 피리딘(pyridine)용매 중에서 진행시키는 경우가 많다. 피리딘은 좋은 용매일 뿐만 아니라 온화한 염기로 작용하고 반응 중에 생성되는 염화수소와 계속 반응하여 산에 의한 부반응을 방지한다.

세번째 에스테르합성법은 산 무수물과 알코올의 반응이다. 이때 산 무수물로는 무수초산이 많이 사용된다. 이 반응 역시 친핵성치환반응의 일종이다.

$$CH_3C-O-CCH_3 + R-OH \longrightarrow CH_3C-OR + CH_3COOH$$

O O
acetic anhydride

O
acetic acid

9.10. 카르복실산 아미드

아미드(amide)는 카르복실산이 암모니아 또는 아민과 반응하여 물 분자를 잃고 생기는 산유도체이다. 아미노기의 질소에 붙어 있는 치환기 수에 따라 1차, 2차 및 3차 아미드로 나눌 수 있다.

$$R-C-NH_2 \qquad R-C-N\langle{}^{R'}_{H} \qquad R-C-N\langle{}^{R'}_{R''}$$

O
1차 아미드

O
2차 아미드

O
3차 아미드

아미드의 명명법

아미드화합물의 명명은 해당하는 산의 이름이 기본이 된다. 1차아미드는 산의 어미 "-oic acid" 또는 "-ic acid" 대신에 "-amide"라는 접미어를 붙인다.

$$CH_3C-OH \longrightarrow CH_3C-NH_2$$

O
acetic acid
(ethanoic acid)

O
acetamide
(ethanamide)

$${}^{CH_3}_{CH_3}\rangle CH-C-OH \longrightarrow {}^{CH_3}_{CH_3}\rangle CH-C-NH_2$$

O
isobutyric acid
(2-methylpropanoic acid)

O
isobutyramide
(2-methylpropanamide)

Cl — C-OH → Cl — C-NH_2

O
o-chlorobenzoic acid

O
o-chlorobenzamide

질소에 붙은 치환기는 치환기 이름앞에 대문자 N을 써서 나타낸다.

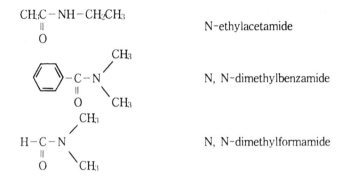

$$CH_3C-NH-CH_2CH_3$$

N-ethylacetamide

N, N-dimethylbenzamide

N, N-dimethylformamide

아미드의 성질

1차 아미드는 포름산아미드(m.p. 2.5℃, b.p. 210℃)를 제외하고 실온에서 고체이며 상당히 강한 수소결합을 하고 있다. 특히 1차아미드는 고유한 녹는점을 가지고 있기 때문에 대응하는 산을 확인하는 데에 이용된다. 탄소수가 6개인 펜탄산아미드까지는 수용성이고, 탄소수가 증가하면 물에 녹지 않는다.

몇 가지 아미드는 생물학적으로 매우 중요하다. 니코틴아미드(nicotina-mide)는 자연계 동식물 중에 존재하며 니코틴산(nicotinic acid)의 공급원이다. 살리실산아미드(salicylamide)는 온화한 진통제 및 해열제로 사용되고 있다.

nicotin amide   salicylamide

단백질이나 펩티드는 아미노산의 중합체이며 아미노산단위는 아미드결합으로 이루어져 있다. 이러한 아미드결합을 보통 펩티드결합(peptide linkage)이라 부른다.

$$\cdots \overset{\vdots}{\underset{\vdots}{|}}NH-CH-\underset{\underset{O}{\|}}{C}-NH-\overset{R'}{\underset{}{CH}}-\underset{\underset{O}{\|}}{C}-NH-\overset{R''}{\underset{}{CH}}-\underset{\underset{O}{\|}}{C}-\cdots$$

아미노산 단위

아미드결합 또는 펩티드결합

아미드의 제법

일반적으로 아미드는 할로겐화아실이나 산 무수물에 암모니아 혹은 아민을 반응시켜 얻는다.

$$R-\underset{\underset{O}{\|}}{C}-Cl + R'-NH_2 \longrightarrow R-\underset{\underset{O}{\|}}{C}-NH-R' + HCl$$

$$CH_3\underset{\underset{O}{\|}}{C}-O-\underset{\underset{O}{\|}}{C}CH_3 + R-NH-R' \longrightarrow CH_3\underset{\underset{O}{\|}}{C}-N\overset{R}{\underset{R'}{\diagdown}} + CH_3COOH$$

에스테르도 암모니아와 반응해서 아미드를 생성한다. 이 반응은 비교적 느리기 때문에 거의 이용되지 않는 방법이다.

$$R-\underset{\underset{O}{\|}}{C}-O-R' + NH_3 \longrightarrow R-\underset{\underset{O}{\|}}{C}-NH_2 + R'-OH$$

아미드의 공업적인 제법으로 카르복실산 암모늄염을 열분해하는 방법이 있다. 카르복실산을 먼저 암모니아로 처리하여 암모늄염을 만들고 이것을 가열 탈수시킨다. 아세트산과 암모니아로부터 합성되는 아세트아미드 (acetamide)는 공업적인 가소제나 안정제로 사용된다.

$$R-\underset{\underset{O}{\|}}{C}-OH + NH_3 \longrightarrow R-\underset{\underset{O}{\|}}{C}-O^{\ominus}NH_4^{\oplus} \overset{\Delta}{\longrightarrow} R-\underset{\underset{O}{\|}}{C}-NH_2 + H_2O$$

ammonium carboxylate

제 9 장 연습문제

1. Carboxylic acid란?

2. Carboxylic acid를 크게 나누어 보아라.

3. 유기산의 대표적인 유도체에는 어떤 것이 있는가?

4. 다음 화합물을 관용명과 IUPAC명으로 명명하여라.

① $CH_3-CH-CH_2-CH-COOH$
            | |
           CH_3 Cl

② $CH_3-CH_2-CH-COOH$
                  |
               CH_3

③ $CH_3-CH-COOH$
          |
         Cl

④ $CH_3-CH_2-CH_2-CH_2-COOH$

⑤ $CH_3-CH-CH-COOH$
         | |
       CH_3 CH_3

5. 다음 화합물의 구조식을 써라

① 3-methyl butanoic acid   ② caproic acid

③ hexanedioic acid   ④ succinic anhydride

⑤ ethyl malonate   ⑥ ethyl acetate

6. 알코올이 산화되어 산이 되는 과정을 화학식으로 써라.

7. Grignard 시약에 의해 산이 생성되는 과정을 화학식으로 표시하여라.

8. Carboxylic acid의 대표적 유도체를 화학식으로 유도하여라.

9. 중화반응과 에스테르화 반응의 차이를 써라.

$$\boxed{10}$$

아 민

암모니아(NH_3)의 수소원자를 알킬기 또는 아릴기로 치환한 유도체들을 아민(amine)이라고 한다. 암모니아에는 3개의 수소원자가 있기 때문에 아민에도 다음과 같은 3가지의 종류가 있다.

$$R-N\!\!<^H_H \qquad\qquad R-N\!\!<^{R'}_H \qquad\qquad R-N\!\!<^{R'}_{R''}$$

제 1 급 아민   제 2 급 아민   제 3 급 아민
primary amine   *secondary* amine   *tertiary* amine

10.1. 아민의 명명법

관용명에서는 알킬기명에 아민을 붙여서 명명한다.

CH_3NH_2 $^{CH_3}_{CH_3}\!\!>\!NH$ $^{CH_3}_{CH_3}\!\!-\!N$ (with CH_3)

methyl amine   dimethyl amine   trimethyl amine

$$CH_3-\overset{\displaystyle CH_3}{\underset{\displaystyle CH_3}{C}}-NH_2 \qquad CH_3CH_2-\overset{\displaystyle H}{N}-CH_3 \qquad \overset{\displaystyle CH_3}{\underset{\displaystyle CH_3}{>}}N-CH_2CH_2CH_3$$

t-butyl amine   methyl ethyl amine   N, N-dimethylpropyl amine

IUPAC명명법에서는 NH_2를 "아미노(amino)기"라고하며, 탄소골격의 치환기로 취급된다.

$$H_2N-CH_2CH_2-\underset{\underset{O}{\|}}{C}-CH_3$$

4-amino-2-butanone

$$CH_3\underset{\underset{NH_2}{|}}{CH}CH_2COOH$$

3-aminobutanoic acid

$$\overset{1}{CH_3}\overset{2}{CH_2}\overset{3}{\underset{\underset{NH_2}{|}}{CH}}-\overset{4}{CH_2}\overset{5}{CH_2}-\overset{6}{CH_3}$$

3-amino hexane

$$H_2N-\overset{2}{CH_2}\overset{1}{CH_2}OH$$

2-amino ethanol

$$H_2N-\overset{1}{CH_2}\overset{2}{CH_2}\overset{3}{CH_2}-NH_2$$

1, 3-diaminopropane

방향족아민은 공업적으로 가장 중요한 아민인 아닐린(aniline)의 유도체로서 명명한다. 때때로 혼동의 우려가 있을 때에는 대문자 N-을 사용하여 어떤 원자단이 질소에 붙어 있음을 표시한다.

aniline

N-methyl aniline

N, N-dimethyl aniline

p-bromo aniline

N-methyl-2, 4-dimethyl aniline

10.2. 아민의 물리적 성질

아민은 전기음성도가 큰 질소원자를 가지고 있으므로 극성을 나타낸다. 1차 및 2차 아민은 극성인 수소-질소결합을 가지고 있어 분자간에 수소결합이 가능하다.

따라서 1차 및 2차 아민의 끓는점은 분자량의 비슷한 알칸의 끓는점 보다 높다. 아민 분자간의 수소결합은 알코올이나 카르복실산의 수소결합에 비해 약하기 때문에 분자량이 비슷한 이들 화합물 보다 끓는점이 낮다. 3차 아민은 극성화합물이지만 분자간에 수소결합이 불가능하기 때문에 1차 및 2차 아민 보다 끓는점이 낮다.

분자량이 작은 아민은 실온에서 기체이지만, 탄소수가 4개이상이 되면 액체이다. 큰 분자량을 갖는 아민과 방향족아민은 고체상태인 것이 많다. 1차, 2차 및 3차 아민은 물과 수소결합을 형성할 수 있기 때문에 저급아민은 물에 잘 녹지만 탄소수가 6개 이상인 아민이나 아닐린과 같은 방향족아민은 소량 물에 녹는다.

분자량이 작은 아민은 강한 냄새를 가지고 있다. 이 질소화합물들은 단백질이 분해할 때 생기는 불쾌한 냄새와 생선 비린내의 원인이 된다.

10.3. 아민의 염기성

암모니아나 아민이 수용액 상태에서 염기성을 나타내는 이유는 그들의 질소원자의 비공유 전자쌍 때문이다. 중성 암모니아 분자는 이 전자쌍을 양성자와 공유하며 양성 암모늄이온을 만들 수 있다.

$$H:\overset{\cdot\cdot}{\underset{H}{N}}:H \;+\; H:\overset{\cdot\cdot}{O}:H \;\rightleftharpoons\; \left[H:\overset{\overset{\textstyle H}{|}}{\underset{\underset{\textstyle H}{|}}{N}}:H \right]^{-} \;+\; \left[:\overset{\cdot\cdot}{\underset{\cdot\cdot}{O}}:H \right]^{-}$$

ammonium ion

아민은 물과 가역적으로 반응하여 치환암모늄이온을 만든다.

$$R-NH_2 \;+\; H:\overset{\cdot\cdot}{\underset{H}{O}}: \;\rightleftharpoons\; \left[R-\overset{\cdot\cdot}{\underset{\cdot\cdot}{N}}:H \right]^{-} \;+\; \left[:\overset{\cdot\cdot}{\underset{\cdot\cdot}{O}}:H \right]^{-}$$

alkylammonium ion

이와 같은 반응에서 평형으로 수산이온이 생기므로 암모니아와 아민의 수용액은 염기성이다.

이들 화학방정식의 평형상수 K_b를 그 염기의 해리상수라 하며 그 아민의 염기성도를 나타낸다. 메틸아민의 해리상수는 다음과 같다.

$$CH_3NH_2 + HOH \;\rightleftharpoons\; [CH_3NH_3]^{+} + [OH]^{-}$$

$$K_b = \frac{[CH_3NH_3]^{+}[OH]}{[CH_3NH_2]} = 4.4 \times 10^{-4}$$

K_b의 값이 클수록 OH^-의 농도가 크고 염기성이 강하다.

여러 가지 간단한 아민의 해리상수를 표 10-1에 나타내었다. 일반적으로 지방족아민은 암모니아보다 약간 센 염기인데, 그것은 알킬기가 전자공여성기로 작용하여 전자를 질소원자에 공급하여 더욱 질소의 비공유전자쌍이 양성자를 빼앗는 경향이 강해지므로 해당하는 암모늄이온의 질소의 양전하를 안정화시키기 때문이다. 이와 반대로 방향족아민은 매우 약한 염기인데, 이는 질소원자의 비공유전자쌍이 벤젠고리와의 사이에서 안정된 공명구조를 이루고 있기 때문이다. 따라서 질소원자가 양성자를 끌어당기는 힘이 약하기 때문에 방향족 아민의 염기성이 작은 것이다.

표 10-1 아민의 몇 가지 성질

이　　름	분　자　식	비점(℃)	K_b
ammonia	NH_3	-33.4	2.0×10^{-5}
methylamine	CH_3NH_2	-6.5	4.4×10^{-4}
dimethylamine	$(CH_3)_2NH$	7.4	5.1×10^{-4}
trimethylamine	$(CH_3)_3N$	3.5	5.9×10^{-5}
ethylamine	$CH_3CH_2NH_2$	16.6	4.7×10^{-4}
n-propylamine	$CH_3CH_2CH_2NH_2$	48.7	3.8×10^{-4}
n-butylamine	$CH_3CH_2CH_2CH_2NH_2$	77.8	4.0×10^{-4}
aniline	$C_6H_5NH_2$	184	4.2×10^{-10}
N-methylaniline	$C_6H_5NHCH_3$	195.7	7.1×10^{-10}
N, N-dimethylaniline	$C_6H_5N(CH_3)_2$	193.5	11×10^{-10}
ethylenediamine	$H_2NCH_2CH_2NH_2$	116.5	8.5×10^{-5}
hexamethylenediamine	$H_2NCH_2CH_2CH_2CH_2CH_2CH_2NH_2$	204.5	8.5×10^{-4}
pyridine	C_5H_5N	115.3	2.3×10^{-9}

아닐린의 약한 염기성은 아닐린의 공명구조로 잘 설명할 수 있다.

　아닐린의 공명구조에서 보는 바와 같이 질소의 비공유전자쌍이 벤젠고리로 끌려서 질소원자가 양으로 하전되어 있다. 따라서 양성자의 접근이 어렵고 염기성이 약화된다.

10.4. 아민의 제법

암모니아와 할로겐화알킬의 반응

　암모니아와 할로겐화알킬을 반응시키는 이 호프만(Hofmann)법에서는 제1, 제2, 제3급아민들과 4급-암모늄화합물이 생성되며, 이때 NH_3는 대개 수용액이나 에탄올용액으로서 사용되고 가열하여야 할 경우에는 가압반응기가 사용된다.

$$CH_3Cl + NH_3 \rightarrow CH_3NH_2 \cdot HCl \text{ (제 1 급 아민의 염산염)}$$

아민은 염기성 물질이므로 이때 부산물인 HCl과 결합하여 염산염으로 된다. 이것을 수산화 나트륨으로 처리하면 유리된 아민이 생성된다.

그러나, 과잉의 암모니아가 존재하면 다음의 평형이 이루어진다.

$$CH_3NH_2 \cdot HCl + NH_3 \leftrightharpoons CH_3NH_2 + NH_4Cl$$

또, 암모니아의 양이 적으면 다음 반응도 일어난다.

$$CH_3Cl + CH_3NH_2 \rightarrow (CH_3)_2NH \cdot HCl \text{ (제 2 급 아민의 염산염)}$$

$$CH_3Cl + (CH_3)_2NH \rightarrow (CH_3)_3N \cdot HCl \text{ (제 3 급 아민의 염산염)}$$

다시 반응이 더 진행하면 다음과 같은 암모늄염이 생긴다.

$$CH_3Cl + (CH_3)_3N \rightarrow (CH_3)_4N^+Cl^- \text{ (제 4급 암모늄염)}$$

이들의 반응에 있어서 할로겐화 알킬의 반응성을 보면 $RI > RBr > RCl$의 순으로 약하게 되고 또 아민족은 $RNH_2 > R_2NH > R_3N$의 순서이다. 어느 것 이나 이상의 방법으로는 반응생성물 중에서 한 종류의 아민 만을 순수하게 추출하는 것은 매우 곤란하다. 물론 언제나 암모니아에서 시작해야 하는 것은 아니다. 어떤 염료를 생산하는데 중요한 N-메틸아닐린(N-methylaniline)과 N, N-디메틸아닐린(N, N-dimethylaniline)은 아닐린을 알킬화하여 얻어지기도 한다.

aniline   N-methylaniline   N, N-dimethylaniline

질소화합물의 환원

니트릴 (R-CN), 또는 니트로파라핀 (R-NO$_2$)을 여러 가지 방법으로 환원하면 이에 상당하는 제 1 급 아민이 얻어진다.

$$CH_3CN \xrightarrow{\text{Na}+\text{C}_2\text{H}_5\text{OH}} CH_3CH_2NH_2$$
acetonitrile   ethylamine

$$CH_3NO_2 \xrightarrow{\text{Zn}+\text{HCl}} CH_3NH_2 \cdot HCl$$
nitromethane   methylamine · 염산염

$$\text{⬡}-NO_2 + 6[H] \xrightarrow[\text{수증기}]{\text{Fe}} \text{⬡}-NH_2 + 2H_2O$$
nitrobenzene   aniline

알데히드, 케톤의 옥심(oxime)의 환원

$$RCH=O \xrightarrow{\text{H}_2\text{N-OH}} R \cdot CH=N-OH \xrightarrow{\text{H}_2} R \cdot CH_2NH_2$$
          aldoxime

$$\underset{R'}{\overset{R}{>}}C=O \xrightarrow{\text{H}_2\text{N-OH}} \underset{R'}{\overset{R}{>}}C=N-OH \xrightarrow{\text{H}_2} \underset{R'}{\overset{R}{>}}CH \cdot NH_2$$
          ketoxime

산 아미드의 환원

$$RCONH_2 \xrightarrow[\text{고온, 고압}]{\text{H}_2} R \cdot CH_2NH_2$$

호프만(Hofmann) 전위법

산 아미드($RCONH_2$)를 강한 알칼리 용액에서 Cl_2 또는 Br_2를 작용시키면 원료에서 탄소원자가 한개 적은 제1급 아민을 얻는다. 예를 들면 아세트아미드의 경우에는 다음과 같다.

$$CH_3CONH_2 + Br_2 + 4NaOH \rightarrow CH_3NH_2 + 2NaBr + Na_2CO_3 + 2H_2O$$

이 반응은 다음과 같이 진행되는 것으로 생각된다.

$$CH_3CONH_2 \xrightarrow{Br_2} CH_3-\overset{\overset{O}{\|}}{C}-NHBr \xrightarrow[(-HBr)]{NaOH} CH_3-\overset{\overset{O}{\|}}{C}-N$$

$$\xrightarrow{전위} \overset{\overset{O}{\|}}{C}=N-CH_3 \xrightarrow[\text{가수분해}]{2NaOH} NH_2CH_3 + Na_2CO_3$$

이 반응을 호프만(Hofmann)의 전위라고 하며, C_6 정도까지의 제 1 급 아민의 순수합성법으로서 잘 알려져 있다.

쿠르티우스(Curtius) 전위법

산 염화물에서 아실 아지드(acyl azide)를 거쳐서 제 1 급 아민을 만드는 방법이다. 벤젠 속에서 산 염화물과 소듐 아지드(sodium azide)를 반응시킨 다음 이 용액을 가온하면 이소시아네이트(isocyanate)가 생성되며, 여기에 묽은염산을 가하고 가열 증류하면 제 1 급 아민의 염산염을 얻는다.

$$C_3H_7COCl + NaN_3 \longrightarrow NaCl + C_3H_7CON_3 \xrightarrow{가온} C_3H_7NCO + N_2$$

butyryl chloride   butyryl azide   propyl isocyanate

$$C_3H_7N=C=O + H_2O + HCl \xrightarrow{가열} C_3H_7NH_2HCl + CO_2$$

베크만(Beckmann)의 전위법

케토옥심(ketoxime)의 에테르용액에 PCl_5를 가하면 케토옥심이 치환 아미드로 전위되므로 이것을 가수분해하여 제 1 급 아민을 얻는다.

$$\overset{CH_3}{\underset{CH_3}{}}C=N-OH \xrightarrow[\text{전위}]{PCl_5} CH_3-\overset{\overset{OH}{|}}{C}=N-\underset{CH_3}{|}$$

$$\longrightarrow CH_3-\overset{\overset{O}{\|}}{C}-\underset{\underset{CH_3}{|}}{NH} \xrightarrow[NaOH]{가수분해} CH_3NH_2 + CH_2COONa$$

공업적 합성법

미리 350 ℃로 가열한 메탄올과 암모니아(1:5)의 혼합기체를 450 ℃로 가열된 알루미나젤(alumina gel)에 통과시키면 3가지 메틸아민(methylamine)의 혼합물이 생성된다.

10.5. 아민의 반응

강산과의 반응

아민은 강한 염기성을 가지므로 암모니아와 마찬가지로 산과 작용하여 염을 만든다.

$$RNH_2 + HCl \longrightarrow RNH_3^+ \, Cl^-$$
alkylammonium
chloride

이 반응은 아민을 중성 또는 산성화합물로부터 분리하는데 사용될 수 있다. 즉, 이 화합물들이 유기용매에 녹아 있을 때 묽은산으로 추출하면 아민은 산과 작용하여 염을 만들어 수용액층에 용해한다. 에테르와 수용액층을 분리하고 수용액층을 알칼리성으로 하면 아민이 유리된다. 이 단계를 p-톨루이딘(p-toluidine)에서 나타내었다.

p-toluidine p-toluidinum chloride

아질산과의 반응

제1, 제2, 제3급 아민은 HNO_2와의 반응이 각각 다르므로 아민을 구별하는데 이용된다.

① 제1급 아민과의 반응

$$R-NH_2 + HONO \rightarrow ROH + N_2\uparrow + H_2O$$

방향족 화합물에서는 무기산의 존재하에서 디아조늄(diazonium)염을 생성한다.

$$\text{aniline} - NH_2 + HONO + HCl \xrightarrow{-2H_2O} \left[\text{benzene diazonium chloride} - N_2 \right]^+ Cl^-$$

aniline   benzene diazonium chloride

이 반응을 디아조(diazo)화 반응이라 하며 생성된 디아조늄염은 여러 가지 화합물의 합성에 이용된다.

② 제 2 급 아민과의 반응

물에 잘 녹지 않는 니트로소아민(nitrosoamine)을 만들고 수용액에서 노란색의 기름층으로 분리된다.

$$\begin{array}{c} R \\ R' \end{array}\!\!\!>\!NH + HO-NO \longrightarrow \begin{array}{c} R \\ R' \end{array}\!\!\!>\!N-NO + H_2O$$

nitrosoamine

$$\underset{\text{N-methylaniline}}{\overset{CH_3}{\underset{|}{\bigcirc}}\!-NH} + HO-NO \longrightarrow \underset{\text{N-nitroso-N-methylaniline}}{\overset{CH_3}{\underset{|}{\bigcirc}}\!-N-NO} + H_2O$$

N-methylaniline   N-nitroso-N-methylaniline

③ 제 3 급 아민과의 반응

트리알킬 암모늄 니트리트(trialkyl ammonium nitrite)를 생성한다.

$$\underset{\overset{|}{R''}}{\overset{\overset{R}{|}}{R'-N:}} + HO-NO \longrightarrow \left[\underset{\overset{|}{R''}}{\overset{\overset{R}{|}}{R'-N:H}} \right]^+ [NO_2]^-$$

trialkyl ammonium nitrite

방향족 3급 아민에 있어서는 핵치환이 일어나 *p*-니트로소(*p*-nitroso)의 결정성 화합물이 생성된다.

$$\text{N, N-dimethylaniline} + HO-NO \longrightarrow \text{O=N} \longleftrightarrow \text{N} \begin{matrix} CH_3 \\ CH_3 \end{matrix} + H_2O$$

N, N-dimethylaniline   *p*-nitroso-N, N-dimethylaniline

카르빌아민(carbylamine) 반응

제 1 급 아민에 소량의 클로로포름과 알코올성 KOH를 가하고 가열하면 악취가 나는 카르빌아민(R-NC)이 생긴다. 그러나, 제 2 급, 제 3 급 아민은 반응하지 않는다.

$$R-NH_2 + CHCl_3 + 3KOH \xrightarrow{\text{가열}} R-NC + 3KCl + 3H_2O$$

carbylamine

그리나르(Grignard) 시약과의 반응

제 1 급 아민 및 제 2 급 아민들은 실온에서 메틸 마그네슘 요오디드 (methyl magnesium iodide)와 반응하여 메탄을 생성한다.

$$RNH_2 + CH_3MgI \rightarrow RNHMgI + CH_4\uparrow$$
$$R_2NH + CH_3MgI \rightarrow R_2NMgI + CH_4\uparrow$$

따라서, 이 반응 조건을 잘 조절하면 이 때 발생되는 메탄가스의 용량을 가지고 아민 분자 내에 존재하는 수소원자의 수효를 측정할 수 있으며 이 방법을 제르위티노프(Zerewitinoff)법 이라고 한다.

10.6. 제 4 급 암모늄염

제 3 급 아민에 할로겐화알킬을 작용시키면 암모늄염(NH_4X)의 *tetra*-알킬치환체가 생성된다.

$$R_3N + RCl \Leftrightarrow R_4N^+Cl^-$$

이와 같은 R₄NX라는 화합물을 제 4급 암모늄염이라고 한다. 일반적으로 물에 녹기 쉬운 결정이며 가열하면 제 3급 아민으로 분해한다.

4급 암모늄염의 어떤 것은 계면활성제로서 중요한 것이 있으며 세틸 트리메틸 암모늄 클로리드(cetyl trimethyl ammonium chloride)와 로우릴 트리메틸 암모늄 클로리드(lauryl trimethyl ammonium chloride) 등은 청정작용과 살균작용을 가지고 있으므로 청정제(detergent) 또는 살균제로서 사용된다. 이들의 청정작용은 비누와는 달리 양이온부에서 일어나므로 역성비누(invert soap) 또는 양성세제(cationic detergent)라 한다.

$$\left[\begin{array}{c} CH_3 \\ | \\ C_{16}H_{33}-N-CH_3 \\ | \\ CH_3 \end{array} \right]^+ Cl^- \qquad \left[\begin{array}{c} CH_3 \\ | \\ C_{12}H_{33}-N-CH_3 \\ | \\ CH_3 \end{array} \right]^+ Cl^-$$

cetyl trimethyl ammonium chloride   lauryl trimethyl ammonium chloride

또한 제 4급 암모늄염에는 콜린(choline)이나 아세틸콜린(acetylcholine)과 같이 생리적으로 중요한 것도 있다. 콜린은 혈압강하 작용이 있으며 아세틸콜린은 신경의 자극 전달과 밀접한 관계가 있다.

$$\left[\begin{array}{c} CH_3 \\ | \\ CH_3-N-CH_2CH_2OH \\ | \\ CH_3 \end{array} \right]^+ OH^- \qquad \left[\begin{array}{c} CH_3 \qquad\qquad O \\ | \qquad\qquad\quad || \\ CH_3-N-CH_2-CH_2-O-C-CH_3 \\ | \\ CH_3 \end{array} \right]^+ OH^-$$

choline   acetylcholine

10.7. 몇 가지 아민 화합물

에탄올아민(ethanolamine)

에틸렌 옥시드(ethylene oxide)에 암모니아를 작용시켜 만든다.

$$\underset{\text{ethylene oxide}}{CH_2-CH_2 \atop \diagdown \diagup \atop O} + NH_3 \longrightarrow \underset{\text{ethanolamine}}{HOCH_2CH_2NH_2}$$

에탄올아민과 고급 지방산과의 염은 일종의 비누가 되며 이것은 유화제로서 널리 사용된다. 즉, 화장품의 제조 및 농업용 살균, 살충제의 유화제로 사용된다.

퓨트레신(putrescine) 및 카다베린(cadaverine)

육류나 기타 단백질의 부패에 의해 생기는 프토마인(ptomaine)의 성분이며 불쾌한 냄새를 갖는다.

$$H_2N-(CH_2)_4-NH_2$$
putrescine
(1,4-diaminobutane)

$$H_2N-(C_2H_5)_5-NH_2$$
cadaverine
(1,5-diaminopentane)

헥사메틸렌 디아민(hexamethylene diamine)

이것은 나일론(nylon)의 원료로 알려져 있으며 공업적으로 다음과 같이 만든다.

$$CH_2=CH-CH=CH_2 \xrightarrow{Cl_2} ClCH_2CH=CHCH_2Cl \xrightarrow[Ni]{H_2} ClCH_2CH_2CH_2CH_2Cl$$

1, 3-butadiene   1, 4-dichloro-2-butene   1, 4-dichlorobutane

$$\xrightarrow{NaCN} \begin{array}{c} CH_2CH_2CN \\ | \\ CH_2CH_2CN \end{array} \xrightarrow[NH_2]{H_2} \begin{array}{c} CH_2CH_2CH_2NH_2 \\ CH_2CH_2CH_2NH_2 \end{array}$$

adiponitrile
(1, 4-dicyanobutane)

hexamethylene diamine

아닐린(aniline)

가장 간단한 방향족 제 1급 아민으로 염료, 의약품 및 기타 중간체로서 매우 중요한 화합물이다. 오늘날 합성염료의 대부분은 직, 간접으로 이것을 원료로 하고 있다. 물에 녹지 않는 액체로서 순수한 것은 거의 무색이지만 공기와 햇빛에 의해 산화되어 갈색으로 변한다. 아닐린에 표백분을 가하면 산화되어 자홍색이 되는데, 이 성질은 아닐린의 검출에 이용된다.

아닐린의 공업적 제법으로는 니트로벤젠(nitrobenzene)에 소량의 염산 존재하에서 철(Fe)과 물을 반응시켜 만든다. 이 때 염산은 단순한 촉매이다.

$$2C_6H_5NO_2 + 5Fe + 4H_2O \xrightarrow[\text{가열}]{HCl} 2C_6H_5NH_2 + Fe_3O_4 + 2\ Fe(OH)_2$$

이 방법을 베캄프(Béchamp)반응이라고 한다. 또 Cu_2Cl_2의 촉매 존재하에서 클로로벤젠(chlorobenzene)에 과잉의 암모니아를 작용시켜도 얻을 수 있지만 이 경우에는 고온, 고압이 요구된다.

$$C_6H_5Cl + 2NH_3 \xrightarrow[210℃,\ 50atm]{Cu_2Cl_2} C_6H_5NH_2 + NH_4Cl$$

디페닐아민(diphenylamine)

이것은 가압하에서 아닐린과 아닐린염산염을 가열하여 얻는다.

diphenylamine

디페닐아민의 염기성은 아닐린보다 약하며 이의 황산용액은 미량의 질산으로 인하여 짙은 청색이 되므로 질산 검출에 이용된다. 또 유황과 함께 용융하면 살충제로 알려진 페노티아진(phenothiazine)이 된다.

diphenylamine   phenothiazine

10.8.   디아조늄 염

디아조화

방향족 제 1 급아민을 과잉의 염산에 녹여 두고 여기에 아질산나트륨 용액을 가하면 디아조화(diazotization) 반응이 일어난다.

$$\text{C}_6\text{H}_5-\text{NH}_2 + \text{NaNO}_2 + 2\text{HCl} \xrightarrow{0\sim5℃} \text{C}_6\text{H}_5-\overset{+}{\text{N}}\text{Cl}^- + \text{NaCl} + 2\text{H}_2\text{O}$$
$$\text{N}$$

benzenediazonium chloride

이 경우, 염산 대신에 황산을 사용하면 $C_6H_5N_2SO_4H$라는 화합물이 얻어진다. 이와 같은 ArN_2X형의 화합물을 넓게 디아조늄 염(diazonium salt)이라고 한다(azo는 질소를 뜻한다). 이것은 저온의 강산성용액 중에서만 안정하게 존재한다. 디아조늄 염은 열에 의해 분해되기 쉬우므로 디아조화는 일반적으로 0~5℃에서 일어난다. 또, 건조한 디아조늄 염은 폭발성을 가지므로 보통 수용액은 그대로 두었다가 다음 반응에 사용한다.

디아조늄 염의 반응

① 페놀의 생성

디아조늄 염의 수용액을 가열하면 즉시 가수분해를 일으켜 OH화합물로 변한다.

$$C_6H_5N_2Cl + H_2O \xrightarrow{50℃} C_6H_5OH + N_2\uparrow + HCl$$

② 치환 반응

디아조늄 염은 제 1구리염의 존재하에서 다음과 같은 치환반응을 일으킨다.

$$C_6H_5N_2Cl \begin{cases} \xrightarrow{\text{Cu}_2\text{Cl}_2 + \text{HCl}} C_6H_5Cl + N_2 \\ \xrightarrow{\text{Cu}_2\text{Br}_2 + \text{NaBr}} C_6H_5Br + N_2 \\ \xrightarrow{\text{Cu}_2(\text{CN})_2 + \text{NaCN}} C_6H_5CN + N_2 \end{cases}$$

이것을 샌드미어(Sandmeyer) 반응이라 한다. 이 반응에 있어서 구리염 대신 미세한 구리 분말을 사용하여도 무방하다. 이것을 가테르만(Gattermann) 반응이라 한다. 벤젠 요오디드(benzene iodide)도 디아조늄 염을 이용하면 쉽게 얻어진다.

$$C_6H_5N_2Cl + KI \xrightarrow{\text{가 열}} C_6H_5I + N_2 + KCl$$

③ 알코올과의 반응

디아조늄 염은 에탄올과 가열하면 다음과 같이 두 종류의 반응이 일어난다.

$$C_6H_5N_2Cl + C_2H_5OH \begin{cases} \rightarrow C_6H_6 + N_2 + CH_3CHO + HCl(\text{탄화수소의 생성}) \\ \rightarrow C_6H_5OC_2H_5 + N_2 + HCl(\text{에테르의 생성}) \end{cases}$$

벤젠핵에 NO_2, SO_3H, 할로겐 등이 존재하면 주로 탄화수소의 생성반응이 일어난다. 이 반응은 방향핵에서 NH_2와 NO_2기를 제거하는 데 이용된다.

④ 환원

디아조늄 염을 $Sn + HCl$ 등으로 환원하면 히드라진(hydrazine)이 생성된다.

$$C_6H_5N_2Cl \xrightarrow[\text{Sn+HCl}]{H_2} C_6H_5NH-NH_2 \cdot HCl$$
$$\text{phenyl hydrazine} \cdot \text{hydrochloride}$$

페닐 히드라진(phenyl hydrazine)은 산화되기 쉬운 물질이지만 그 염산염은 안정한 결정이며 카르보닐 시약으로 알려져 있다.

10.9. 아조 화합물

커플링

디아조늄 염은 방향족 아민 혹은 페놀과 쉽게 축합하여 아조(azo)기

(-N=N-)를 갖는 소위 아조 화합물을 만든다. 이것은 **염료합성에** 매우 중요한 반응으로 커플링(coupling)이라고 한다.

① 방향족 아민과의 커플링

중성 또는 약산성에서 디아조늄 염에 제 1급 아민을 가하면 우선 디아조아미노벤젠(diazoamino benzene)이 생긴다.

$$C_6H_5N_2Cl + H_2NC_6H_5 \xrightarrow{CH_3COONa} C_6H_5-N=N-NH-C_6H_5 + HCl$$

diazoamino benzene

디아조아미노벤젠은 과잉의 아닐린 존재하에서 염산과 가열하면 p-아미노아조벤젠(p-aminoazobenzene)으로 된다.

$$\bigcirc-N=N-NH-\bigcirc \xrightarrow[\text{HCl, } C_6H_5NH_2]{40℃} \bigcirc-N=N-\bigcirc-NH_2 \cdot HCl$$

p-aminoazobenzene(aniline yellow)

제 2급, 제 3급 아민에 있어서는 직접 p 위치에 축합한다. 만약 p 위치가 막혀 있으면 o 위치에 결합한다.

$$\bigcirc-N_2Cl + \bigcirc-N(CH_3)_2 \xrightarrow{\text{약산성}} \bigcirc-N=N-\bigcirc-N(CH_3)_2$$

p-dimethylaminoazobenzene
(butter yellow)

② 페놀과의 커플링

일반적으로 약알칼리성 용액에서 일어난다. 보통 OH의 *para* 위치에 축합하며 p 위치가 막혀 있으면 o 위치에서 반응이 일어난다.

$$\bigcirc-N_2Cl + \bigcirc-OH \xrightarrow[\text{(저온)}]{\text{알칼리}} \bigcirc-N=N-\bigcirc-ONa$$

p-hydroxyazobenzene(Na 염)

아조 화합물

아조 화합물(azo compound)은 아조기(-N=N-)를 가지고 있는 것으로 SnCl₂와 Na₂S₂O₃로 강하게 환원하면 아조기가 절단된다.

$$\text{◯—N=N—◯—OH} \xrightarrow{4H} \text{◯—NH}_2 + \text{H}_2\text{N—◯—OH}$$

$$\text{◯—N=N—◯—NH}_2 \xrightarrow{H} \text{◯—NH}_2 + \text{H}_2\text{N—◯—NH}_2$$

이들의 반응은 p-아미노페놀(p-aminophenol)과 p-페닐렌디아민(p-phe-nylenediamine)의 합성에 이용된다. 아조 화합물은 색깔이 있다. 이것은 아조기가 발색단(chromophor)으로서 작용하기 때문이다. 오늘날의 합성염료의 대다수는 이 계에 속하며 어느 것이든 앞에서 말한 커플링에 의하여 만들어진다. 이것을 아조염료(azodye)라고 한다.

표 10-2 아조염료

아조 성분	커플링 성분	아조 염료
NH₂ ◯ SO₃H sulfanilic acid	N(CH₃)₂ ◯ dimethyl-aniline	NaO₃S—◯—N=N—◯—N(CH₃)₂ methyl orange, helianthine
NH₂ ◯ SO₃H	◯◯—OH β-naphthol	NaO₃S—◯—N=N—◯◯—OH orange Ⅱ
NH₂—◯—◯—NH₂ benzidine	NH₂ ◯◯ SO₃H naphthionic acid	NH₂ ◯◯—N=N—◯—◯—N=N—◯◯ NH₂ SO₃Na ... SO₃Na congo red

아조염료의 합성에 있어서 디아조늄 염이 되는 원료를 디아조 성분 (diazo compound), 이것과 결합시키는 아민과 페놀을 커플링 성분이라 한다. 간단한 아조(azo) 염료의 예를 표 10-2에 나타내었다.

10.10. 니트릴

탄화수소기에 시안기($-C\equiv N$)가 결합한 것을 니트릴(nitrile)이라 하고 탄화수소기에 이소시안기($-N=C$)가 결합한 $R-N=C$의 구조식으로 표시된 화합물을 이소니트릴(isonitrile)이라고 한다.

니트릴의 명명법

니트릴화합물의 관용명은 알킬 다음에 cyanide 또는 어미 "-ic" 또는 "-oic"을 떼고 "-onitrile"을 붙여서 부르고, IUPAC법으로는 알칸의 이름 다음에 nitrile을 붙여서 부른다. 또 어떤 화합물의 치환기로서 -CN이 붙어 있을 때는 화합물의 이름 첫머리에 cyano를 붙여서 부른다.

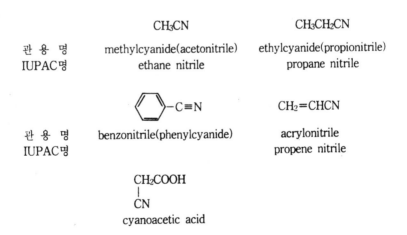

	CH_3CN	CH_3CH_2CN
관 용 명	methylcyanide(acetonitrile)	ethylcyanide(propionitrile)
IUPAC명	ethane nitrile	propane nitrile

관 용 명	benzonitrile(phenylcyanide)	acrylonitrile
IUPAC명		propene nitrile

$$CH_2=CHCN$$

$$\begin{array}{c} CH_2COOH \\ | \\ CN \end{array}$$
cyanoacetic acid

이소니트릴은 카르빌아민(carbylamine)이라고 하며 관용명에서는 이소시안화물로서 명명하며, IUPAC법으로는 탄화수소기명에 카르빌아민을 붙여서 명명한다.

$$CH_3NC$$

관 용 명	methyl isocyanide
IUPAC명	methyl carbylamine

니트릴의 성질

니트릴이 산이나 염기의 존재하에서 가수분해하면 카르복실산이 생성되며 이소니트릴은 개미산(formic acid)과 1차 아민을 생성한다.

$$RCN + 2H_2O \xrightarrow{\text{HCl}} RCOOH + NH_4Cl$$

$$RCN + H_2O \xrightarrow{\text{NaOH}} RCOONa + NH_3$$

$$RNC + 2H_2O \xrightarrow{\text{HCl}} RNH_3^+Cl^- + HCOOH$$

또한 니트릴을 환원하면 1차 아민을 생성하고 이소니트릴은 2차 아민을 얻을 수 있다.

$$RCN + 4H \xrightarrow{\text{알코올 + Na}} RCH_2NH_2(\text{1차아민})$$

$$RNC + 4H \xrightarrow{\hspace{2cm}} RNHCH_3(\text{2차아민})$$

니트릴의 제법

할로겐화알킬과 KNC(NaCN)의 반응에서는 니트릴($R-C{\equiv}N$)이 주생성물이고 이소니트릴($R-N{=}C$)는 부산물이다.

$$RX + KNC \xrightarrow{\hspace{2cm}} RCN + KX$$

할로겐화 알킬과 AgCN에서는 이소니트릴(카르빌아민)이 주생성물이 되고 부산물로 니트릴이 생긴다.

$$RX + AgCN \longrightarrow RNC + AgX$$

아미드의 탈수에 의해서도 니트릴이 생성된다.

$$R-CONH_2 \xrightarrow[P_2O_5]{-H_2O} RCN$$

10.11. 니트로 및 니트로소 화합물

니트로(nitro)기 -NO₂, 니트로소(nitroso)기 -NO를 가지고 있는 화합물
을 각각 니트로화합물(R-NO₂), 니트로소 화합물(R-NO)이라고 하며 다음
과 같은 접두어를 붙여서 명명한다.

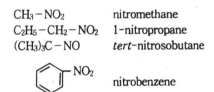

$$CH_3-NO_2 \qquad \text{nitromethane}$$
$$C_2H_5-CH_2-NO_2 \qquad \text{1-nitropropane}$$
$$(CH_3)_3C-NO \qquad \textit{tert}\text{-nitrosobutane}$$

nitrobenzene

니트로기나 니트로소기의 결합방법은 다음과 같은 형식이 있다.

① R-NO₂

-NO₂가 직접 C에 결합된 상태로서 가장 기본적인 것이다.

② RO-NO₂, RO-NO

질산 또는 아질산기가 산소와 결합된 상태이며, 이런 것을 각각 질산 에
스테르, 아질산 에스테르라 한다.

③ R₂-N-NO

-NO기가 질소에 결합된 상태이며 니트로소아민(nitrosoamine)이라 한다.

니트로화합물은 방향성 무색액체이고 물에 난용이며 유기용매에 잘 녹
는다. 독성이 적고 용해력이 커서 용제로 사용된다. 니트로소화합물은 무
색결정성 고체이며 기체나 용융상태에서는 청색을 띤다.

제 10 장 연습문제

1. Primary amine과 secondary amine, tertiary amine의 차이점을 화학식으로 써 구별하여라.

2. Nitro화합물과 nitroso화합물은 어떻게 다른가?

3. 다음 화합물의 구조식을 써라.

① diethylamine

② dimethylethylamine

③ benzylamine

④ N, N-dimethylaniline

⑤ benzenediazonium chloride

⑥ azobenzene

4. 다음 물질명을 표시하고 몇 차 amine인가를 나타내어라.

① CH_3 $\diagdown$ NH / CH_3 $\diagup$

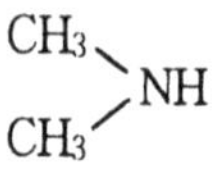

② (phenyl)-NH-(phenyl)

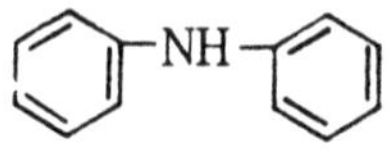

③ (phenyl)-N(CH_3)(CH_3)

④ (phenyl)-NH_2

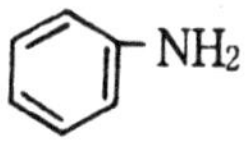

⑤ $[CH_3CH_2]_4NCl$

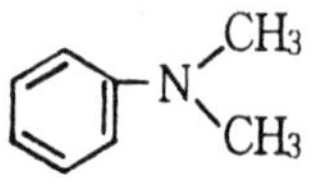

5. 다음을 IUPAC명으로 써라.

① CH_3-NH_2　　② $(CH_3)_2NH$　　③ $(CH_3)_3N$

④ (phenyl)-NH_2　　⑤ (phenyl)-N(CH_3)(CH_3)

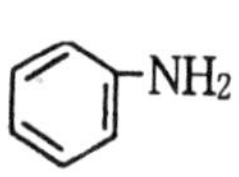

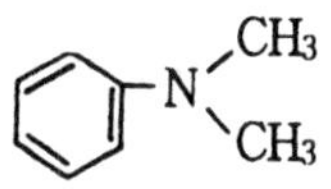

6. Aniline에서 2급, 3급 amine으로 유도하여라. 이때 화학식과 그 물질명을 써라.

7. Azo화합물과 diazo화합물을 구별하고 그 차이를 말하여라.

8. Benzenediazonium chloride의 생성과정을 화학식으로 나타내고 명명하여라.

9. Sandmeyer 반응이란?

10. Coupling반응이란?

11. Hydrazine과 hydrazone은 구조상 어떻게 다른가?

탄 수 화 물

탄수화물(carbohydrate)은 탄소, 수소, 산소의 3원소로 구성되어 있고, 이들의 대부분은 $C_m(H_2O)_n$으로 표시된다. 탄수화물은 식물과 동물 조직 등 자연계에 가장 널리 분포되어 있는 유기화합물로서 식물의 엽록소에서 광합성에 의해 만들어진다.

탄수화물은 화학적으로 폴리히드록시알데히드(polyhydroxyaldehyde)나 폴리히드록시케톤(polyhydroxyketone), 또는 가수분해하여 폴리히드록시알데히드나 폴리히드록시케톤을 생성하는 화합물들을 말한다.

탄수화물은 분자의 크기와 구조상의 특징에 따라 다음과 같이 분류한다. 가장 간단한 탄수화물을 단당류(monosaccharide)라고 하는데, 알데히드기를 갖고 있으면 알도스(aldose), 케톤기를 갖고 있으면 케토스(ketose)로 구분하고, 탄소수에 따라 삼탄당(triose), 사탄당(tetrose), 오탄당(pentose), 육탄당(hexose) 등으로 나눈다. 이당류(disaccharide)는 단당류 두 개가 결합되어 있는 것을 말하고, 단당류 세 개가 결합되어 있는 것을 삼당류(trisaccharide)라고 하며, 이당류와 삼당류를 포함하여 2~10개의 단당류로 이루어진 것을 소당류(oligosaccharide)라고 부르기도 한다.

다당류(polysaccharide)는 많은 단당류가 결합되어 있는 것인데, 가수분해하면 다시 단당류로 분해된다.

11.1.   단당류

단당류의 성질

단당류는 알데히드기나 케톤기, 수산기, 부제탄소를 가지고 있으므로 다음과 같은 성질을 나타낸다.

① 이성체

단당류는 부제탄소원자(asymmetric carbon atom)를 가지고 있으므로 D-형과 L-형의 입체이성체를 가진다. 예를 들면 삼탄당인 글리세알데히드(glyceraldehyde)는 부제탄소원자를 한 개 가지고 있다. 부제탄소원자에 결합된 -OH기의 위치가 우측인 것을 D-글리세알데히드, 좌측인 것을 L-글리세알데히드라고 한다.

$$
\begin{array}{cc}
\text{CHO} & \text{CHO} \\
| & | \\
\text{H}-\text{C}-\text{OH} & \text{HO}-\text{O}-\text{H} \\
| & | \\
\text{CH}_2\text{OH} & \text{CH}_2\text{OH} \\
\text{D-glyceraldehyde} & \text{L-glyceraldehyde}
\end{array}
$$

② 변선광

물에 용해시킨 단당류의 선광도를 측정해 보면 용해시킨 직후와 시간이 경과한 후의 선광도가 차이를 나타내는 경우가 있다. 결정형 포도당은 보통 α-D-글루코피라노스(α-D-glucopyranose)이며 물에 녹인 직후는 $[\alpha]$ = +112°의 선광도를 나타내지만, 시간이 경과하면 $[\alpha]$=+52.5°로 일정하게 된다. 이런 현상은 다음 그림에서와 같이 산소(O)의 다리가 끊어져 사슬모양이 되고 이로부터 이성체 β-D-글루코피라노스(β-D-glucopyranose)가 생기며 이때 α-형과 β-형이 37:63으로 평형을 이루기 때문이다. 이와 같이 선광도가 변화하는 현상을 변선광(mutarotation)이라고 한다.

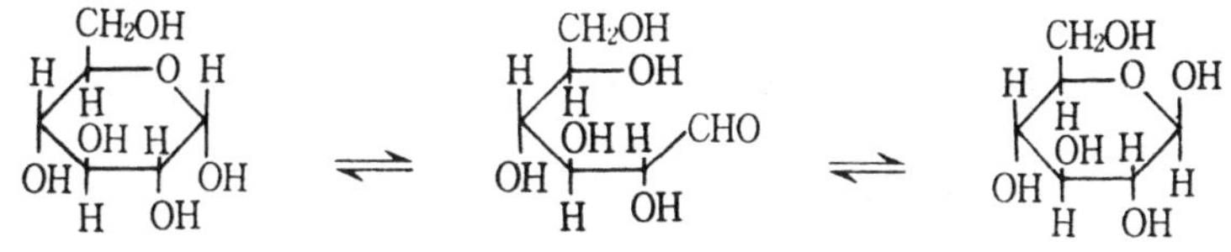

α-D-glucopyranose
$[\alpha]_D^{20} = +112°$

D-glucose
aldehyde형 쇄상

β-D-glucopyranose
$[\alpha]_D^{20} = +19°$

③ 환원성

단당류는 일반적으로 알칼리 용액 중에서 자신은 산화되고 다른 물질은 환원시키는 성질이 있다. 예를 들면 포도당용액에 페엘링(Fehling)용액을 넣고 가열하면 구리이온(Cu^{++})이 환원되어 산화구리(Cu_2O)의 적자색 침전이 생긴다. 이 반응은 환원당의 정성, 정량에 이용된다.

단당류의 반응

① 산의 생성

단당류를을 산화시키면 그 산화방법에 따라 알돈산(aldonic acid), 유론산(uronic acid), 당산(saccharic acid) 등의 산이 생성된다.

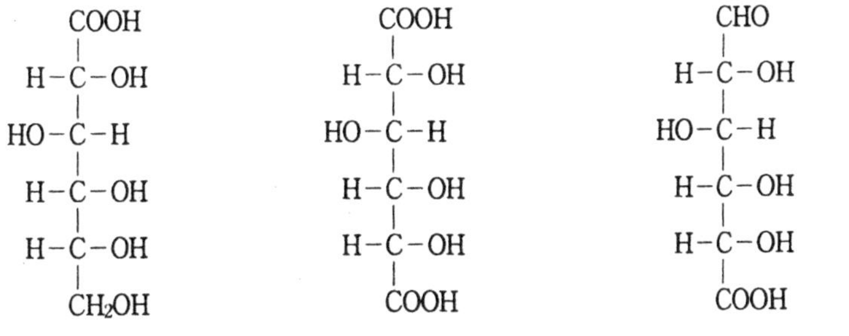

aldonic acid
(gluconic acid)

saccharic acid
(glucosaccharic acid)

uronic acid
(glucuronic acid)

② 오사존의 생성

단당류는 페닐히드라진(phenylhydrazine)과 반응해서 오사존(osazone)을 생성한다. 오사존은 물, 알코올에 녹지 않는 결정이며, 이의 빛깔이나 융점 또는 결정의 형성속도등은 당류를 구별하는데 사용되는 중요한 반응이다. 단당류의 오사존(ose와 hydrazone)은 디페닐히드라존(diphenylhydrazone)이다. 이 반응은 단당류의 탄소원자 1번과 2번에 있는 카르보닐기와 수산기만이 관여한다. 오사존의 형성기구는 복잡하지만 전체의 반응은 다음과 같이 나타낼 수 있다.

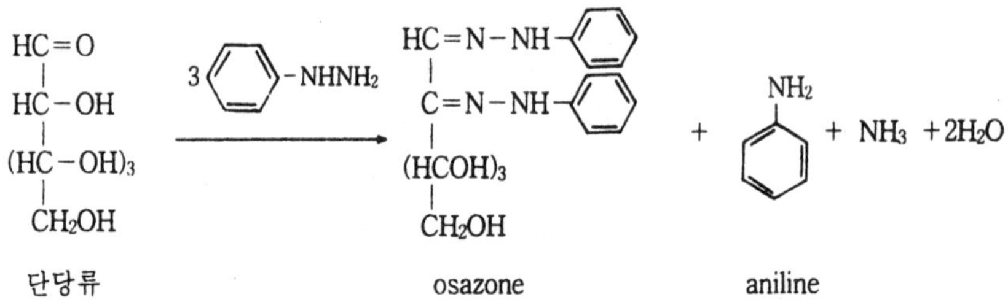

| 단당류 | | osazone | aniline |

③ 시안화수소(HCN)와의 반응

알데히드에서 보는 바와 같이 알도스는 HCN과 반응하여 시아노히드린(cyanohydrin)을 형성하는데, 이것을 가수분해하여 산으로 만든 다음 환원시키면 탄소수가 1개 증가한 알도스로 된다. 이 반응을 킬리아니(Kiliani)반응이라고 하며, 고급 알도스를 합성하는 데 이용된다.

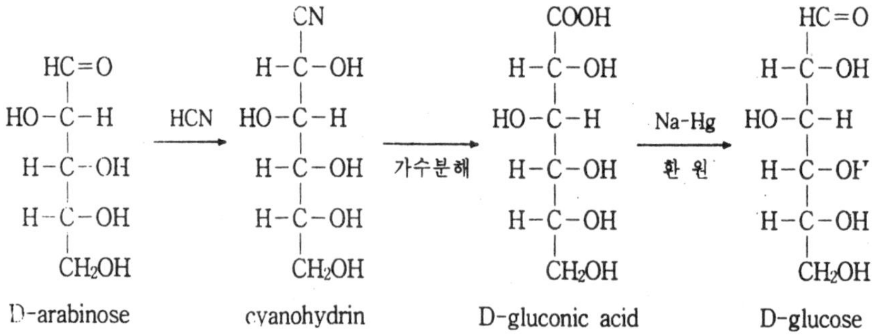

| D-arabinose | cyanohydrin | D-gluconic acid | D-glucose |

④ 에피머화

D-포도당과 D-만노스 그리고 D-아라비노스와 D-리보스 등은 C_2의 입체배치만이 서로 다른 관계를 갖는데 이러한 상호간의 관계를 에피머(epimer)라고 한다. 단당류를 묽은 알칼리와 함께 가열하면 에피머화(epimerization)가 일어나는데 이것을 로브리 데 브루인-본 에켄스타인(Lobry de Bruyn-Von Ekenstein) 반응이라고 한다. 이 때에는 대개 케토스도 생성되며 평형을 이룬다. 이 평형에는 아래식에서 보는 바와 같이 엔디올이 관여하는 것으로 생각된다.

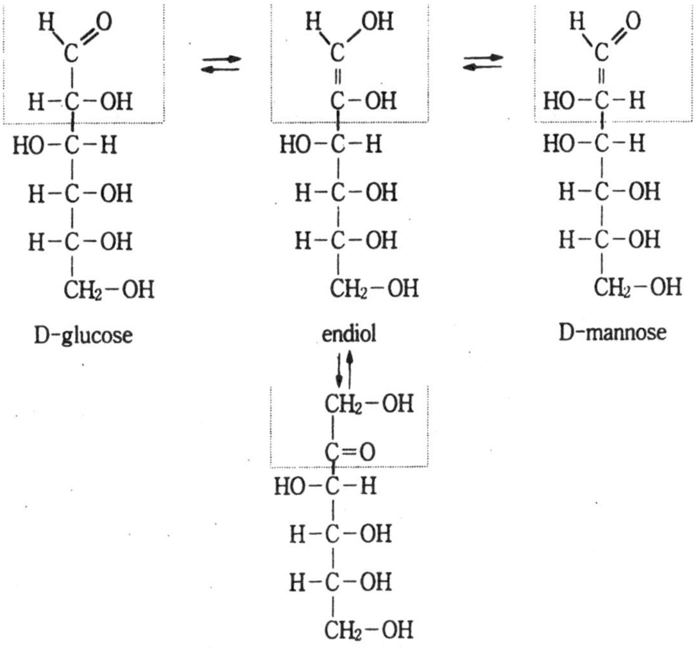

D-glucose   endiol   D-mannose

D-fructose

단당류의 종류

① 포도당 (glucose, dextrose, $C_6H_{12}O_6$)

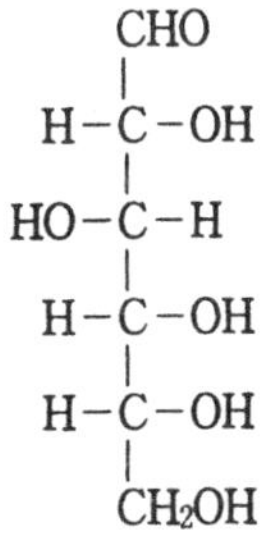

포도당은 자연계에 널리 분포되어 있으며 유리상태로는 혈액, 과실 등에 존재하며 특히 포도 중에는 약 20% 정도 함유되어 있다.

결합상태로는 전분(starch), 글리코겐(glycogen), 셀룰로오스(cellulose), 맥아당(maltose), 젖당(lactose), 설탕(sucrose), 배당체(glycoside) 등의 구성 단당류로 들어 있다. 포도당은 영양 및 생리상으로 매우 중요한 당이며, 사람의 혈액

D-glucose

에는 항상 약 0.1%정도 존재하고 있다.

W.H. Haworth에 의해 제안된 당의 Haworth구조식은 당의 고리형 구조식을 간단하게 그리는데 많이 사용되며 피란(pyrane) 유사의 구조와 퓨란(furane) 유사의 구조로 분류된다.

pyrane   α-D-glucopyranose   β-D-glucopyranose

furane   α-D-glucofuranose   β-D-glucofuranose

② 과당(fructose, levulose, $C_6H_{12}O_6$)

과당은 포도당과 함께, 과실, 꽃 등에 유리상태로 존재하고 특히 벌꿀에 많으며, 포도당과 결합하여 설탕을 이룬다. 또 이눌린(inulin)으로서 다알리아나 돼지감자 등의 뿌리에 들어 있다. 과당은 결합상태일 때에는 퓨라노스(furanose)형으로 유리형일 때에는 퓨라노스와 피라노스(pyranose)의 두 형으로 존재하며, 단맛은 설탕보다 강하다.

D-fructose

β-D-fructofuranose   β-D-fructopyranose

③ 갈락토스(galactose, $C_6H_{12}O_6$)

자연계의 갈락토스에는 D형과 L형이 있으며 유리상태로는 존재하지 않는다. 포도당과 결합하여 젖당이 되며, 한천에는 갈락탄(galactan)으로 존재한다.

갈락토스는 동물 체내에서 단백질 또는 지방과 결합하여 주로 신경조직 및 점질물에 존재한다.

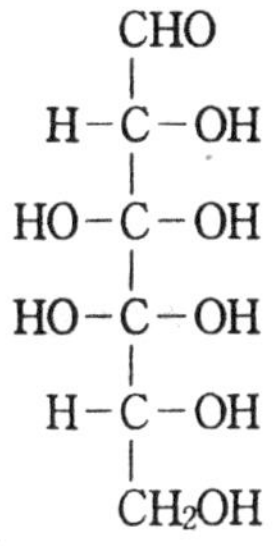

D-galactose

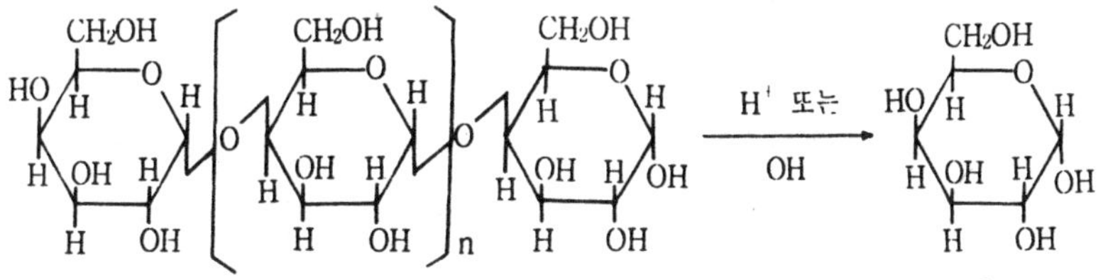

galactan galactose

④ 만노스(mannose, $C_6H_{12}O_6$)

만노스는 유리상태로 거의 존재하지 않고 다당류의 구성 단당류로 들어 있다. 해조류에 흔히 볼 수 있으며, 다당류인 만난(mannan)을 가수분해하여 만든다.

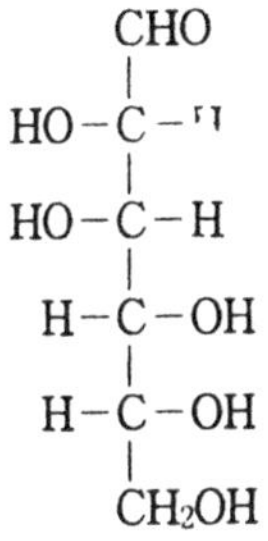

D-mannose

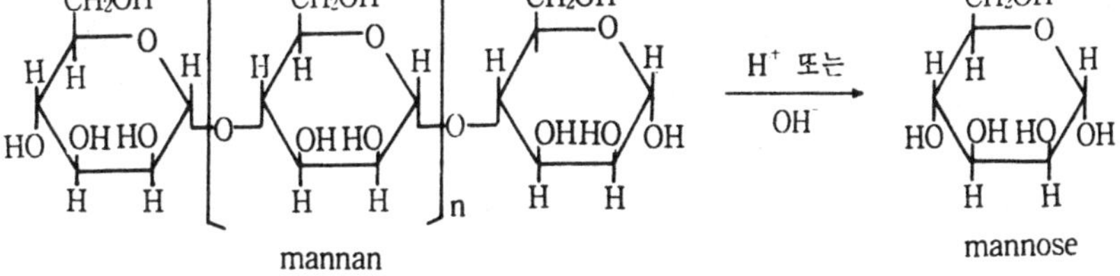

mannan mannose

11.2. 이당류

이당류는 두 분자의 단당류가 탈수축합한 것으로 $C_{12}H_{22}O_{11}$의 분자식을 가지며 축합하는 단당류의 종류에 따라서 여러 종류의 이당류가 생성되나,

그 중에서 중요한 것은 맥아당(maltose), 설탕(sucrose) 및 유당(lactose)의 3가지이다.

이당류의 성질

① 용해성

설탕과 맥아당은 물에 잘 녹으나 젖당은 물에 잘 녹지 않는다.

② 환원성

설탕은 그것을 구성하는 포도당의 알데히드기와 과당의 케톤기가 두 당의 결합에 관하여고 있기 때문에 페엘링(Fehling)용액을 환원하지 않으므로 비환원당이며, 맥아당은 그것을 구성하는 두 개의 포도당 중 한 개의 알데히드기는 결합에 관여하지 않고 있으므로 페엘링(Fehling)용액을 환원한다. 유당도 환원당에 속한다.

이당류의 종류

① 설탕(sucrose, saccharose, $C_{12}H_{22}O_{11}$)

설탕은 사탕수수, 사탕무우 등에 많이 함유되어 있으므로 이것을 원료로 해서 대량 제조한다. 단맛이 강하고 식품성분으로 중요하며 환원력이 없다. 약 160℃이상으로 가열하면 카라멜(caramel)화 하여 카라멜 색소가 생성된다. 이것은 식품의 색소로 널리 이용되고 있다. 또 설탕의 수용액은 우선성을 나타내며 수크레이스(sucrase) 또는 산에 의해 가수분해되어 포도당과 과당의 1:1 혼합물이 얻어지는데 이것을 전화당(invert sugar)이라고 한다.

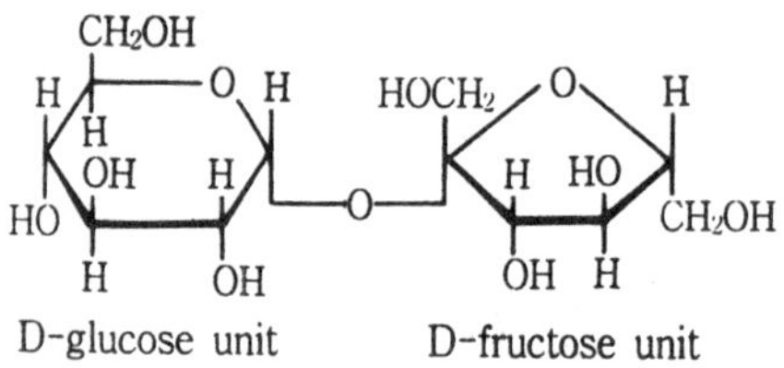

D-glucose unit D-fructose unit

sucrose

② 맥아당(maltose, $C_{12}H_{22}O_{11}$)

맥아당은 맥아즙, 옥수수즙 등에 많이 들어 있으며, 전분이나 글리코겐을 아밀라제(amylase)로 가수분해할 때 생성된다. 맥아당은 환원력을 가지며 2분자의 포도당이 α-1, 4-글루코시드(α-1, 4-glucoside)의 결합으로 연결된 것이다.

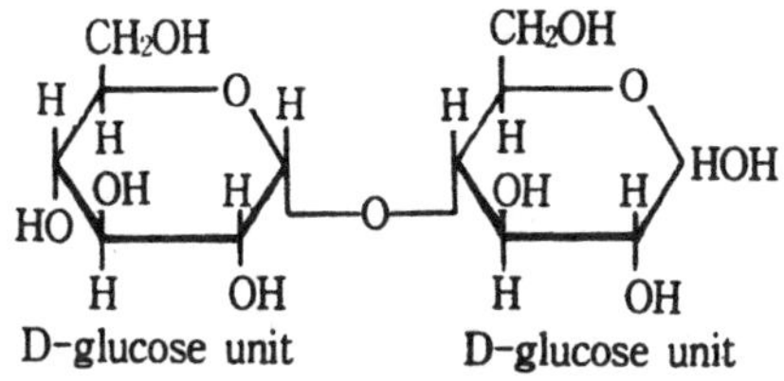

D-glucose unit   D-glucose unit
maltose

③ 유당(lactose, $C_{12}H_{22}O_{11}$)

유당은 포유동물의 유즙 중에 들어 있으며 (모유 6~7%, 우유 4~6%), 식물계에서는 발견되지 않는다. 백색의 분말 또는 결정으로 환원력이 있으며, 공업적으로는 치이즈 제조시에 부산물로서 다량 얻어진다. 유당은 한 분자의 갈락토스와 포도당이 β-1, 4-갈락토시드(β-1, 4-galactoside)로 결합된 것이다.

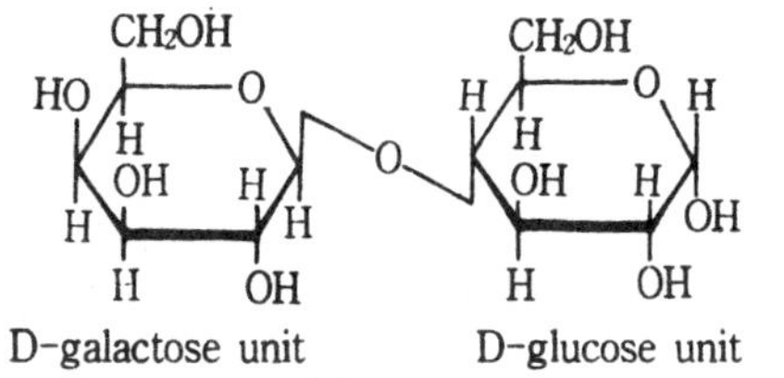

D-galactose unit   D-glucose unit
lactose

유당은 HNO_3로 산화하면 점액당(mucic acid)을 만들며, 보통 효모에 의해서는 발효되지 않으나 젖산균에 의해 분해되어 젖산(lactic acid)을 만든다.

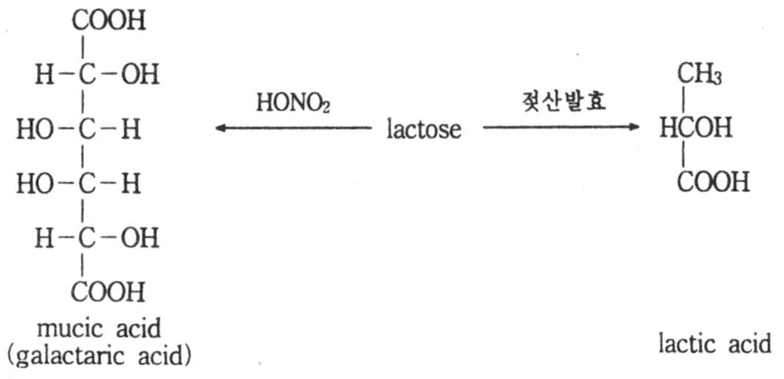

mucic acid
(galactaric acid)

HONO$_2$ ← lactose → 젖산발효

lactic acid

11.3. 다당류

여러 개의 단당류가 탈수축합하여 생긴 화합물로서 살아 있는 유기체에 널리 분포한다. 한 종류의 단당류로 된 다당류를 단순다당류(simple polysaccharide), 두 종류 이상의 단당류로 된 것을 복합다당류(hetero polysaccharide)라고 한다. 육탄당(hexose)으로 구성된 단순다당류를 헥소산(hexosan), 오탄당(pentose)으로 구성된 단순다당류를 펜토산(pentosan)이라고 한다. 다당류를 화학적으로 분류하면 다음과 같다.

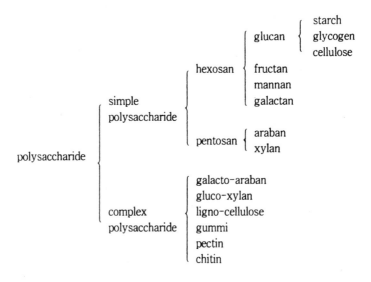

전 분(starch)

전분은 식물의 탄소동화작용에 의해 만들어진 식물의 저장물질로서 감자, 고구마, 옥수수, 쌀 등에 많이 들어 있으며 원료식물의 종류에 따라 그 성질이 다르다. 전분은 여러 분자의 포도당이 결합된 것이며 그것의 결합 모양은 긴 사슬모양과 가지사슬 모양으로 되어 있다.

Meyer(1940년)는 긴 사슬모양을 이룬 전분을 아밀로스(amylose), 가지사슬모양을 이룬 전분을 아밀로펙틴(amylopectin)이라고 했다. 아밀로스는 포도당이 $\alpha-1,4$결합만으로 연결된 긴 사슬모양의 분자로서 전체로는 나선상의 분자형태를 이룬다. 아밀로스는 더운물에 녹으며 녹은 것은 침전이 잘 안되며, 요오드에 의해 청색을 띤다.

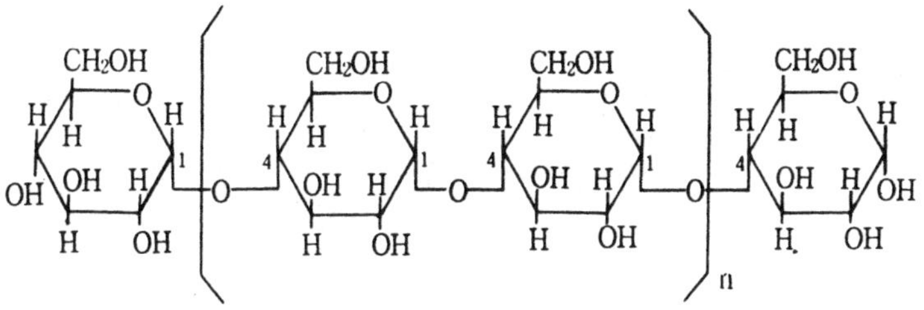

amylose의 구조

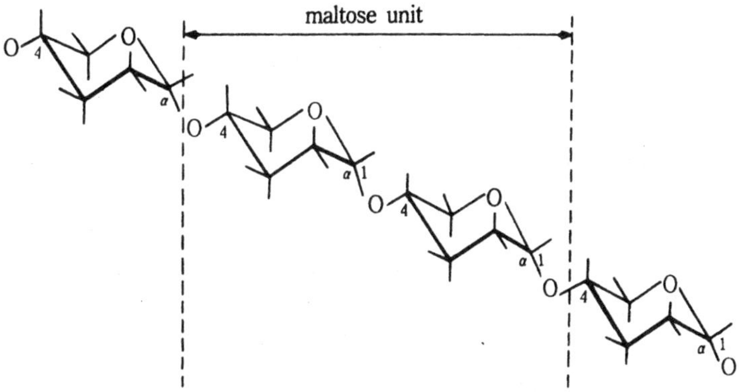

amylose의 입체적 연결 상태

아밀로펙틴은 α-1,4 결합의 여러 곳에 α-1,6 결합의 가지사슬을 가지고 있으며 전체로는 망상의 분자형태를 이룬다. 이것은 더운물에 녹지 않으나 가열하면 호화하고 요오드에 의해 적자색을 띤다.

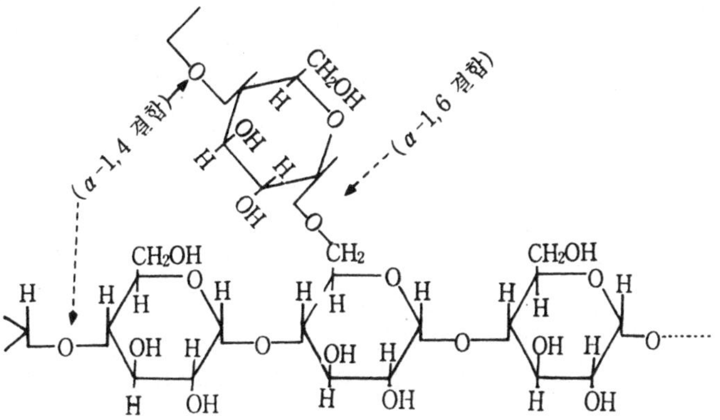

amylopectin의 구조

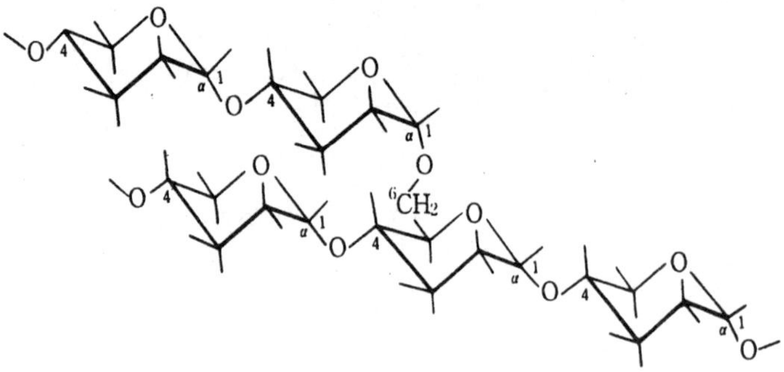

amylopectin의 입체적 연결 상태

글리코겐(glycogen)

글리코겐은 동물성 전분이라고도 하며 포유동물의 간장과 근육 그리고 조개류에 많다. 전분과 같이 포도당만으로 되어 있으며, 그 구조는 아밀로 펙틴과 비슷하나 가지사슬이 더 많고 길이가 짧은 것이 다르다. 생체 내에 섭취된 당질은 일단 글리코겐의 형태로 저장 되었다가 필요에 따라서 사용된다.

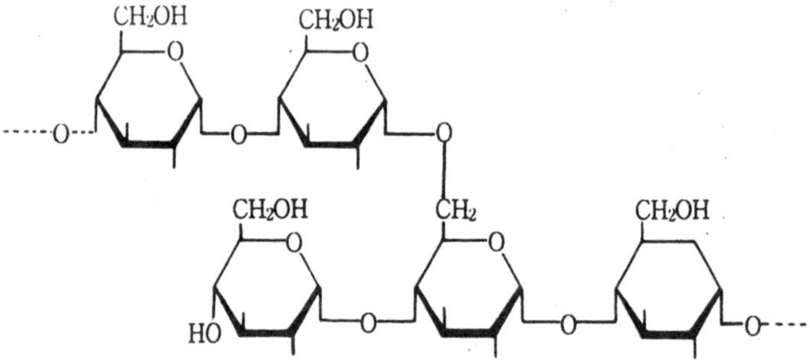

glycogen

섬유소(cellulose)

섬유소는 자연계에 가장 널리 분포되어 있으며 특히 식물체의 중요한 골격물질 및 세포막의 주성분으로서 어린 잎에는 10%, 목재에는 5%, 솜에 는 90%이상 들어 있다. 백색 섬유상으로서 약한 환원성이 있으며, 물, 묽은 산, 묽은 알칼리에 녹지 않으며, 진한 황산에는 쉽게 녹는다. 전분과 같이 D-포도당만으로 구성되어 있으나 β-1,4 결합에 의한 긴 사슬로 연결되어 있다.

cellulose의 구조(분자량 30~50만)

초식동물에 있어서는 장내의 세균에의해 분해되어 일부 흡수 이용되고 있다. 그러나 사람은 섬유소를 소화할 수 없기때문에 영양학적 가치는 없으나 장관의 연동을 촉진시켜 통변을 조절한다.

펙 틴 (pectin)

펙틴은 식물의 뿌리, 과실, 줄기 등에 널리 분포되어 있다. 펙틴은 갈락튜론산(galacturonic acid)의 메틸 에스터(methyl ester)가 다수 중합하여 된 것으로 pH 3.0~3.5에서 설탕과 함께 가열하면 젤리(jelly)화하는 성질이 있어 식품가공에 이용되기도 한다.

pectin 중의 galacturonic acid의 결합 상태

이눌린 (inulin)

이눌린은 돼지감자, 다알리아의 뿌리, 백합뿌리 등에 많이 들어 있는 다당류로서 가수분해에 의해 과당을 생성한다. 냉수에는 녹지 않으나 열수에는 쉽게 녹는다. 이눌린은 환원성은 없으며, 요오드 반응도 나타내지 않는

다. 여러 분자의 과당이 연결되어 있으며 구조는 가지가 없는 긴 사슬로
되어 있다.

알긴산 (alginic acid)

알긴산의 Ca, Mg염은 다시마, 미역 등의 갈조류에 많이 들어 있다. β
-D-만뉴론산(β-D-mannuronic acid)이 β-1,4 결합으로된 다당류로서 식
품공업의 안정제, 피복의 방수 도료 등에 이용된다.

β-D-mannuronic acid   alginic acid

키 틴 (chitin)

키틴은 곤충이나 새우, 게 등의 껍질성분이며 아미노당(amino sugar)이
아세틸화한 N-아세틸글루코사민(N-acetyl glucosamine)으로 되어 있는 다
당류이다.

chitin   N-acetyl-2-amino-
                         2-deoxyglucose

카라기난 (carageenan)

카라기난은 홍조류의 일종인 *chondrus cripus*의 세포벽 구성성분이다.

D-포도당과 3,6-무수-D-갈락토스(3,6-anhydro-D-galactose)가 구성 단당
류이며 황산기를 가지고 있어 (-)전하로 하전되어 있으므로 (+)전하를 가
지고 있는 단백질분자 등과 반응하면 점도가 증가하고 젤(gel)을 만들어
유탁액이나 현탁액을 안정화하는 작용이 있으므로 의약이나 식품공업의
안정제로 사용된다.

제 11 장 연습문제

1. 당류란 무엇인가? 화학적으로 설명하라.

2. 다음 낱말을 설명하여라.
   ① aldose   ② ketose
   ③ invert sugar   ④ simple polysaccharide
   ⑤ complex polysaccharide   ⑥ pentosan
   ⑦ hexosan

3. 포도당은 D-(+)-glucose라 부르는데 D(+)의 기호의 의미를 설명하라.

4. Glucose와 fructose의 구조식을 써라.

5. Gluose와 fructose, sucrose, maltose, starch에 대해 다음 사항을 비교하여라.
   ① 맛   ② 환원성   ③ 발효   ④ 물에 대한 용해도
   ⑤ 가수분해 생성물

6. Glucose에 phenylhydrazine을 작용했을 때의 화학식을 써라.

7. Gluconic acid와 glucaric acid는 어떻게 다른가?

8. Starch를 묽은 산으로 가수분해시키면 어떤 변화가 생기는가?

지 방 질

　지방질은 식물이나 동물의 구성성분 및 저장물질이며 생체내의 중요한
영양물질의 하나이다. 일반적으로 지방질은 물에 녹지않으나, 유기용매(에
테르, 클로로포름, 벤젠 등)에 잘 녹으며 에스테르 등의 형태로서 지방산과
관련을 가지고 있으며, 천연물에서 얻으려면 압착법, 용출법 및 유기용매에
의한 추출법 등을 이용하고 있다.

　지방질은 Bloor(1925년)에 의하여 다음과 같이 분류되었다.

　1) 단순지질(simple lipid)

　① 유지류 (glyceride) : fat(고체), oil(액체)

　② 왁스(wax)류

　2) 복합지질(compound lipid 또는 conjugated lipid)

　① 인지질(phospholipid)

　② 당지질(glycolipid)

　③ 유황지질(sulfolipid)

　④ 아미노지질(aminolipid)

　3) 유도지질(derived lipid)

　① 글리세린(glycerin)

　② 지방산(fatty acid)

③ 고급 알코올

④ 스테롤(sterol)

12.1. 지방산

지방산(fatty acid)은 지질의 가수분해로 얻어지는 최종물질 중의 하나이다. 대부분의 지방산은 탄소 2~20개가 연결된 직쇄의 유기산이다.

표 12-1에서 보는 바와 같이 자연에 존재하는 지방산은 탄소수가 대부분 짝수로 되어 있으며 포화지방산과 불포화지방산으로 나눈다.

표 12-1 천연 지방 중의 중요한 지방산

지 방 산	화 학 식	소 재
saturated fatty acids		
butyric acid	C_3H_7COOH	버 터
caproic acid	$C_5H_{11}COOH$	버 터
caprylic acid	$C_7H_{15}COOH$	야자유
capric acid	$C_9H_{19}COOH$	종려유
lauric acid	$C_{11}H_{23}COOH$	야자유
myristic acid	$C_{13}H_{27}COOH$	야자유
palmitic acid	$C_{15}H_{31}COOH$	동물 및 식물성유
stearic acid	$C_{17}H_{35}COOH$	동물 및 식물성유
arachidic acid	$C_{19}H_{39}COOH$	땅콩유
unsaturated fatty acids		
palmitoleic acid(1=)	$C_{15}H_{29}COOH$	버 터
oleic acid(1=)	$C_{17}H_{33}COOH$	올리브유
linoleic acid(2=)	$C_{17}H_{31}COOH$	아마인유
linolenic acid(3=)	$C_{17}H_{29}COOH$	아마인유
arachidonic acid(4=)	$C_{19}H_{31}COOH$	레시틴

포화지방산 중 탄소수가 10개인 카프르산(capric acid)까지는 실온에서 액체이고 탄소수가 그 이상의 것은 고체이다.

대부분의 식물성기름과 동물성기름에서 찾아볼 수 있는 팔미트산과 스테아린산은 포화지방산 중에서 가장 중요한 것이다. 불포화지방산 중에서

대표적인 것은 올레산으로서 9번 탄소와 10번 탄소 사이에 이중결합이
존재한다.

$$CH_3(CH_2)_7CH=CH(CH_2)_7COOH$$
$$oleic\ acid$$

이중결합이 둘 이상인 리놀레산, 리놀레닌산, 아라키돈산은 인체내에서
합성되지 않으며 또한 영양학적으로 꼭 필요한 것으로 음식물에서 섭취해
야 하므로 이들을 필수 지방산(essential fatty acid)이라고 부른다.

12.2. 중성지방

지방은 지방산과 글리세롤의 에스테르이다. 이를 글리세리드(glyceride)
라고 하는데 중성 지방에서는 일반적으로 3분자의 지방산과 1분자의 글리
세롤이 결합하여 이루어진 트리글리세리드로 존재한다.

$$
\begin{array}{ccc}
 & & O \\
 & & \parallel \\
\alpha & H_2C-O-C-R_1 \\
 & & | \\
 & & O \\
 & & \parallel \\
\beta & HC-O-C-R_2 \\
 & & | \\
 & & O \\
 & & \parallel \\
\alpha\ ' & H_2C-O-C-R_3 \\
\end{array}
$$

triglyceride

트리글리세리드는 그 구성 지방산 R_1, R_2, R_3의 변화로 여러 가지 종류
의 지방이 되는데 트리스테아린(tristearin), 트리올레인(triolein) 등과 같이
R_1, R_2, R_3가 모두 같은 것을 단순 글리세리드라고 하고, 이들 R_1, R_2, R_3가
각기 다른 것을 혼합 글리세리드라고 한다. 천연에서 많이 볼 수 있는 중
성 지방은 혼합 트리글리세리드이며, 디글리세리드와 모노글리세리드도 다
소 존재한다.

혼합 글리세리드의 경우 예를 들면 R_1 : 올레산(oleic acid), R_2 : 스테아르산(stearic acid), R_3 : 팔미트산(palmitic acid)인 것을 α-올레일-β-스테아릴-α'-팔미틴(α-oleyl-β-stearyl-α'-palmitin)이라고 명명한다.

포화지방산으로 이루어진 지방은 불포화지방산으로 이루어진 지방보다 융점이 높다. 또한 식물성지방은 동물성지방에서보다 불포화지방산이 많다.

12.3. 지방의 반응

아크롤레인(acrolein) 반응

글리세롤에 탈수제를 넣고 가열하면 독특한 냄새를 풍기는 아크롤레인을 만든다. 이와 같은 반응으로 지방을 검출한다.

$$
\begin{array}{ccc}
\text{CH}_2\text{OH} & & \text{H}-\text{C}=\text{O} \\
| & & | \\
\text{CHOH} & \xrightarrow{\quad\text{KHSO}_4\quad} & \text{CH} \;+\; 2\text{H}_2\text{O} \\
| & & \| \\
\text{CH}_2\text{OH} & & \text{CH}_2 \\
\text{glycerol} & & \text{acrolein}
\end{array}
$$

비누화 반응

글리세리드를 알칼리로 가수분해하는 반응을 비누화 반응(saponification)이라고 하는데 생성물은 글리세롤과 지방산의 금속염 즉 비누가 나온다. 실험실에서는 보통 지방을 알칼리의 알코올 용액에서 반응시킨다.

$$
\begin{array}{ccc}
\underset{\text{tristearin}}{
\begin{array}{l}
\text{CH}_2-\text{O}-\overset{\text{O}}{\overset{\|}{\text{C}}}-\text{C}_{17}\text{H}_{35} \\
| \qquad\quad \overset{\text{O}}{\overset{\|}{}} \\
\text{CH}-\text{O}-\overset{}{\overset{\|}{\text{C}}}-\text{C}_{17}\text{H}_{35} \\
| \qquad\quad \overset{\text{O}}{\overset{\|}{}} \\
\text{CH}_2-\text{O}-\overset{}{\overset{\|}{\text{C}}}-\text{C}_{17}\text{H}_{35}
\end{array}}
& +\;3\,\text{NaOH} \longrightarrow &
\underset{\text{glycerol}}{
\begin{array}{l}
\text{CH}_2\text{OH} \\
| \\
\text{CHOH} \\
| \\
\text{CH}_2\text{OH}
\end{array}}
\;+\; 3\text{C}_{17}\text{H}_{35}\text{C}-\text{ONa}
\end{array}
$$

sodium stearate (soap)

지방산의 나트륨염을 경질비누라 하고 칼륨염을 연질비누라고 한다. 유지는 정량적으로 비누화된다. 1g의 유지를 비누화하는데 소요된 수산화칼륨의 mg수를 비누화값(saponification number)이라고 하며, 이것으로 유지의 평균 분자량이나 지방산의 탄소 길이를 알 수 있다. 유지의 비누화값이 클수록 유지가 짧은 사슬 즉 분자량이 적은 글리세리드로 이루어졌음을 알 수 있다.

수소 첨가 반응

불포화지방산은 수소를 첨가하여 줌으로써 포화지방산으로 된다. 니켈을 촉매로하여 올레산에 수소를 첨가시키면 스테아르산으로 된다.

$$CH_3(CH_2)_7CH=CH(CH_2)_7COOH \xrightarrow{H_2} CH_3(CH_2)_7CH_2CH_2(CH_2)_7COOH$$

oleic acid　　　　　　　　　　strearic acid

이와 같은 원리로 불포화지방산을 다량 함유하고 있는 어유를 원료로하여 마아가린(margarin) 등을 제조한다. 이러한 과정을 경화(hardening) 또는 쇼트닝(shortening)이라고 한다.

가수소 분해

유지에 수소를 첨가할 때 포화지방산 형성에 지나치도록 수소가 첨가되면 에스테르 결합에 가수소분해(hydrogenolysis)가 일어나서 아래의 예에서 보는 바와 같이 긴 사슬의 포화 알코올이 생긴다.

tripalmitin　　　　　cetyl alcohol　　　glycerol

이 때 생긴 알코올은 합성세제를 만드는 데 이용한다. 가수소분해에 있어서 촉매로서 크롬산아연을 쓰면 분자 중의 불포화 결합에 수소첨가가 되지 않은 상태로 수소분해가 일어난다. 즉 이렇게 하면 불포화의 긴 사슬을 가진 알코올이 얻어진다. 예로써 올레인(olein)에서 올레일알코올이 생긴다.

$$CH_3(CH_2)_7CH=CH(CH_2)_7CH_2OH$$
oleyl alcohol

할로겐화 반응

불포화지방산에 할로겐 원소를 반응시키면 그 불포화 결합 부분에 할로겐이 쉽게 결합된다. 불포화지방산의 이중결합 수를 측정하기 위해서는 요오드값(iodine number)을 사용하는데, 이는 100g의 지방질에 첨가되는 요오드의 g수로 정의한다.

$$CH_3(CH_2)_7CH=CH(CH_2)_7COOH \xrightarrow{\text{I}_2} CH_3(CH_2)_7-\overset{\overset{\displaystyle H}{|}}{\underset{\underset{\displaystyle I}{|}}{C}}-\overset{\overset{\displaystyle H}{|}}{\underset{\underset{\displaystyle I}{|}}{C}}-(CH_2)_7COOH$$

oleic acid

diiodostearic acid

산 패

지방질을 공기중에 오래 방치해두면 불유쾌한 냄새가 나고 맛이 변하는데 이와 같은 산패(rancidity)의 원인은 2가지로 나누어 생각할 수 있다. 즉 가수분해로 인한 것과 산화에 의한 것이다. 완만한 가수분해로 인한 산패는 보통 효소나 미생물에 의해서 진행되며 지방산이 유리된다. 만약 이들 지방산이 부티르산과 같이 짧은 쇄상의 것이라면 산패한 냄새와 맛을 갖게 된다. 이런 종류의 예로는 버터 등의 산패를 들 수 있다. 다음으로 산패의 가장 일반적인 형태는 산화에 의한 것이다. 지방의 불포화지방산에서 이중결합 부분에 산화가 일어난다. 즉 산소와의 결합으로 과산화물, 휘발성 알데히드, 케톤 및 유기산을 만들게 된다. 열, 빛, 습기 및 공기는 산화성 산패작용을 촉진시킨다.

이와 같은 산화에 의한 산패를 억제하는 작용을 하는 항산화제(antioxidant)가 식품 공업에서 중요하게 쓰이고 있다.

건 조

어떤 유지의 얇은 층은 공기 중에서 굳어 견고한 피막을 형성하는데 이것을 건조라고 한다. 유지의 건조는 증발에 의한 현상이 아니고 공기 중의 산소와 유지가 산화와 중합 등 일련의 복잡한 반응을 일으켜서 피막을 형성한다. 특히 고도로 불포화된 기름이 건조성이 크다. 이를 건성유라고 한다.

오동나무 기름이나 콩기름은 건조성이 크고, 특히 아마인유는 건조가 빠르다. 그리고 아마인유에 잘 용해되는 코발트, 마그네슘 또는 납(Pb)의 염 등을 넣고 끓이면 건조가 더욱 빨라진다. 유성도료(oil paint)는 아마인유 속에 아주 고운 분말로 된 안료를 혼합한 것이다.

12.4. 납

납(wax)에는 밀납(bees wax), 카나우바납(carnauba wax), 스펌유(sperm oil) 및 라놀린 등이 있다.

이들은 14~34개의 탄소를 가지고 있는 고분자량의 알코올과 고급지방산과의 에스테르이다. 밀납의 주성분은 팔미트산미리실($C_{15}H_{31}CO_2C_{30}H_{61}$)이고 카나우바납은 세로트산미리실($C_{25}H_{51}CO_2C_{30}H_{61}$)이다. 납은 유지보다 일반적으로 부스러지기 쉽고, 더 단단하며 덜 매끄럽다. 납은 윤을 내는 데 사용되며 기타 화장품, 고약, 의약품 및 음반을 만드는 데 쓰인다.

12.5. 인지질

인지질(phospholipid)은 복합지질 중에서 가장 많은 형태로서 각기 다른 알코올과 포스파티드산(phosphatidic acid)이 결합하여 형성된 에스테르이다. 이들 예로는 레시틴과 세파린 등이 있다.

$$
\begin{array}{c}
\overset{O}{\underset{\parallel}{}} \quad \alpha' \, CH_2-O-\overset{\overset{O}{\parallel}}{C}-R \\
R'-\overset{\overset{O}{\parallel}}{C}-O-CH\beta \quad\quad OH \\
\alpha\, CH_2-O-\overset{}{P}-OH \\
\overset{}{\underset{O}{\parallel}}
\end{array}
$$

$$
\begin{array}{c}
\alpha' \quad CH_2-O-\overset{\overset{O}{\parallel}}{C}-R \\
\beta \quad HC-O-\overset{\overset{O}{\parallel}}{C}-R' \\
OH \\
\alpha \quad CH_2-O-\overset{}{P}-OH \\
\overset{}{\underset{O}{\parallel}}
\end{array}
$$

L-α-phosphatidic acid　　　　　D-α-phosphatidic acid

포스파티드산은 α' 와 β 위치에 지방산과 결합되어 있고 α 위치에는 인산과 결합되어 있다. 포스파티드산에서 β 탄소는 부제탄소이다.

12.6. 스핑고지질

스핑고지질(sphingolipid)은 지방산과 스핑고신(sphingosine)으로 형성된 세라미드(ceramide)라고 부르는 아미드이다.

$$
\begin{array}{l}
CH_3-(CH_2)_{11}-CH_2-CH \\
\quad\quad\quad\quad\quad \underset{}{\parallel} \\
\quad\quad\quad HC-CH-CH-CH_2-OH \\
\quad\quad\quad\quad | \quad\quad | \\
\quad\quad\quad HO \quad NH \quad\quad\quad sphingosine \\
\quad\quad\quad\quad\quad\quad | \\
\quad\quad\quad\quad\quad\quad R \quad\quad\quad\quad ceramide
\end{array}
$$

12.7. 당지질

당지질(glycolipid)은 탄수화물과 결합되어 있는 지질을 말한다.

세레브로시드(cerebroside)

세레브로시드는 뇌와 신경 조직에 있으며 이것을 가수분해하면 스핑고신, 갈락토스 및 지방산이 각각 1몰씩 생성된다. 대표적인 세레브로시드의 구조는 다음과 같다.

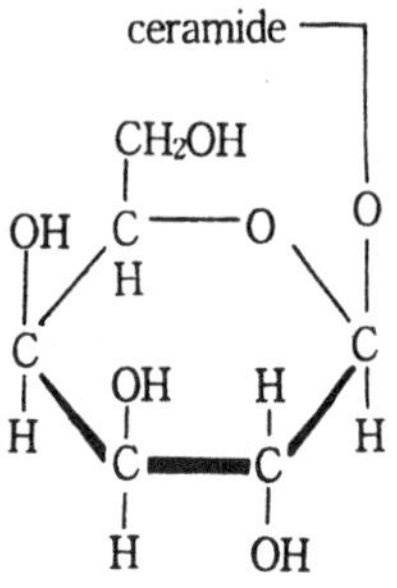

cerebroside

12.8. 스테로이드

스테로이드(steroid)는 모든 살아 있는 세포에 존재하는 고분자량의 시클릭 알코올 유도체이다. 스테로이드는 알칼리 가수분해로 비누화 반응이 일어나지 않는 조직의 지질 속에 포함되어 있다. 모든 스테로이드 물질의 모체가 되는 탄화수소 화합물은 시클로펜타노페난트렌(cyclopentanophenanthrene)핵인데 이를 스테롤(sterol)핵이라고도 한다.

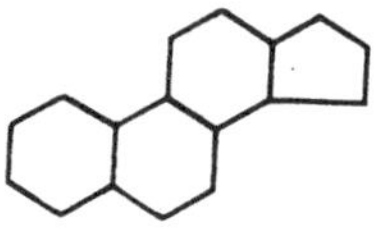

sterol 핵

동물 조직에서 가장 일반적인 스테롤은 콜레스테롤로서 뇌와 신경 조직에 많고 담석의 주된 구성물질이다. 정상적인 혈액에는 혈액 100ml 중에

200mg정도의 콜레스테롤이 함유되어 있다. 콜레스테롤은 심맥관계 질환과
관계가 깊고 담석증의 원인이 되기도 한다.

콜레스테롤은 무수초산과 건성 클로로포름 속의 황산 용액과 작용하여
초록색을 나타낸다. 이 반응은 콜레스테롤의 정성 정량 분석의 기초가 되
며 리베르만-부차드(Liebermann-Burchard) 반응이라고 한다. 또한 콜레스
테롤은 성 호르몬, 부신피질 호르몬 및 비타민 D의 전구체(precursor)이다.

cholesterol

12.9. 세포막의 구조

많은 세포의 성분들은 세포내에 국한되어야 하며 외부환경의 물질로부
터 분리되어 있어야 한다. 세포막은 세포를 그들의 환경으로부터 분리시킴
으로서 개체성을 부여하게 한다. 세포막은 다른 물질의 통과를 막는 벽이
아니라 선택적으로 통과시키는 선택성이 큰 투과장벽이다. 이러한 성질 때
문에 세포내의 분자 및 이온들의 농도를 조절하며, 다른 대사반응이 일어
나도록 독특한 기능을 매개한다. 세포막은 유동성 구조물이다. 세포막에
따라 구성성분은 현저하게 다르지만, 전형적인 세포막은 리피드(40%)와 단
백질(60%)를 가지고 있다. 세포막의 리피드는 주로 글리세로포스포리피드
(glycerophospholipid)와 스핑고리피드(sphingolipid) 같은 극성기를 가진 것
들이다.

이들 극성리피드는 극성부분과 긴 탄화수소부분을 가지고 있다. 큰 탄화
수소 부분 때문에 물에 대한 용해도는 거의 없으나, 물에 흔들어 주면 리
포솜(liposomes)이라는 구조물을 형성하여 물에 분산된다. 그림 12-1과 같
은 리포솜은 작은 물방울을 둘러 싸면서 이중막을 형성한다. 극성부분은

리포솜의 내외부에서 물과 접촉하여 최대한 상호작용이 가능하게 한다. 탄화수소는 이중막의 내부에서 물과 접촉을 피하게 된다.

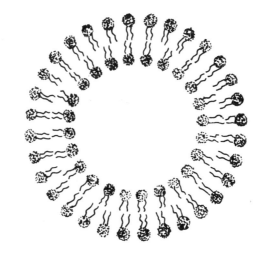

그림 12-1 리포솜 : 리피드분자의 이분자층

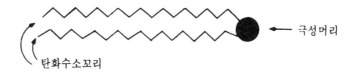

그림 12-2와 같이 세포막의 골격도 이분자층의 구조로 이루어져 있다. 다양한 단백질들이 막의 양면에 끼어있으며, 막면에서 신속하게 확산될 수 있다.

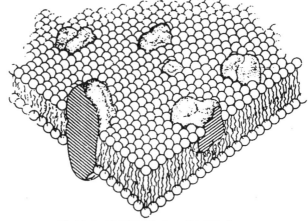

그림 12-2 제한된 막의 모형(이중막)

물은 극성리피드의 이중막을 통과할 수 있으나, 이온이나 많은 극성, 수용성 물질 즉, 탄수화물과 아미노산 같은 것은 통과할 수 없다. 막 횡단 단백질들은 이온의 통로역할을 할 수 있다. 극성물질의 수송은 무극성 환경에서도 존재할 수 있는 형태로 변하여야 한다. 이것은 이온이 고리폴리에테르와 착화합물을 이루어서, 유기용매에서도 잘 녹을 수 있도록하는 것과 같은 방법을 이용한다고 생각되며, 실제로 어떤 항체들은 착화물을 형성함으로서 이온이 막을 통과한다.

제 12 장 연습문제

1. 다음 각 화합물의 구조식을 적어라.
   ① magnesium oleate　　　② calcium stearate
   ③ myristyl linoleate　　　④ cetyl alcohol

2. 건성유라함은 어떤 것을 말하며 요오드값은 어떤 때에 사용되고 있는가를 설명하라.

3. 유지를 분석하는데는 흔히 비누화값과 요오드값을 사용하고 있는데 이들을 간단히 설명하라.

4. 수소첨가와 가수분해와는 어떻게 다른가를 예를 들어 설명하라.

5. 유지와 wax는 어떻게 다른가를 간단히 설명하여라.

6. 유화제라 함은 어떤 것을 말하는가? 이를 간단히 설명하라.

단백질과 핵산

단백질은 동물, 식물, 미생물 등 모든 생체조직의 기본성분을 이루는 한편 교묘한 생리현상의 열쇠가 되는 효소(enzyme) 또는 호르몬(hormone)이나 다른 생리활성물질도 형성하는 매우 중요한 구실을 하고 있다. 따라서 1839년 네델란드의 생리학자 Mulder는 단백질을 영어로는 프로테인(protein, 그리스어로 제 1 이라는 뜻)이라고 불렀다. 단백질은 생체에서의 역할에 관계없이 어느 것이나 공통의 중요한 구조적 특징을 가지고 있다. 즉 α-아미노카르복실산의 고분자 중합체이다. 단백질의 아미노산 수는 100정도에서부터 50,000정도에 달하며 그의 분자량은 이것에 대응하여 약 10,000에서 수백만까지이다. 따라서 단백질의 성질을 말하기 전에 그의 구성체인 아미노산에 대해 살펴보도록 한다.

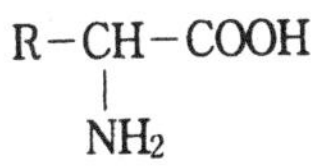

$$R-CH-COOH$$
$$|$$
$$NH_2$$

α-아미노산

$$\cdots\cdots-NH-\overset{\overset{\displaystyle R}{|}}{CH}-\underset{\underset{\displaystyle O}{\|}}{C}-NH-\overset{\overset{\displaystyle R'}{|}}{CH}-\underset{\underset{\displaystyle O}{\|}}{C}-\cdots\cdots$$

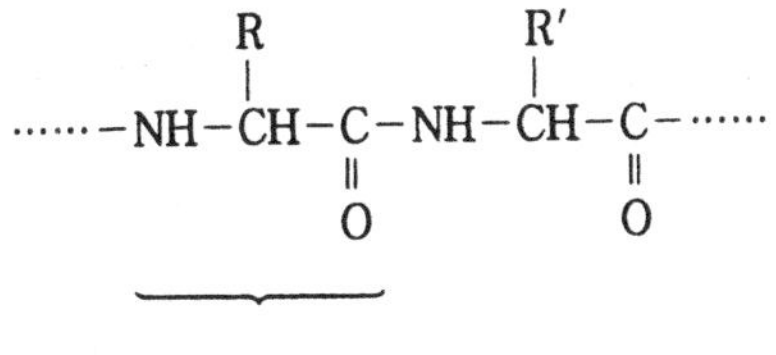

아미노산 단위

13.1. 아미노산

단백질의 구성단위인 α-아미노산은 α탄소에 아미노기를 가진 카르복실산이다. 아미노산은 보통 중성, 염기성, 산성의 3계통으로 나누어진다. 중성 아미노산에는 1개의 아미노기와 1개의 카르복실기가 있고, 서로 균형을 이루어 중성분자를 형성한다. 염기성 아미노산에는 여분의 아미노기가 있어 염기성의 성질을 가지고, 산성 아미노산에는 여분의 카르복실기가 있어 산의 성질을 가진다.

$$R-\underset{\underset{NH_2}{|}}{CH}-COOH \qquad NH_2-\boxed{}-\underset{\underset{NH_2}{|}}{CH}-COOH \qquad HOOC-\boxed{}-\underset{\underset{NH_2}{|}}{CH}-COOH$$

중성 아미노산   염기성 아미노산   산성 아미노산

표 13-1에는 이들 아미노산을 나타내었다. 표에서 보는 바와 같이 이들 아미노산은 α-아미노산으로서의 유사성 이외에는 그 구조에서 큰 차이가 있다. 어느 아미노산은 단순한 지방족으로 (예를들면 글리신, 알라닌, 발린 등), 다른 것은 방향족을(예를 들면 페닐알라닌), 또 수산기(트레오닌)나 카르복실기(아스파라긴 산)와 같이 다른 작용기를 가진 것도 있다. 또 몇몇 아미노산에는 유황이나 헤테로 고리를 포함하고 있다. 표 13-1에 *로 표시한 8개의 아미노산은 생체내에서 합성할 수 없으며 다만 식품에 의해서만 섭취하게 되는 필수아미노산이다. 그런데 대부분의 단백질이 필수 아미노산 전부를 가지고 있지 않으므로 필수아미노산을 섭취하려면 여러 가지 종류의 단백질이 들어 있는 식품을 골고루 먹어야 한다.

성인은 이들 화합물을 1일에 1~2g정도 동식물 단백질의 형태로 섭취해야 한다. 카제인(casein)에는 20종의 아미노산 중 19종과 필수아미노산 전부가 포함되어 있다. 젤라틴(gelatin)은 19종의 아미노산을 포함하고 있지만 필수아미노산인 트립토판이 부족하다.

표 13-1 단백질을 구성하는 아미노산

중성아미노산(아미노기와 카르복실산기의 수가 같음)

명 칭	약 호	구 조 식	등전점
glycine	Gly	$H-CH-COOH$ $\quad\ \ \mid$ $\quad\ \ NH_2$	5.97
alanine	Ala	$CH_3-CH-COOH$ $\qquad\ \mid$ $\qquad\ NH_2$	6.00
serine	Ser	$CH_2-CH-COOH$ $\ \ \mid\qquad \mid$ $\ \ OH\quad NH_2$	5.7
threonine*	Thr	$CH_3-CH-CH-COOH$ $\qquad\ \mid\qquad \mid$ $\qquad\ OH\quad NH_2$	5.64
valine*	Val	CH_3 $\quad\ \ \diagdown CH-CH-COOH$ $CH_3\diagup\qquad \mid$ $\qquad\qquad\ NH_2$	5.96
leucine*	Leu	CH_3 $\quad\ \ \diagdown CH-CH_2-CH-COOH$ $CH_3\diagup\qquad\qquad \mid$ $\qquad\qquad\qquad NH_2$	5.98
isoleucine*	Ile	CH_3CH_2 $\qquad\quad \diagdown CH-CH-COOH$ $\ \ CH_3\diagup\qquad \mid$ $\qquad\qquad\quad NH_2$	5.94
phenylalanine*	Phe	$\bigcirc\!\!-CH_2-CH-COOH$ $\qquad\qquad\quad \mid$ $\qquad\qquad\quad NH_2$	5.48
tyrosine	Tyr	$HO\!-\!\bigcirc\!\!-CH_2-CH-COOH$ $\qquad\qquad\qquad \mid$ $\qquad\qquad\qquad NH_2$	5.66
tryptophan*	Trp	$CH_2-CH-COOH$ $\qquad\quad \mid$ $\qquad\quad NH_2$	5.89
cysteine	Cys	$HS-CH_2-CH-COOH$ $\qquad\qquad \mid$ $\qquad\qquad NH_2$	5.07
methionine*	Met	$CH_3-S-CH_2-CH_2-CH-COOH$ $\qquad\qquad\qquad\qquad \mid$ $\qquad\qquad\qquad\qquad NH_2$	5.74
proline	Pro	COOH (고리구조, N-H)	6.30

산성아미노산(카르복실산기의 수가 아미노기의 수보다 많음)

명 칭	약 호	구 조 식	등전점
aspartic acid	Asp	$HOOC-CH_2-CH-COOH$ 　　　　　　$|$ 　　　　　　NH_2	2.77
glutamic acid	Glu	$HOOC-CH_2-CH_2-CH-COOH$ 　　　　　　　　　$|$ 　　　　　　　　　NH_2	3.22

염기성 아미노산(아미노기의 수가 카르복실산기의 수보다 많음)

명 칭	약 호	구 조 식	등전점
lysine*	Lys	$CH_2-CH_2-CH_2-CH_2-CH-COOH$ $|$　　　　　　　　　　　$|$ NH_2　　　　　　　　　NH_2	9.74
arginine	Arg	$HN-CH_2-CH_2-CH_2-CH-COOH$ $|$　　　　　　　　　　$|$ $C=NH$　　　　　　　NH_2 $|$ NH_2	10.76
histidine	His	$\boxed{}-CH_2-CH-COOH$ $HN　N$　　　　NH_2	7.47

* 필수아미노산

　제인(zein)에는 리신과 트립토판이 부족하다. 따라서 균형 있는 식사에는 보통 수종의 단백원을 써서 전부의 필수아미노산을 필요량 섭취하도록 하는 것이 이상적으로 먹는 방법이 될 수 있다. 오스본(Osborne)이나 멘델 (Mendel) 등의 영양 실험결과를 보면, 대체로 식물성 단백질중에 영양가가 떨어지는 것이 많고 동물성 단백질 중에는 영양가가 높은 것이 많다고 한다. 이것은 동물성단백질 중에는 필수아미노산인 리신, 트립토판, 트레오닌 등이 비교적 많이 함유되어 있으나 식물성 단백질 중에는 함유량이 적게 들어있기 때문이다.

13.2. 아미노산의 성질

　아미노산은 산성의 카르복실기와 엄기성의 아미노기를 갖고 있기 때문에 분자내에서 다음과 같이 양극이온(dipolar ion)을 형성하며 양전하와 음전하를 띠게 된다.

$$R-\underset{\underset{NH_2}{|}}{CH}-COOH \;\rightleftharpoons\; R-\underset{\underset{\overset{\oplus}{N}H_3}{|}}{CH}-COO^{\ominus}$$

비이온화 아미노산   아미노산 양극성이온
(분자내 수소이온의 이동으로 비이온화 아미노산이 양성 아미노산으로 된다.)

아미노산의 양극성 분자 사이에는 강한 인력이 있기 때문에 아미노산이 일반적으로 녹는 점이 높은 고체인 것은 놀라운 것이 아니다.

사실 보통의 아미노산은 가열하면 녹지 않고 분해한다. 이 분해는 일반적으로 150~300℃사이에서 일어난다. 많은 이온성 물질과 같이 아미노산은 무극성의 유기용매보다 물에 녹기 쉽다. 또한 비대칭 탄소원자를 가지며(예외 : 글리신) 양극이온형의 아미노산은 양성물질(amphoteric compound)로서 산 및 염기와 용이하게 반응한다.

염기와 반응시키면 암모늄 치환기 $-NH_3^{\oplus}$이 아미노치환기 $-NH_2$로 변하고 산과 반응시키면 카르복실레이트 치환기 $-COO^{\ominus}$가 카르복실 치환기 $-COOH$로 변한다.

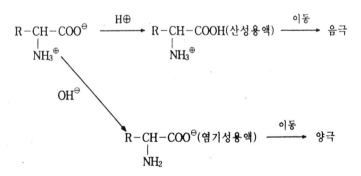

(양극성이온은 양성물질이고 산, 염기 어느쪽과도 반응한다)

따라서 산성용액 즉 H^+이 많은 액에서는 아미노산은 +로 하전하고 염기성용액 즉 OH^-이 많은 액에서는 ﹣로 하전한다. 그리고 그 중간의 어떤

H⁺의 농도, 즉 어떤 pH에서 아미노산의 (+)와 (−)의 전하수가 동일하게
되는 점이 있어 이것을 그 아미노산의 등전점(isoelectric point)이라 부르
며 이 pH값은 개개의 아미노산에 고유한 것이다. 글리신이나 알라닌과 같
은 중성아미노산의 등전점은 pH 5.5에서 pH 6.3사이에 있다. 리신과 같은
염기성 아미노산의 등전점은 훨씬 높은 pH로서 pH 10부근에 있다. 아스
파라긴산과 같은 산성아미노산의 등전점은 pH 3부근의 낮은 pH에 있다.

아미노산이 반대의 극으로 이동하는데 이것을 전기영동(electrophoresis)이
라 한다. 특수한 종이를 이용하여 전기영동을 일으켜서 아미노산을 분리할
수 있는데, 이와 같은 방법을 종이전기영동(paper electrophoresis)이라하며
아미노산, 단백질, 효소의 연구에 이용한다.

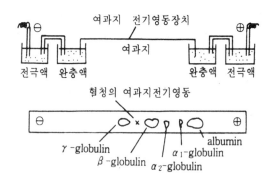

그림 13-1 여과지에 의한 혈청 단백질의 전기영동

아미노산은 좋은 맛을 가지는 것이 많으며, 다시마의 맛이 글루타민산인
것은 잘 알려져 있고, 간장이나 된장의 감칠맛도 그 중에 들어 있는 아미
노산에 의한 것이다.

13.3. 아미노산의 합성

아미노산은 생물학적으로 매우 중요하므로 그것을 합성하는 방법이 많
이 개발되어 있다. 여기서는 여러 아미노산의 합성에 응용될 수 있는 방법
을 두가지로 설명하였다.

α-브로모카르복실산과 암모니아 반응

$$R-CH_2COOH + Br_2 \xrightarrow{\text{red P}} R-\underset{\underset{Br}{|}}{C}HCOOH + HBr$$

$$R-\underset{\underset{Br}{|}}{C}HCOOH + NH_3 \xrightarrow{\text{P}} R-\underset{\underset{NH_2}{|}}{C}HCOOH + HBr$$

인(P) 촉매 존재하에 카르복실산과 브롬을 반응시키면 α-브로모카르복실산이 얻어진다. 이 α-브로모카르복실산을 암모니아로 처리하면 대응하는 α-아미노산이 만들어 진다.

스트랙커(Strecker) 합성

$$R-CHO + HCN + NH_3 \longrightarrow R-\underset{\underset{NH_2}{|}}{C}H-CN$$
$$\alpha\text{-아미노 니트릴}$$

$$R-\underset{\underset{NH_2}{|}}{C}H-CN \xrightarrow{H_3O^{\oplus}} R-\underset{\underset{NH_2}{|}}{C}H-COOH$$
$$\alpha\text{-아미노산}$$

알데히드에 HCN를 부가시키는 반응은 이미 설명하였으며 같은 반응으로 암모니아의 존재하에 행하면 α-아미노니트릴이 생성되고, 이것을 산의 수용액으로 가수분해하면 α-아미노산이 얻어진다.

13.4. 아미노산의 반응

아미노산은 아미노기와 카르복실기에서 특징적인 다수의 화학반응을 한다. 아미노산의 카르복실기는 알코올과 반응하여 에스테르를 만드는데 피서(Fischer)법은 이러한 에스테르를 분별증류하여 아미노산을 분리하는데 이용된다.

$$R-CH-COOH + CH_3CH_2OH \xrightarrow{\text{H}^+} R-CH-COOCH_2CH_3 + H_2O$$

(NH₂ 아래)

다음에 기술한 2종의 반응은 아미노산의 분석에 관련하여 특히 중요하다.

아질산과의 반응

$$R-CH-COOH \xrightarrow[H_2O]{HNO_2} R-CH-COOH + N_2\uparrow + H_2O$$

제 1급 지방족아민과 아질산의 반응은 이미 설명하였으며 이 반응을 이용하여 아미노산 시료중의 유리 아미노기의 양을 결정할 수 있다. 이 반응은 반스라이크(Van slyke)법으로 알려져 있으며, 발생하는 질소가스를 모아서 그의 용적을 재는 방법으로 행한다. 기체의 법칙을 쓴 간단한 계산으로 원래의 시료에 존재하는 아미노기의 몰수를 결정할 수 있다.

난히드린과의 반응

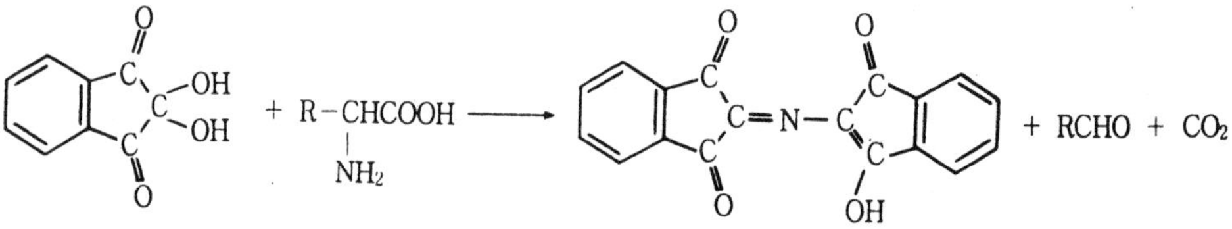

닌히드린   청자색

닌히드린(ninhydrin)은 아미노산과 반응하여 청자색의 생성물을 만든다. 이 반응의 부생성물은 원래의 아미노산보다 탄소 1개 적은 알데히드와 이산화탄소이다.

닌히드린 반응은 청자색 생성물의 농도를 비색계로 측정하여 아미노산의 정량분석에 사용된다. 닌히드린 반응은 종이크로마토그래피(paper chromatography)로 분리한 아미노산을 눈으로 볼 수 있기 때문에 실험실에서 이것의 위치와 종류를 검출하는데 널리 사용되고 있다.

13.5. 펩티드

아미노산의 아미노기가 제 2 의 아미노산의 카르복실기와 반응하여 아미드를 생성할 때 생성물을 펩티드(peptide)라고 한다. 3 개의 아미노산이 동일하게 결합하면 트리펩티드(tripeptide)가 생기고, 4 개의 아미노산에서는 테트라 펩티드(tetra peptide)가 생긴다. 다수의 아미노산이 펩티드 결합으로 연결된 생성물은 폴리펩티드(polypetide)라 부르고 있다. 단백질은 적어도 100개 이상의 아미노산으로 이루어진 폴리펩티드인데, 실제로는 단백질과 폴리펩티드 사이에는 명확한 경계가 없다.

펩티드 중의 유리아미노기를 가진 아미노산을 N-말단잔기(N-terminal residue)라 부르며 펩티드의 왼쪽 끝에 쓴다. 마찬가지로 유리의 카르복실기를 가진 아미노산은 C-말단잔기(C-tetminal residue)라 부르며 펩티드의 오른쪽 끝에 쓴다. 트리펩티드를 예로 들면 다음과 같이 된다.

$$\underbrace{NH_2-CH-C}_{N\text{-}말단잔기}-NH-CH-C-NH-\underbrace{CH-COOH}_{C\text{-}말단잔기}$$

펩티드를 명명하는 데는 N-말단 아미노산에서 시작하여 이름을 붙이되 C-말단잔기 이외의 아미노산 전부에 대해 어미 -ine을 -yl로 바꾸고 C-말단 아미노산잔기의 이름을 붙이면 된다.

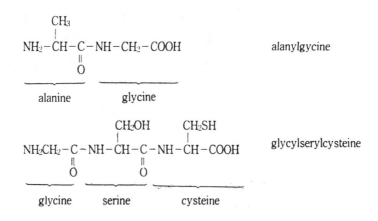

때로는 펩티드의 상세한 구조식이 필요치 않고 단지 구성 아미노산의 표준약호를 사용한 표시로도 충분하다. 예를 들면 테트라펩티드의 이소로이실 리실 메티오닐 티로신(isoleucyllysylmethionyltyrosine)은 다음식으로 표시할 수 있다.

Ileu-Lys-Met-Tyr

이 모양의 표시방법에서도 N-말단잔기를 왼쪽에 C-말단잔기를 오른쪽에 쓴다.

여러가지 펩티드가 단백질의 부분 가수분해물로 부터 분리되고 있지만, 천연에도 다수의 펩티드가 있으며 잘 알려진 생물학적 기능을 갖고 있다.

다음에 천연에서 생성되는 펩티드를 그 구조식과 생물학적 기능을 포함하여 몇 가지 열거하였다.

글루타티온(glutathione : 글루타밀시스테이닐글리신<glutamylcysteinylglycine>)은 동물성 세포에 널리 분포하며 효모에서 분리할 수 있다. 이것은 생화학적 산화·환원 반응의 촉매로서 관여한다.

카로신(carosine : 알라닐히스티딘<alanylhistidine>)은 사람이나 동물의 근육중에 존재한다. 그의 생리학적 역할은 명확히 알 수는 없지만, 근육의 운동 중 생리적 pH범위를 유지하기 위한 완충제로서 작용하는 것 같다.

옥시토신(oxytocin)은 시클로논나펩티드(cyclononapeptide)로 뇌하수체 호

르몬이며 자궁수축 및 유즙분비를 자극하는 호르몬이다. 이것은 자궁수축을
자극하기 위한 주사약으로 쓰이고 있다.

```
Cys - Tyr - Ileu
 |             |
 S             |
 |             |
 S             |
 |             |
Cys - Asp - Glu
 |
Pro - Leu - Gly
```

oxytocin

바시트라신 A(bacitracin A)는 도데카펩티드(dodecapeptide)로 미생물이
생산하는 항생물질이다. 이것은 특수 아미노산인 오르니틴(ornithine)을 포
함한다.

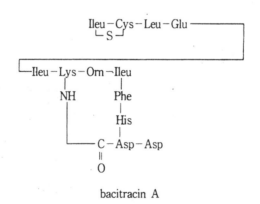

bacitracin A

$$NH_2 - CH_2CH_2CH_2CH - COOH$$
$$| $$
$$NH_2$$

ornithine

13.6. 펩티드의 구조결정

펩티드의 구조를 결정하는 데는 우선 펩티드사슬의 완전 가수분해를 행하는 것이 보통이다. 펩티드를 염산과 환류하면 펩티드 결합은 전부 절단된다. 생성된 가수분해물에 대해 그 중의 아미노산의 종류와 양을 분석한다. 예를 들면 트리펩티드인 글리실세릴시스테인(Gly-Ser -CySH)을 완전 가수분해한 후 분석하면, 글리신(glycine), 세린(serine), 시스테인(cysteine)이 1 mol씩 포함되어 있는 것을 알수 있다. 그러나 이 분석으로 부터는 이들 아미노산이 어떠한 순서로 결합하여 펩티드로 되어 있는지는 알 수 없으며 이것을 결정하는 것은 간단하지 않다. 사실 3종의 아미노산에서 생성하는 펩티드는 6종류가 가능하다. 글리신, 세린, 시스테인을 각각 G, S, C로 표시하면, 6종의 가능한 트리펩티드는 GSC, GCS, CGS, CSG, SGC, SCG가 된다.

말단기 분석

2, 4-디니트로플루오르벤젠(2, 4-dinitrofluorobenzene : DNFB)은 펩티드의 N-말단잔기의 유리 아미노기와 다음과 같이 반응한다.

$$NO_2 \text{—} \bigcirc \text{—} F \ + \ NH_2-Gly-Ser-CySH \longrightarrow$$

DNFB N-말단잔기

$$NO_2 \text{—} \bigcirc \text{—} NH-Gly-Ser-CySH \ + \ HF$$

DNP유도체

생성물은 펩티드의 디니트로페닐(dinitrophenyl, DNP)유도체이다. 이

DNP유도체를 가수분해하면 DNP치환기는 N-말단잔기에 결합한대로 그
아미노산의 DNP유도체를 생성한다. 아미노산의 DNP유도체는 쉽게 분리,
확인되기 때문에 이방법은 N-말단잔기를 결정할 수 있다.

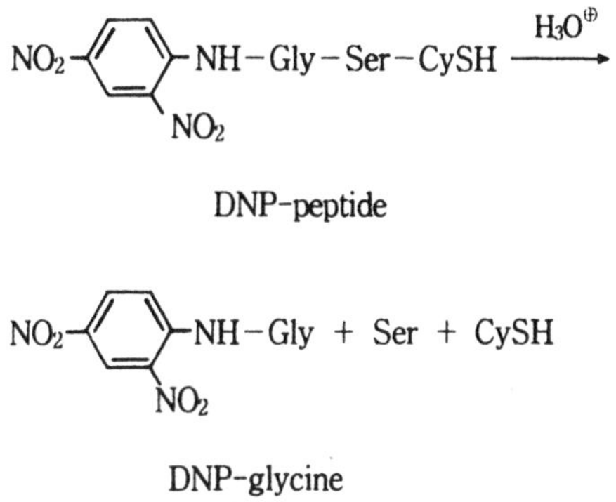

$$NO_2-\!\!\!\bigcirc\!\!\!-NH-Gly-Ser-CySH \xrightarrow{H_3O^{\oplus}}$$

DNP-peptide

$$NO_2-\!\!\!\bigcirc\!\!\!-NH-Gly + Ser + CySH$$

DNP-glycine

펩티드의 C-말단아미노산은 효소 카르복시펩티다아제(carboxypeptidase)를
사용하면 펩티드 사슬로부터 선택적으로 다음과 같이 절단된다.

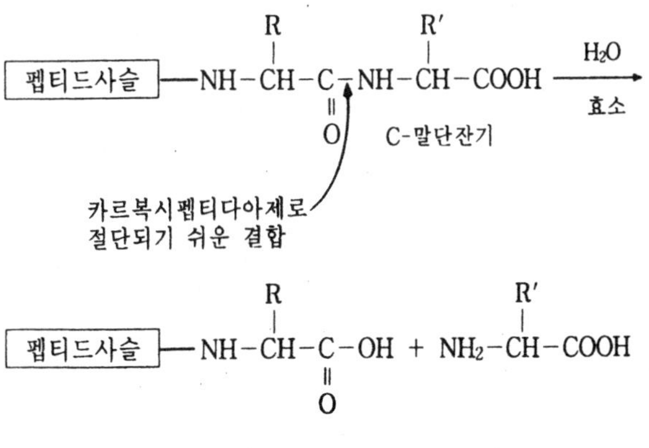

$$\boxed{펩티드사슬}-NH-\underset{R}{CH}-\underset{\underset{O}{\|}}{C}-NH-\underset{R'}{CH}-COOH \xrightarrow[\text{효소}]{H_2O}$$

C-말단잔기

카르복시펩티다아제로
절단되기 쉬운 결합

$$\boxed{펩티드사슬}-NH-\underset{R}{CH}-\underset{\underset{O}{\|}}{C}-OH + NH_2-\underset{R'}{CH}-COOH$$

펩티드사슬에서 절단된 C-말단아미노산은 표준분석법으로 동정할 수
있다. 이 반응은 대단히 유용하지만 C-말단 아미노산이 절단되면 새로운
C-말단잔기가 생기고, 그것이 또 효소로 절단되므로 주의 깊게 조작해야
한다.

따라서 트리펩티드 Gly-Ser-CySH의 구조결정에 있어서는 글리신, 세린, 시스테인이 분자중에 1mol씩 존재하는 것을 확인한 다음 이 화합물의 말단기를 분석한다. DNFB로 처리한 후 그 DNP유도체를 가수분해하면 글리신의 DNP유도체가 얻어진다. 따라서 N-말단아미노산은 글리신이다. 카르복시펩티다아제로 처리한 후 유리아미노산을 분석하면 시스테인이 얻어진다. 따라서 C-말단아미노산은 시스테인이다. 이상의 결과로 트리펩티드의 구조는 Gly-Ser-CySH로 된다.

선택적 가수분해

더욱 길고 복잡한 펩티드의 아미노산 배열을 결정하는 데는 보통 펩티드를 부분가수분해한 후 시작한다. 이 분석을 위해서는 특정의 효소가 대단히 유용하다. 예를 들면 트립신(trypsin)은 펩티드 사슬을 리신이나 알기닌의 카르복실기의 위치에서 선택적으로 가수분해하는 효소이다. 키모트립신(chymotrypsin)이나 펩신(pepsin)은 펩티드 사슬을 티로신, 페닐알라닌, 트립토판 등의 카르복실기의 위치에서 가수분해하는 효소이다.

이 형태의 선택적 가수분해로 긴 펩티드 사슬을 어느 정도 짧은 펩티드사슬로 절단하고 그것을 트리펩티드의 예에서 나타낸 바와 같은 방법으로 분석한다. 여기서 얻어진 펩티드의 소절편의 아미노산 배열에 관한 지식을 모으면 펩티드 전부에 대한 아미노산 배열을 재생할 수가 있다. 예로서 미지의 옥타펩티드의 구조를 결정하는 데 필요한 단계를 다음과 같이 나타낸다.

1) 옥타펩티드(octapepetide)를 완전 가수분해한 후 분석하면 다음과 같은 아미노산 조성이 얻어진다.

아 미 노 산	mol비
알라닌(Ala)	1
글리신(Gly)	2
로이신(Leu)	1
페닐알라닌(Phe)	2
티로신(Tyr)	1
발린(Val)	1

2) 옥타펩티드의 말단기 분석에서 다음의 정보가 얻어진다.

N-말단아미노산은 글리신

C-말단아미노산은 티로신

3) 옥타펩티드의 시료를 각각 다른 효소로 선택적으로 가수분해하면 4종의 트리 펩티드가 얻어진다. 이것의 트리펩티드를 다시 완전 가수분해와 말단기 분석으로 그의 배열을 정하면 다음과 같이 된다.

① Ala-Phe-Tyr

② Leu-Val-Phe

③ Gly-Gly-Leu

④ Val-Phe-Ala

4) 글리신은 N-말단아미노산이고 티로신은 C-말단아미노산이라는 것을 고려하면 트리펩티드를 다음과 같이 배열할 수 있다.

Gly(N-말단)

① Gly-Gly-Leu

②　　　　Leu-Val-Phe

③　　　　　　Val-Phe-Ala

④　　　　　　　　Ala-Phe-Tyr

Tyr(C-말단)

5) 위의 결과에서 옥타펩티드의 구조는 다음과 같이 된다.

Gly - Gly - Leu - Val - Phe - Ala - Phe - Tyr

지금의 예는 구조결정의 원리가 간단한 것이었지만 훨씬 복잡한 예도 동일한 원리로 응용할 수 있다. 혈당강하 호르몬인 인슐린(insulin)은 1926년에 처음으로 순수하게 분리되었다. 1955년에 인슐린 분자내의 아미노산 배열의 결정이 Sanger(1958, 노벨상수상)의 연구에 의해 밝혀졌으며, N-말단이 글리신으로 시작되어 C-말단이 아스파라긴산에서 끝나는 21개의 아미노산잔기와 페닐알라닌으로 시작되어 알라닌에서 끝나는 30개의 아미노산잔기의 각 폴리펩티드 사슬이 시스틴의 S-S결합에 의해 두 곳에서 연결된 구조임을 결정하였다. 다음에 소의 인슐린의 전체 구조를 나타내었다.

$$\begin{array}{c}
\overset{NH_2}{|} \\
Gly-Ileu-Val-Glu-Glu-Cy-Cy-Ala-Ser-Val-Cy-Ser-Leu-Tyr-Glu-Leu-Glu-Asp-Tyr-Cy-Asp
\end{array}$$

소의 인슐린

13.7. 펩티드의 합성

아미노산은 2개의 작용기를 가진 화합물이므로 펩티드합성의 문제는 대단히 복잡하게 된다. 즉, 1개의 작용기만 반응시키려고 해도 뜻하지 않게 다른 작용기도 반응하고 만다.

예를 들면 간단한 펩티드인 글리실알라닌을 합성하려고 할 경우 먼저 글리신의 산염화물을 합성하고 이것을 알라닌과 반응시키면 목적의 디펩티드가 얻게 될 것으로 생각된다. 그러나 이 일련의 반응은 그대로만 되지 않는다. 말하자면 글리신의 산염화물의 아미노기는 제2분자의 산염화물과 반응하고 이것의 생성물은 다시 동일의 반응을 반복하므로 중합반응이 일어난다.

$$① \; NH_2-CH_2-COOH \xrightarrow{\;SOCl_2\;} NH_2-CH_2-\underset{O}{\overset{\|}{C}}-Cl$$

글리신   글리신의 산염화물

② $NH_2-CH_2-\underset{\underset{O}{\|}}{C}-Cl$ + $\underset{\underset{CH_3}{|}}{NH_2-CH-COOH}$ ⟶

　　　　　　　　　　　　　　　알라닌

$NH_2-CH_2-\underset{\underset{O}{\|}}{C}-NH-\underset{\overset{CH_3}{|}}{CH}-COOH$ + HCl

　　　　　　글리실알라닌

생각되는(그러나 실행될 수 없다)글리실알라닌의 합성법

$NH_2-CH_2-\underset{\underset{O}{\|}}{C}-Cl$ $\xrightarrow{\quad NH_2-CH_2-\underset{\underset{O}{\|}}{C}-Cl \quad}$

$NH_2-CH_2-\underset{\underset{O}{\|}}{C}-NH-CH_2-\underset{\underset{O}{\|}}{C}-Cl$ + HCl $\xrightarrow{\quad NH_2-CH_2-\underset{\underset{O}{\|}}{C}-Cl \quad}$ ⋯⋯

글리신의 카르복실산 염화물은 중합한다.

따라서 제 2 작용기가 불필요한 반응을 하는 것을 막기 위해 보호기 (protecting group)를 도입한다. 보호기란 작용기에 결합하여 그의 기가 반응하지 않도록 하는 치환기이다. 분자의 다른 부분(보호기가 결합하지 않은 부분)에 반응을 행한 후 생성물에 영향이 없도록 하는 온화한 반응조건으로 보호기를 제거한다.

펩티드의 합성에서 아미노기의 보호에 잘 쓰이는 보호기는 카르보벤즈옥시기(carbobenzoxy group)이다.

$\langle\!\!\bigcirc\!\!\rangle-CH_2-O-\underset{\underset{O}{\|}}{C}-$

이 보호기는 아미노산, 예를 들면 글리신에 다음과 같은 반응으로 도입된다.

$$\text{C}_6\text{H}_5\text{-CH}_2\text{-O-}\overset{\text{O}}{\underset{\|}{\text{C}}}\text{-Cl} + \text{NH}_2\text{-CH}_2\text{-COOH} \longrightarrow$$

글리신

carbobenzoxy chloride

$$\text{C}_6\text{H}_5\text{-CH}_2\text{-O-}\overset{\text{O}}{\underset{\|}{\text{C}}}\text{-NH-CH}_2\text{-COOH}$$

카르보벤즈옥시글리신

여기서 글리신의 아미노기는 보호되므로 대응하는 산염화물은 일반적인 방법에 따라 합성되며, 알라닌과 같은 제2의 아미노산과 반응시킬 수 있다.

① $\text{C}_6\text{H}_5\text{-CH}_2\text{-O-}\overset{\text{O}}{\underset{\|}{\text{C}}}\text{-NH-CH}_2\text{-COOH} \xrightarrow{\text{SOCl}_2}$

$$\text{C}_6\text{H}_5\text{-CH}_2\text{-O-}\overset{\text{O}}{\underset{\|}{\text{C}}}\text{-NH-CH}_2\text{-COCl}$$

② $\text{C}_6\text{H}_5\text{-CH}_2\text{-O-}\overset{\text{O}}{\underset{\|}{\text{C}}}\text{-NH-CH}_2\text{-COCl} + \overset{\text{CH}_3}{\underset{|}{\text{NH}_2\text{-CH-COOH}}} \longrightarrow$

알라닌

$$\text{C}_6\text{H}_5\text{-CH}_2\text{-O-}\overset{\text{O}}{\underset{\|}{\text{C}}}\text{-NH-CH}_2\text{-}\overset{\text{O}}{\underset{\|}{\text{C}}}\text{-NH-}\overset{\text{CH}_3}{\underset{|}{\text{CH}}}\text{-COOH}$$

③ $\text{C}_6\text{H}_5\text{-CH}_2\text{-O-}\overset{\text{O}}{\underset{\|}{\text{C}}}\text{-NH-CH}_2\text{-}\overset{\text{O}}{\underset{\|}{\text{C}}}\text{-NH-}\overset{\text{CH}_3}{\underset{|}{\text{CH}}}\text{-COOH} \xrightarrow{\text{H}_2/\text{Pd}}$

$$\text{NH}_2\text{-CH}_2\text{-}\overset{\text{O}}{\underset{\|}{\text{C}}}\text{-NH-}\overset{\text{CH}_3}{\underset{|}{\text{CH}}}\text{-COOH} + \text{CO}_2 + \text{C}_6\text{H}_5\text{-CH}_3$$

글리실알라닌

글리실알라닌의 합성법

이 반응의 최종단계에는 이 보호기를 수소와 파라디움으로 처리하여 제거한다. 수소와 파라디움은 펩티드 결합에 어떤 영향은 주지 않는다. 트리펩티드를 합성할 때는 보호기를 그대로 남겨두고 이 보호된 디펩티드를 대응하는 산 염화물로 바꾼다. 이것을 다시 제 3 의 아미노산과 처리하면 트리펩티드를 얻을 수 있다. 이 방법으로 연결된 아미노산의 수에는 사실상 제한이 없으며, 다수의 펩티드의 합성에 쓰여서 성공하고 있다.

펩티드의 합성에 잘 쓰이고 있는 또 하나의 보호기는 프탈로일기 (phthaloyl group)이다. 이 보호기는 아미노산과 무수프탈산의 반응으로 도입된다.

무수프탈산   phthaloyl 유도체

이 기로 보호한 아미노산에서 디펩티드를 합성한 후 프탈로일기는 히드라진과 반응시켜 제거한다.

프탈로일기로 보호한 디펩티드   히드라진

디펩티드

13.8. 단백질

단백질의 화학적 성질은 많은 점에서 펩티드와 유사하며, 이 사실은 단백질이 대단히 긴 폴리펩티드라고 생각하면 놀라운 것이 아니다. 예를 들면 완전 가수분해하여 분석하는 기술이나 말단기 분석 등이 단백질에 응용 가능하다.

한편, 단백질은 펩티드로 부터 설명할 수 없는 어떤 성질을 나타낸다. 예를 들면 많은 단백질이 변성(denaturation)을 받는다. 변성은 화학적, 물리적 또는 생리적 성질의 극단적 변화이다. 다수의 화학약품에 의해 단백질은 변성을 받으며 사용한 시약에 따라 변성은 가역의 것도 비가역의 것도 있다. 달걀을 가열하면 알부민(albumin)이 응고하는데 이 변화는 불가역적 변성의 한 예이다. 단백질이 단순펩티드와 비슷하나 다르다는 것이 알려졌으므로 단백질의 성질을 조사하여 그 차이가 어디에 기인하는가를 알아보자.

13.9. 단백질의 성질

순수한 단백질은 보통 무정형 고체인데 결정성의 것도 있다. 용해성은 큰 차이가 있다. 어느 것은 수용성이지만 묽은 염의 용액에만 녹는 것도 있고 묽은산이나 염기 또는 함수에탄올에만 녹는 것도 있다. 단백질은 아미노산과 같이 등전점을 가진다. 즉, 카르복실기와 아미노기의 양 작용기가 서로 정확히 중화되는 pH가 등전점(isoelectric point)이다. 단백질은 또 아미노산과 같이 양성전해질(ampholyte)이다.

이들의 성질은 단백질에 유리의 카르복실기와 아미노기가 있는 것에 기인한다. 이들 기는 C-말단위치나 N-말단위치 뿐만이 아니고 단백질의 사슬 중에도 산성아미노산이나 염기성아미노산이 포함되어 있는 곳에 존재한다.

단백질은 대단히 분자량이 크므로 물에 녹으면 콜로이드 용액으로 된다. 모양이 작은 분자는 반투막을 통하여 확산하지만 가용성 단백질은 확산하지 못한다. 또한 단백질은 광학활성의 아미노산으로부터 만들어졌기 때문에 광학활성이 있다.

13.10. 단백질의 구조

단백질은 복잡한 거대 분자이기 때문에 그 구조를 이해하기 위하여 다음과 같이 4 가지로 분류하여 생각하고 있다.

1차 구조

1차 구조는 펩티드 결합 중의 아미노산의 배열순서만을 생각한 구조이며 다른 결합이나 힘을 고려하지 않는다. 단백질의 1차 구조(primary structure)는 아미노산 배열이 일정한 형상을 지니고 있고 이 배열은 각 단백질에 대해 유전적으로 결정되어 있다. 이 배열은 약간 변하여도 극적인 생물학적 영향을 초래한다.

예를 들면 정상적인 헤모글로빈(hemoglobin)과 낫모양 적혈구 빈혈증의 비정상적인 헤모글로빈과의 차이는 단백질 중의 아미노산 배열이 1 개만 다를 뿐이다. 즉, 약 150 개의 아미노산중 글루타민산이 발린으로 치환되었지만 단백질의 성질은 전혀 달라진다.

Val - His - Leu - Thr - Pro - <u>Glu</u> - Glu - Lys...
정상적인 헤모글로빈

Val - His - Leu - Thr - Pro - <u>Val</u> - Glu - Lys...
낫모양 적혈구 중의 헤모글로빈

단백질의 1 차 구조에는 2 개 이상의 펩티드 사슬이 포함된 것도 있다. 그 경우 이들의 사슬은 보통 서로 특정의 장소에 -S-S-결합으로 연결되어 있다. 이와같은 이중사슬형 단백질의 한 예가 인슐린이며 그의 구조를 모식적으로 표시하면 다음과 같다.

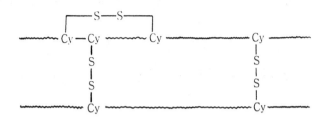

(인슐린은 2개의 펩티드 사슬이 −S−S−결합으로 연결되어
있는 것을 나타낸 모식도)

2차 구조

단백질의 2차 구조(secondary structure)는 펩티드 사슬이 나선(coil)구조
를 가지며 나선에 따라 규칙적으로 펩티드 결합의 카르복실기와 아미노기
사이의 수소결합으로 안정화 한다. 이 나선을 α-나선(α-helix)이라 부르
며 나선의 1회전마다 3.6개의 아미노산 잔기가 포함되어 있다는 것이 알려
져 있다. 그림 13-2에는 α-나선구조와 β-병풍구조는 나타내었다.

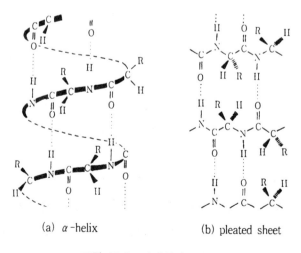

(a) α-helix   (b) pleated sheet

그림 13-2 단백질의 2차 구조

3차 구조

3차 구조(tertiary structure)는 긴 나선형 구조의 폴리펩티드 사슬이 아미노산잔기의 특성에 따라 구형 또는 복잡한 특정구조로 안정화된다.

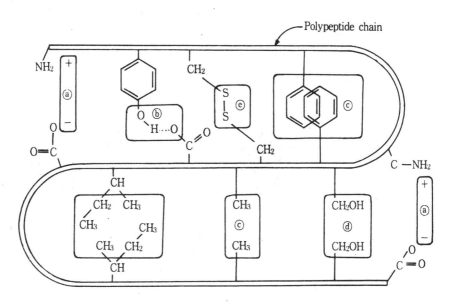

ⓐ 정전기적 인력,　ⓑ 수소결합,　ⓒ 소수성기간의 인력
ⓓ 쌍극자간의 인력　ⓔ S-S결합

그림 13-3　단백질의 제3차 구조의 안정화

헬릭스코일이 구부러지고 겹쳐져서 전체로서는 둥근모양을 이루고 있는 경우에는 구상단백질(globular protein)이라 말한다. 헬릭스코일이 일정한 방향으로 규격대로 바르게 배열함으로써 긴 실모양을 이루고 있는 것을 섬유상 단백질(fibrous protein)이라 한다.

그림 13-4　단백질의 구상 및 섬유상

섬유상 단백질은 동물의 구조 단백질이고 머리털의 케라틴(keratin)이나 견사의 피브로인(fibroin), 결합조직 등의 단백질이 이것에 속한다. 이것은 물에 불용이고 일반적으로 변성하기 어렵다.

구상단백질은 물에 녹든가 분산할 수 있으며 그 예로는 알부민, 헤모글로빈, 효소 등의 단백질이다. 또 구상단백질은 섬유상 단백질보다 변성에 대단히 민감하여 변성기구의 일부로서 구형이 깨지므로 일어난다는게 알려져 있다.

그림 13-5 단백질의 변성

3차 구조는 단백질의 미세구조를 결정하고 특히 효소작용 등 단백질의 생물활성에 가장 깊은 관계를 가진다.

4차 구조

4차 구조(quaternary structure)는 구상단백질의 구형 단위가 모여서 특정의 모양으로 집합체를 만든다. 이 구형단위가 모여서 일정한 집합체를 만드는 힘은 잘 알려져 있지 않았지만 아마 정전기적 인력에 의한 것으로 생각된다. 4차 구조의 몇가지 예를 다음에 표시한다.

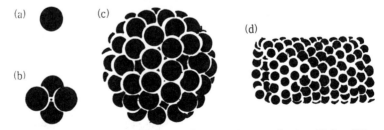

(a) 미오글로빈은 4차 구조를 갖지 않는다. (b) 헤모글로빈, (c) 폴리오비루스, (d) 담배모자이크 비루스

그림 13-6 단백질의 4차 구조

13.11. 효소의 구조와 반응성

　효소(enzyme)는 생체세포에 의하여 생산되는 고분자량의 유기촉매를 말한다. 생체 안에서 분해, 합성, 산화, 환원 등의 복잡한 화학반응이 상온, 상압, 중성 부근의 생리조건에서 용이하게 행하여지는 것은 주로 다종 다양한 효소가 존재하고, 그것이 세포의 특수한 미세구조 중에서 적당하게 배치되어 작용하기 때문이다. 화학적으로 고분자의 효소는 구상단백질 (globular protein)로 되어 있다. 보통의 구상단백질과 다른 이유는 활성부위가 그 가운데 존재하는 것이다. 이 활성부위(active site)는 단순한 아미노산의 결합에 의한 것이 아니고 단백질의 2차 구조(수소결합 등의 구조), 3차 구조(접혀진 구조)와 밀접히 관계하고 있다. 따라서 효소는 그 성질이 실로 다양하다. 다양하다는 것은 많은 환경요인의 영향을 받기 쉽다고 하는 의미가 있는 동시에 각각의 환경에 적합한 효소가 반드시 있다고 하는 의미도 있다.

　효소의 조제, 정제, 결정화의 방법은 일반 단백질의 처리법과 같다. 현재까지에 결정화된 효소는 1926년 섬너(James B. Sumner)에 의한 우레아제 (urease)를 비롯하여 펩신, 트립신, 키모트립신 등 200종이 넘고 모두가 단백질인 것이 증명되었다. 결정상 효소중에서 우레아제, 펩신 등은 단순 단백질로 간주되나, 황색효소(yellow enzyme), 카탈라아제 등 복합단백질에 속하는 것도 많고 각각의 보결분자단(prosthetic group)의 구조가 화학적으로 밝혀져 있다. 또한 이 경우 각 보결분자단 속에 있는 작용기의 화학변화로 효소작용이 일어난다는 사실도 알려져 있다. 이러한 사실로부터 효소는 대체로 그 특이성을 결정하고 작용을 하는 단백질 부분(apoenzyme)과 실제의 화학변화에 관계하는 보효소(coenzyme)로 되어있다고 생각하는 것이 현재 통념으로 되어 있다. 보효소로서는 니코틴아미드아데닌디뉴클레오티드(NAD) 및 그 인산에스테르(NADP), 플라빈모노뉴클레오티드(FMN), 티아민피로인산(TPP), 피리독살인산 등 비타민 유도체가 함유되어 있다. 비타민이 생체에 불가결한 것은 보효소로서 작용하기 때문이다. 또 효소는 여러 가지 무기염류(특히 K^+, Ca^{2+}, Mg^{2+}, Cl^-, PO_4^{3-} 등) 및 유기물의
존재로 그 작용이 크게 방해되거나 촉진된다. 이 같은 성질은 효소의 구
조, 작용기, 작용기구의 해명에 기여하고 있다. 또 효소는 두드러진 특징
으로서 그 작용을 받는 기질(substrate)의 구조에 대해 엄격한 특이성
(specificity)을 갖고 있다. 즉 효소는 무기촉매에 비해 훨씬 고도의 특이성
을 갖고 그 촉매 작용은 단 한 개의 물질 또는 특정한 화학구조를 갖는
일군의 물질에만 국한한다. 이를테면 α-글루코시다아제는 α-D-글루코시
드만을 기질로 하며, β-D-글루코시드에는 전혀 작용하지 않는다. 이 효소
작용을 종종 열쇠와 자물쇠와의 관계로 비교한다(그림 13-7).

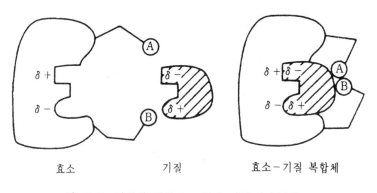

효소   기질   효소 - 기질 복합체

그림 13-7 열쇠와 자물쇠 모형에 의한 효소작용

현재까지 확인된 효소의 대부분은 그 작용과 성질만으로 존재가 확인된
것이며 물질로서의 구조는 아직 분명하지 않다. 따라서 효소를 분류, 명명
하는 데는 그 작용에 의하여 시행되고 있다. 이를테면 가수분해 반응을 촉
매하는 효소는 히드로라아제(hydrolase)라하고 비가수분해적으로 기질에서
기를 제거하는 반응을 가역적으로 촉매하는 효소는 리아제(lyase)라 한다.

13.12. 핵산의 화학성분

핵산은 단백질, 지질, 탄수화물, 물 등과 더불어 생물체를 구성하는 주요
성분의 하나이며 생명이 존재하는 곳에는 반드시 존재하고 있다. 1955년

담배모자이크 비루스(TMV)의 단백질과 핵산을 써서 행한 실험에서 TMV 의 유전형질은 핵산 성분만으로 인계된다는 것을 알게 되었다. 따라서 핵 산은 생물과 무생물을 구별하는 가장 기본적인 물질의 하나라고 생각되고 있다.

핵산을 그림 13-8에 나타낸 바와같이 여러 조건으로 가수분해하면 염 기, 당, 인산, 뉴클레오시드(nucleoside), 뉴클레오티드(nucleotide) 등이 얻 어진다. 이 결과를 종합하면 핵산은 염기-당-인산을 구성 단위로 하는 거 대 분자라고 생각된다.

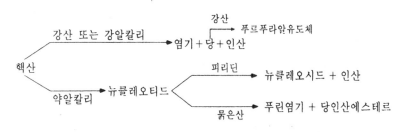

그림 13-8 핵산의 가수분해 생성물

핵산에서 얻어진 당은 펜토오스(pentose)로서, DNA에서는 2-데옥시-D- 리보오스(2-deoxy-D-ribose), RNA에서는 D-리보오스(D-ribose)이다.

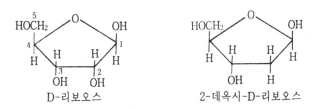

그림 13-9 리보오스와 데옥시리보오스의 구조

핵산에서 얻어진 염기에는 푸린염기(purine base)와 피리미딘염기 (pyrimidine base)의 2종류가 있다. DNA를 가수분해할 경우에는 아데닌 (adenine), 구아닌(guanine), 시토신(cytosine), 티민(thymine)의 4종류가 얻어지고 RNA를 가수분해할 경우에는 티민 대신에 우라실(uracil)이 얻어 진다.

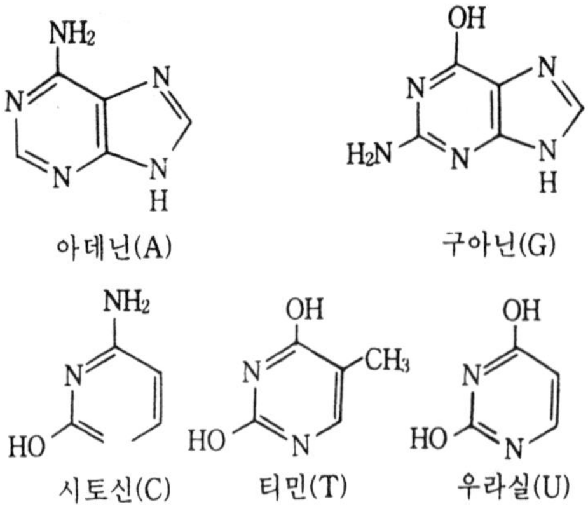

아데닌(A)   구아닌(G)

시토신(C)   티민(T)   우라실(U)

그림 13-10 핵산염기의 구조

13.13. 핵산의 1차 구조

앞에서 기술한 바와 같이 염기성분(푸린염기 또는 피리미딘염기)과 당의 환원기가 결합하여 뉴클레오시드가 되는데 일반적으로 당이 염기의 질소 원자와 β-글리코시드 결합을 하고 있고 이때 푸린염기는 N_9에서 피리미딘 염기는 N_1에서 결합한다. 예를 들면 데옥시리보오스와 아데닌으로 만들어진 뉴클레오시드는 데옥시아데노신(deoxyadenosine)이라 부른다(그림 13-11-a).

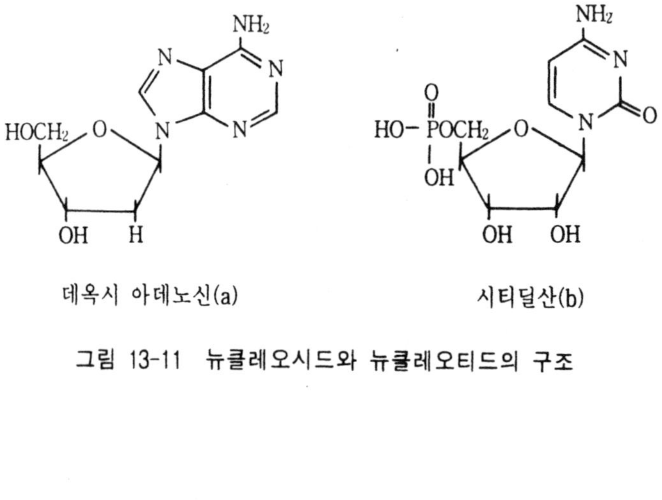

데옥시 아데노신(a)   시티딜산(b)

그림 13-11 뉴클레오시드와 뉴클레오티드의 구조

뉴클레오시드와 인산이 결합한 것이 뉴클레오티드(nucleotide)이다. 예를 들면 시토신, 리보오스와 인산으로 만들어진 뉴클레오티드(nucleotide)는 시티딜산(cytidylic acid)이라 부른다(그림 13-11-b). 표 13-2에 핵산의 구성성분의 명칭을 표시하였다.

표 13-2 핵산 구성 성분

	염 기	당	뉴클레오시드의 이름	뉴클레오티드의 이름
DNA	Adenine	Deoxyribose	Deoxyadenosine	Deoxyadenylic acid
	Guanine		Deoxyguanosine	Deoxyguanylic acid
	Cytosine		Deoxycytidine	Deoxycytidylic acid
	Thymine		Deoxythymidine	Deoxythymidylic acid
RNA	Adenine	Ribose	Adenosine	Adenylic aicd
	Guanine		Guanosine	Guanylic acid
	Cytosine		Cytidine	Cytidylic acid
	Uracil		Uridine	Uridylic acid

핵산은 뉴클레오티드가 중합한 것인데, 그 결합의 위치는 뉴클레오티드의 인산(이것은 당의 5' 위치에 결합하고 있다)이 이것에 인접한 뉴클레오티드의 당의 3' 위치 히드록시기와 에스테르 결합을 한다.

그림 13-12는 RNA분자의 단면을 표시하였다.

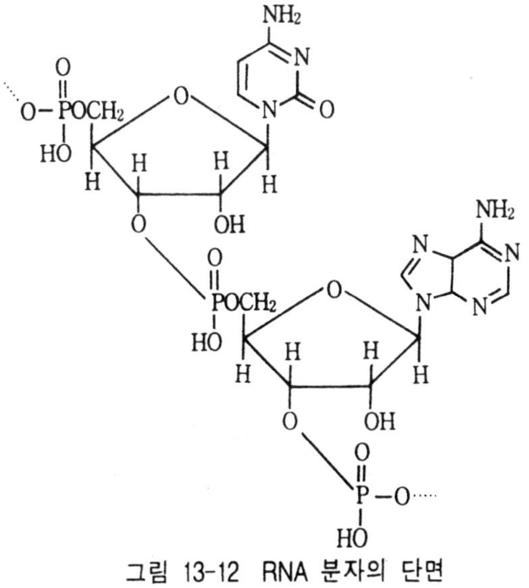

그림 13-12 RNA 분자의 단면

13.14. DNA의 2 차 구조

왓슨과 크릭이 1953년에 제안한 DNA 분자구조의 약도(그림 13-13)를 보면 당과 인산을 뼈대로하여 달리는 두줄기의 뉴클레오티드가 오른손 회전(시계와 반대방향의 회전)을하여 한 개의 주축(axis)을 갖는다. 이것을 DNA의 2중나선(right-handed double helix)이라고 부른다. 염기들은 2중나선의 중간에서 주축에 수직으로 쌓여 나가며 서로 수소결합으로 연결된다. 각 나선의 1 회전마다 약 10개의 뉴클레오티드 단위가 있다.

이 나선구조의 특징은 사슬이 상보적인 구조로 되어 있다는 것이다. 즉, 한쪽 사슬의 티민과 시토신이 5′-3′이면 상보적인 다른 사슬의 아데닌과 구아닌이 3′-5′로 배열되어 있다. 이 사실은 가수분해 결과 DNA에 있는 티민 : 아데닌과 시토신 : 구아닌의 비율이 1 : 1 임을 나타냄으로서 지지되고 있다. 크릭, 왓슨, 윌킨즈는 이 분야의 업적으로 1962년에 노벨상을 받았다.

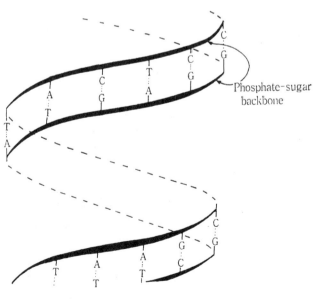

그림 13-13 DNA 분자 구조의 약도

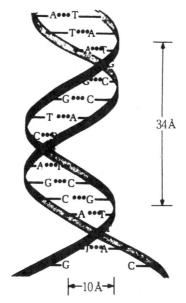

그림 13-14 티민 – 아데닌과 구아닌 – 시토신 수소결합

13-15 DNA의 복제

생물의 세포는 계속하여 분열하고 있다. 세포분열이 일어날 때 DNA 분자가 정확하게 재생산될 필요가 있다. 이 과정을 복제(replication)라 하며 왓슨과 크릭은 DNA 이중나선 모형에 따라 DNA의 복제가 다음과 같은 메카니즘으로 이루어 진다고 주장하였다. 즉, 어버이의 두가닥의 폴리누클리오티드 사슬 하나씩을 주형(template)으로하여 염기쌍을 형성하는 식으로 나머지 한가닥의 폴리뉴클리오티드 사슬이 합성됨으로써 DNA가 복제된다는 것이다.

13.16. 단백질의 생합성 – RNA의 역할

유전물질인 DNA에서 단백질 생합성으로 유전정보가 전달되는 과정은 다음과 같은 기구에 의해 이루어진다고 생각되고 있다.

① 유전자 위에 유전정보를 염기순서라는 기호로서 기록하고 있는 DNA

를 주형으로 하고, 그것에 상보적인 구조를 가진 massenger RNA(m-RNA)
가 만들어진다.

② m-RNA는 세포내에서 여러개의 리보좀(ribosome)과 결합하여 폴리
좀(polysome)이라는 모양을 만든다.

③ 한편 각종의 아미노산은 ATP와 아미노산 활성효소의 작용에 의해
활성화되어 transfer-RNA(t-RNA)와 결합하여 아미노아실-t-RNA(amino
acyl-t-RNA)를 형성한다.

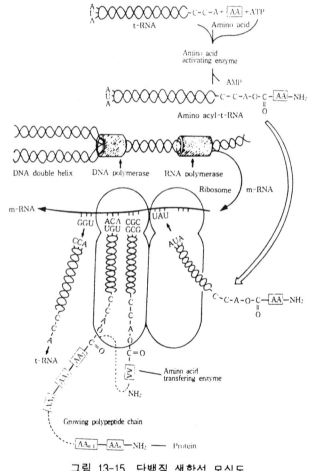

그림 13-15 단백질 생합성 모식도

④ 아미노아실-t-RNA는 m-RNA가 지정하는 순서대로 리보좀위에서
폴리펩티드 사슬을 형성시킨다. 그림 13-15는 위의 여러 단계의 반응을 나

타낸 것이다.

유전자(gene)는 일부의 비루스를 제외하고 DNA로 이루어져 있다. 그 DNA의 4개의 구성염기 아데닌, 구아닌, 시토신, 티민의 배열 순서에 의해 개개 단백질의 1차 구조가 결정된다. 이 경우 DNA에 새겨져 있는 유전정보(암호)는 m-RNA에 전사되고 이 m-RNA는 세포질내의 리보좀 위에서 단백질의 생합성을 지령한다.

한편 아미노산은 t-RNA에 의해서 리보좀 위에 운반되고 이 t-RNA는 m-RNA가 가지고 있는 유전정보를 해독하여 단백질이 합성된다. 이 경우 DNA에서 m-RNA에 전사된 유전암호를 코돈(codon)이라 부르며, t-RNA 가 해독하는 정보를 안티코돈(anticodchon)이라 한다. 그 유전정보가 혼란을 일으키는 경우 돌연변이가 일어난다.

t-RNA 분자는 그들이 회합한 아미노산과 함께 m-RNA를 따라 한 줄로 늘어서고, 코돈과 안티코돈에 있는 세 개의 뉴클레오티드 짝 사이에 특이적인 수소 결합을 한다(그림 13-16).

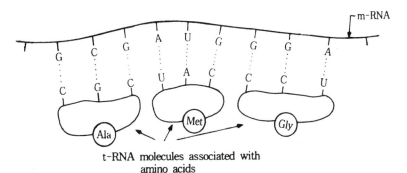

t-RNA molecules associated with
amino acids

그림 13-16 단백질합성에 있어서 m-RNA와 t-RNA의 역할

각 m-RNA 분자는 특정의 단백질 합성을 지령한다. m-RNA 분자를 만드는 DNA의 부분이 유전자(gene)이다.

단백질의 특이성은 약 20종의 아미노산의 결합방법에 의해 정해지는데, 이것은 유전자인 DNA, 직접적으로는 m-RNA의 3개 염기의 1차 배열(nucleotide triplet)에 의해서 결정된다. 1개의 아미노산은 1종류의 암호에 의해서만 정하여지는게 아니다. 예를 들면 트레오닌(threonine)에는 ACU,

ACC, ACA, ACG의 4종류의 암호가 있고 글루타민을 나타내는 암호는
CAA, CAG의 2종류이다. 염색체(chromosome)는 DNA와 히스톤이 결합한
핵단백질을 주체로 하고 헤마톡실린 등의 염기성 색소에 잘 물드는 염색
체가 틈없이 감긴 나선구조를 이루고 있다.

제 13 장 연습문제

1. 다음을 설명하여라.
   ① peptide bond   ② Zwitter ion

   ③ isoelectric point   ④ essential amino acid

   ⑤ acidic amino acid   ⑥ 단백질의 구조

2. 다음 화합물의 구조식을 써라.
   ① glycine   ② α-amino acid

   ③ alanine   ④ glutamic acid

   ⑤ alanylglycine   ⑥ leucylvalyltyrosine

3. Glycine과 serine으로부터 peptide인 glycylserine을 합성하는 방법을 반응식으로 나타내어라.

4. 다음 상태에서 valine의 구조를 적어라.
   ① 등전점   ② 등전점 보다 높은 pH   ③ 등전점 보다 낮은 pH

5. pH1, pH3(등전점) 그리고 pH12에서의 aspartic acid의 주요 구조를 그려라.

6. 트리펩티드 Gly-Ala-Ser에서 어느 것이 N-말단아미노산이고 어느것이 C-말단 아미노산인가?

7. 보호기를 사용하지 않고 아미노산 aa_1과 아미노산 aa_2를 결합시키려고 하면 어떤 일이 일어나겠는가?

8. 핵산의 구성성분은 어떤 것이 있는지 써라.

9. Nucleoside와 nucleotide의 차이점을 적어라.

10. 핵산 속에 들어있는 pentose sugar의 종류를 써라.

헤테로고리 화합물

고리화합물 중 고리를 구성하는 원자의 일부가 탄소원자 외에 다른 원자(주로 산소, 질소, 황)로 된 화합물을 헤테로고리 화합물(heterocyclic compound)이라 하고 탄소원자 이외의 산소, 질소, 황 따위의 원자를 헤테로원자라 한다.

그러나 에틸렌옥사이드, 숙신아미드(succinamide), 락톤 등과 같이 비교적 쉽게 고리가 끊어지는 것은 일반적으로 헤테로고리 화합물로 취급되지 않는다.

헤테로고리 화합물은 비타민류, 헤모글로빈, 엽록소, 알칼로이드, 핵산 등 생리작용과 중요한 관계가 있는 화합물 중에 그 일부분으로 존재한다.

14.1. 5원자고리 화합물(헤테로 원자 1개인 것)

이 계통의 대표적인 것은 퓨란(furan), 티오펜(thiophene), 피롤(pyrrole) 등이다.

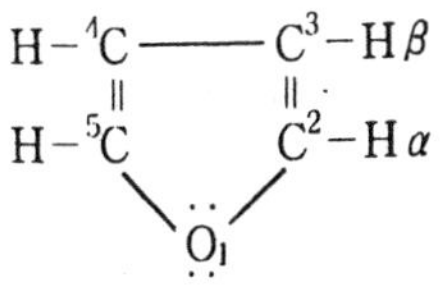

furan
b. p. 31.4℃

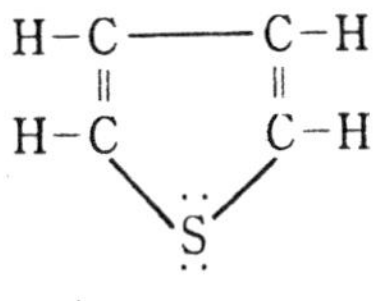

thiophene
b. p. 84℃

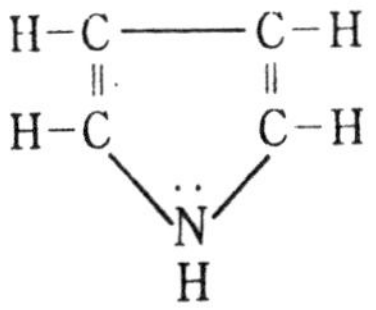

pyrrole
b. p. 131℃

이들 화합물은 평면구조를 가지며 방향족의 성질을 가지고 있고, 각 헤테로 원자의 고립전자쌍은 불포화결합의 π 전자와 중첩하여 벤젠의 경우와 같은 환의 상하면에 전자운을 만든다. 따라서 퓨란을 예로 들면 다음 I에 표시하는 표현이 적당하다. 그러나 반응을 나타내는 데 편의상 II와 같이 표현한다.

또 고립전자쌍의 전자가 공명하므로 벤젠환에 비하여 전자밀도는 높고 치환반응은 쉬우며, 특히 α 위치에서의 치환이 β 위치보다 일어나기 쉽다.

푸르푸랄(frurfural, furfuraldehyde)

무색의 액체로서 수증기증류가 되고, 공기와 접촉하면 산화되어 변색한다. 이것은 겨, 밀기울 등에서 얻는다.

즉 겨나 밀기울을 묽은 황산으로 처리하면 이에 함유되어 있는 펜토산 (pentosan)이 가수분해하여 펜토스(pentose)가 되고, 또 펜토스의 탈수반응이 일어나서 푸르푸랄이 된다.

푸르푸랄은 용매로서 사용되지만 중요한 용도는 페놀푸르푸랄(phenolfurfural) 수지의 제조, 나일론(nylon)의 원료인 아디프산(($-CH_2-CH_2COOH)_2$)과 헥사메틸렌디아민(hexamethylenediamine, $(-CH_2-CH_2-CH_2NH_2)_2$)의 제조 원료로 많이 이용된다.

피 롤(pyrrole)

피롤은 니코틴(nicotine), 코카인(cocaine) 등 알칼로이드 및 엽록소, 헤민 (hemin) 분자구조의 일부를 구성하고 있다. 헤민은 붉은 색소이며 단백질 과 결합하여 적혈구의 헤모글로빈을 구성한다.

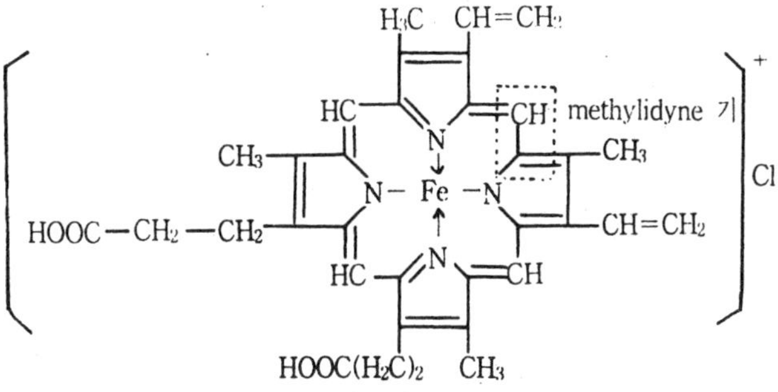

hemin

엽록소에는 청록색의 a체와 황록색의 b체(두번째 피롤 고리의 $-CH_3$가 $\overset{O}{\underset{II}{C}}$ 로 된 것)가 있으며, 식물체 내에서는 단백질과 결합하고 있다. 채소를 삶으면 처음에는 선명한 녹색을 띠고 있으나 오랫동안 가열하면 녹갈색으로 변색한다. 이것은 가열 중에 채소에서 용출되는 산으로 엽록소의 Mg가 H로 치환되어 페오피틴(pheophytin)이 되기 때문이다.

따라서 중조($NaHCO_3$) 등을 가하여 약 알칼리성으로하여 끓이면 녹색을 유지할 수 있다. 또 용기의 뚜껑을 덮지 않고 끓이면 휘발산이 어느 정도 제거되므로 녹색을 조금 오랫동안 유지할 수 있다.

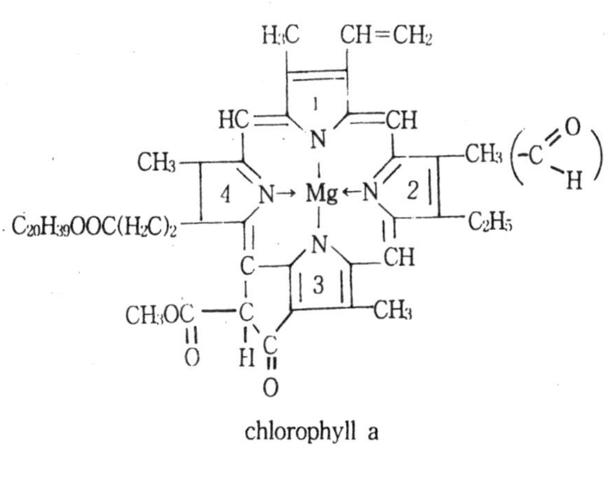

chlorophyll a

인 돌(Indole)

벤젠고리에 피롤이 축합한 것으로 트립토판(tryptophan) 분자의 일부를 이루고 있다. 3-메틸인돌(3-methylindole)을 스케톨(skatole)이라고 하며, 인분의 악취성분이지만 향료 중에 미량을 가하는 경우도 있다. 인돌-3-초산은 식물의 성장 호르몬이다.

indole   skatole   indole-3-acetic acid

인돌의 구조는 또 인디고(indigo)의 분자 중에도 존재한다. 인디고는 식물에서 얻어지는 청색의 염료이며, 목면(木綿)의 염색에 사용되어 왔다. 환원형인 무색의 백남(indigo white)에 옷감을 적시고 이것을 공기에 쐬면 청남(indigo blue)으로 된다.

indigo blue   indigo white

14.2. 5 원자고리 화합물(헤테로 원자 2 개인 것)

이 계통의 기본적인 물질은 다음의 5종류이다.

isoxazole   oxazole   thiazole

pyrazole   imidazole

티아졸(thiazole) 유도체

티아졸 유도체는 극히 안정하며, 티아졸환(環)은 열이나 질산에 의하여 반응하지 않는다. 그러나 다른 산과는 안정한 염을 형성한다. 티아졸의 수용액은 중성이며, 환원제에는 반응하지 않는다.

티아졸핵은 비타민 B_1, 페니실린 등에 들어 있다.

vitamin B_1(thiamine)

natural penicillin

이미다졸(imidazole) 유도체

이미다졸은 글리옥살린(glyoxaline)이라고도 하며, 이미다졸 및 그 유도체는 비교적 강한 염기성을 나타내고, 산과 안정한 염을 형성한다. 이미다졸핵은 천연으로 아미노산을 구성하고 있고, 푸린(purine) 유도체의 일부분을 이루고 있다.

히스타민(histamine)은 혈압강하제로 이용되는 물질인데, 아미노산의 일종인 히스티딘(histidine)에서 탈탄산하여 만든다.

$$
\underset{\text{histidine}}{
\begin{array}{c}
\text{HN} - \text{CH} \\
\| \quad \| \\
\text{HC} \quad \text{C} - \text{CH}_2 - \text{CH} - \text{COOH} \\
\quad \text{N} \qquad \quad \text{NH}_2 \\
\quad \text{H}
\end{array}}
\xrightarrow[\text{산 또는 세균효소}]{-\text{CO}_2}
\underset{\text{histamine}}{
\begin{array}{c}
\text{HN} - \text{CH} \\
\| \quad \| \\
\text{HC} \quad \text{C} - \text{CH}_2 - \text{CH}_2 - \text{NH}_2 \\
\quad \text{N} \\
\quad \text{H}
\end{array}}
$$

피라졸(pyrazole) 유도체

피라졸은 이미다졸의 이성체인데, 자연계에서는 아직 그 유도체가 발견되지 않고 있으나, 피라졸의 유도체는 일반적으로 안정하고 약한 염기성으로 산과 염을 형성한다.

$$
\underset{\text{acetylene}}{
\begin{array}{c}
\text{CH} \\
\| \| \\
\text{CH}
\end{array}}
+
\underset{\text{diazomethane}}{
\begin{array}{c}
\text{CH}_2 \\
\diagdown \\
\text{N}^+ \\
\text{N} \diagup
\end{array}}
\longrightarrow
\underset{\text{pyrazole}}{
\begin{array}{c}
\text{HC} - \text{CH} \\
\| \quad \| \\
\text{HC} \quad \text{N} \\
\quad \text{N} \\
\quad \text{H}
\end{array}}
$$

안티피린(antipyrine)은 해열진정제로 쓰이는데, 다음과 같이 만든다.

$$
\underset{\text{ethylacetoacetate}}{
\begin{array}{c}
\text{CH}_2 - \text{C} - \text{CH}_3 \\
| \qquad \| \\
\text{O} = \text{C} \quad \text{O} \\
| \\
\text{O} - \text{C}_2\text{H}_5
\end{array}}
+
\underset{\text{phenylhydrazine}}{
\begin{array}{c}
\text{H}_2\text{N} \\
\text{HN} \\
\bigcirc
\end{array}}
\longrightarrow
\underset{\substack{\text{1-phenyl-3-methyl} \\ \text{-5-pyrazolone}}}{
\begin{array}{c}
\text{HC} = \text{C} - \text{CH}_3 \\
| \qquad | \\
\text{O} = \text{C} \quad \text{NH} \\
\quad \text{N} \\
\quad \bigcirc
\end{array}}
\longrightarrow
$$

$$
\xrightarrow{(\text{CH}_3)_2\text{SO}_4}
\underset{\text{antipyrine}}{
\begin{array}{c}
\text{HC} = \text{C} - \text{CH}_3 \\
| \qquad | \\
\text{O} = \text{C} \quad \text{N} - \text{CH}_3 \\
\quad \text{N} \\
\quad \bigcirc
\end{array}}
$$

14.3. 6원자고리 화합물(헤테로 원자 1개인 것)

이 계통은 피리딘(pyridine), γ-피란(γ-pyran), γ-티오피란(γ-thiopyran) 등이 대표적이다.

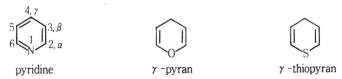

   pyridine γ-pyran γ-thiopyran

피리딘(pyridine)

피리딘의 질소 고립전자쌍은 고리의 파이(π)전자와는 중첩하지 않으므로 이 전자는 프로톤(proton)과 결합하여 염을 만드는 성질을 가지며, 피롤보다 염기성은 약간 크다. 다음의 공명구조가 관여하므로 치환반응은 벤젠에 비하여 어렵다.

피리딘은 악취를 가진 무색의 액체이며, 물 또는 유기용매와 혼합하므로 좋은 용매이다. 피리딘과 그 메틸유도체는 그 약염기성을 이용하여 화학반응 및 크로마토그래피의 전개용매로 쓰고 있다.

α-picoline
b. p. 128~129℃

3, 5-lutidine
b. p. 170℃

2, 4, 6-collidine
b. p. 171℃

니코틴아미드(nicotinamide)

니아신아미드(niacin amide)이라고도 하며 비타민 B 군의 하나이다. 탄수화물 대사에 필요한 조효소에 존재하며 산화환원에 관여한다.

산화형

nicotinamide

환원형

비타민 B₆

피리독신(pyridoxine)이며 이것의 유도체인 피리독살(pyridoxal)과 피리독아민(pyridoxamine)은 생체에서 탈카르복실반응에 관계하는 조효소의 일부이다.

pyridoxine

pyridoxal

pyridoxamine

퀴놀린(quinoline)

피리딘과 벤젠 고리가 축합한 분자구조를 하고 있다. 질소위치가 다른 것을 이소퀴놀린(isoquinoline)이라 한다. 어느 것이나 코올타르(coal tar)에서 얻어지고 악취를 가지며 공기에 의해 산화되면 변화한다. 피리딘과 같이 염기성을 가지며, 산과 반응하여 염을 만든다. 퀴놀린에서 벤젠 고리부분의 치환반응은 피리딘에 비하여 쉽다.

quinoline
b. p. 238℃

isoquinoline
b. p. 243.3℃

플라보노이드(flavonoids)

자연의 꽃과 과실의 황, 적, 자색에서 청에 이르는 색에 관련이 깊은 플라보노이드라는 일련의 화합물이 있다. 플라보노이드는 플라본(flavone), 플라보놀(flavonol), 플라바논(flavanone), 플라바논올(flavanonol), 이소플라본(isoflavone), 안토시안(anthocyan), 카테친(catechin), 칼콘(chalcone) 등에 대한 총칭이다. 이 중 다음의 골격을 가진 플라본계 화합물의 배당체를 합쳐서 안토잔틴(anthoxanthines)이라 하고, 이것으로부터 당을 제거한 것을 안토잔티딘(anthoxanthidines)이라 한다.

flavone   flavonol

falvanone   flavanonol   isofalvone

안토잔티딘의 대부분은 모핵의 5, 6, 7, 8, 2′, 3′, 4′, 5′ 등의 위치에 수산기가 있고, 이들 수산기가 있는 것은 당 또는 유기산과 결합하여 소위 배당체의 형으로 천연에 분포하고 있는 경우가 많으며 황색을 나타낸다. 5, 7, 4′-트리히드록시플라본(5, 7, 4′-trihydroxyflavone)인 아피제닌(apigenin)은 배당체의 형태로 황색의 다알리아나 코스모스, 파셀리 등에 포함되어 있으며, 5, 7, 3′, 4′- 테트라히드록시플라본올(5, 7, 3′, 4′-tetra-hydroxyflavonol)인 쿼세틴(quercetin)은 양파의 표피, 차, 호프(hop) 등에 동일하게 배당체로서 존재한다. 플라본의 유도체인 헤스페리틴(hesperitin)의 람노글루코시드(rhamnoglucoside)는 오렌지나 레몬에서 볼 수 있다. 이들 플라본 유도체는 또 유지에 대한 천연의 항산화제로서도 알려져 있다.

apigenin   quercetin

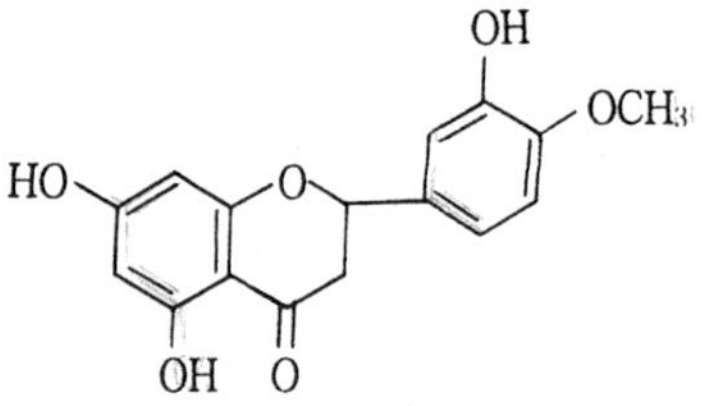

hesperitin

비타민 P

모세혈관에서 혈액이 혈관외로 침출하는 것을 방지하는 작용을 가지며, 항괴혈병성 비타민 C와 함께 레몬 및 기타 감귤류 중에 포함되어 있고 플라본 배당체인 것으로 알려져 있다. 당의 부분은 람노스(rhamnose)와 포도당이 결합한 루틴오스(rutinose)이며, 이것이 헤스페리틴 7위치의 수산기와 결합한 것을 헤스페리딘(hesperidin)이라 한다. 이외에도 쿼세틴 등의 배당체가 알려져 있다.

안토시안(anthocyan)

식물의 꽃, 과실의 적, 자, 청색의 색소인 안토시안계의 화합물은 다음과 같은 4종의 화합물이고 주로 염화물의 형태로 분리할 수 있다.

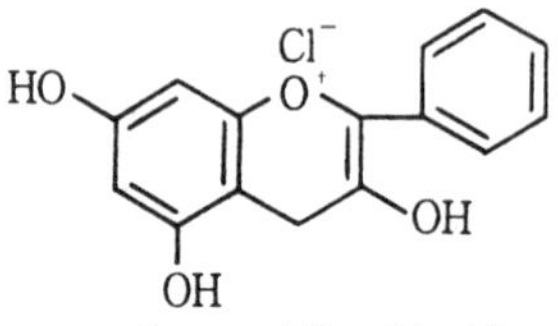

anthocyanidin chloride

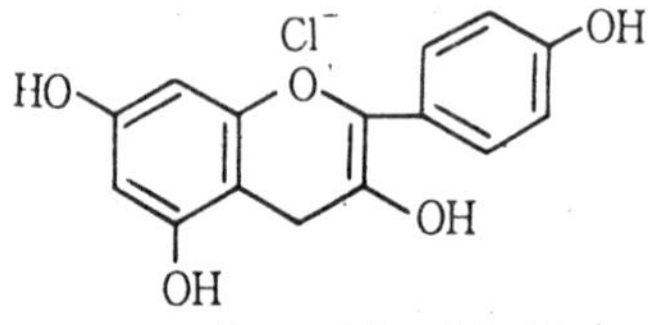

pelargonidin chloride

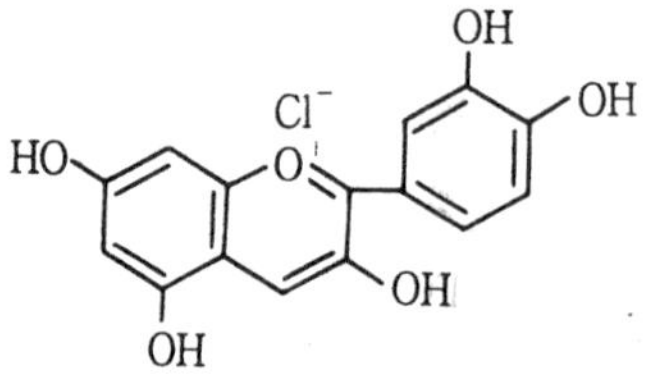

cyanidin chloride

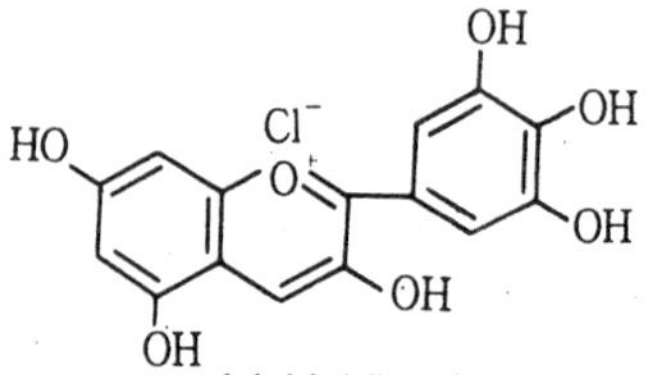

delphinidin chloride

물론 이들 물질도 천연에서는 이들의 수산기가 당 또는 유기산, 예를 들면 p-히드록시 안식향산과 p-히드록시 계피산 등과 결합하여 존재하며, 당으로서는 포도당, 갈락토스, 람노스인 경우가 많다. 예를 들면 무화과의 색은 시아니딘-3-글루코시드(cyanidin-3-glucoside)이며, 딸기의 붉은 색은 펠라고니딘-3-글루코시드(pelargonidin-3-glucoside)이고, 가지의 자색은 델피니딘-3-글루코시드(delphinidin-3-glucoside)이다. 또한 이들의 색은 펠라고니딘(pelargonidin), 시아니딘(cyanidin), 델피니딘(dephinidin)의 순으로 진해지지만 같은 화합물이라도 농도에 따라 변하고, 또 이에 배위하는 산기 또는 금속염에 의하여 색조가 현저히 달라진다. 즉, 산기가 배위하고 있을 때는 붉고, 금속염에서는 자색에서 청색으로 되며, 금속의 종류에 의해서도 색조가 변한다. 예를 들면 붉은 장미꽃과 들국화의 자색은 같은 시아니딘(cyanidin)을 함유하고 있지만 전자는 산과 결합하고 있으며, 후자는 Al, Fe의 착염으로 존재한다. 또 같은 화합물이지만 pH에 의해서도 색조가 변화하는 것을 알 수 있다. 보통 안토시아니딘(anthocyanidin) 색소는 낮은 pH에서 적색을 띠며 pH가 증가함에 따라 자색으로 된다. 이 변화를 시아닌(cyanin, cyanidin의 배당체)을 예를 들어 표시하면 다음과 같다.

적색(pH 3.0)   자색(pH 8.5)

청색(pH 11)

α-토코페롤(α-tocopherol)

피란 고리를 환원한 구조를 가지며 식물유에 존재한다. 이 유사체로서 β, γ, δ 등이 있다. 토코페롤은 항불임작용을 가진 비타민 E의 일종이

다. 토코페롤은 또한 유지의 산화 방지작용을 가지며 항산화제로서 사용된
다. 이 물질은 소맥 배아유 중에 많이 함유되어 있다.

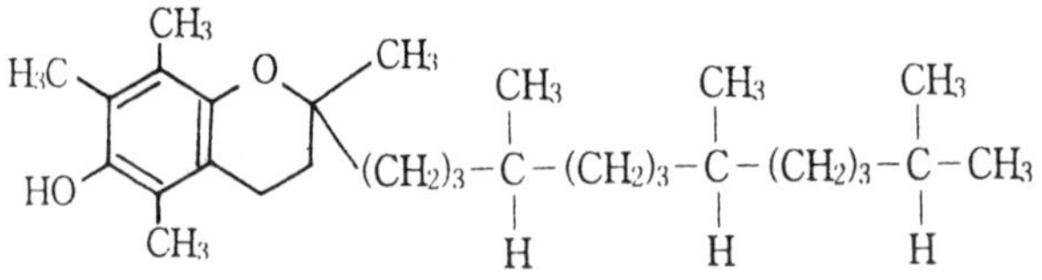

$$H_3C \quad CH_3 \quad O \quad CH_3 \quad CH_3 \quad CH_3 \quad CH_3$$
$$HO \quad CH_3 \quad (CH_2)_3-\underset{H}{\overset{}{C}}-(CH_2)_3-\underset{H}{\overset{}{C}}-(CH_2)_3-\underset{H}{\overset{}{C}}-CH_3$$

α -tocopherol

14.4. 6 원자고리 화합물(헤테로 원자 2 개 이상인 것)

다음 식을 가진 물질이 그 대표적인 화합물이다.

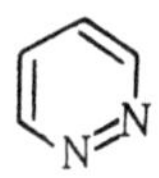

pyridazine 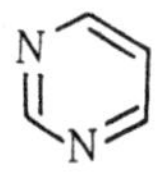   pyrimidine 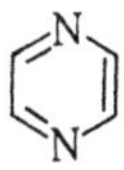   pyrazine

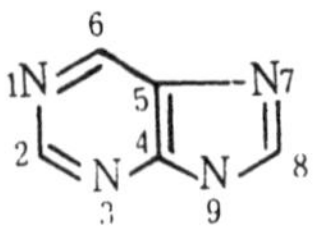

purine 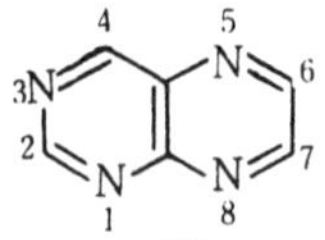   pteridine

피리미딘(pyrimidine) 고리는 비타민 B_1 및 B_{13}의 분자구조의 일부를 형
성하고, 푸린(purine)은 비타민류 및 핵산, 카페인(caffeine), 요산의 분자를
구성하고 있다.

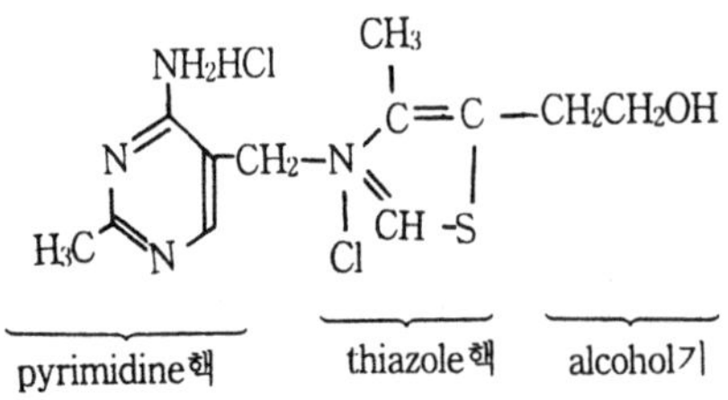

pyrimidine핵   thiazole핵   alcohol기
비타민 B_1 염산염

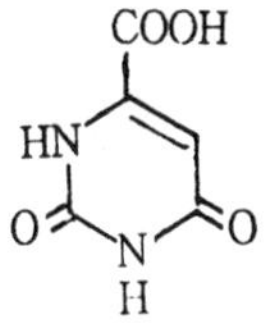

비타민 B_{13}
(orotic acid)

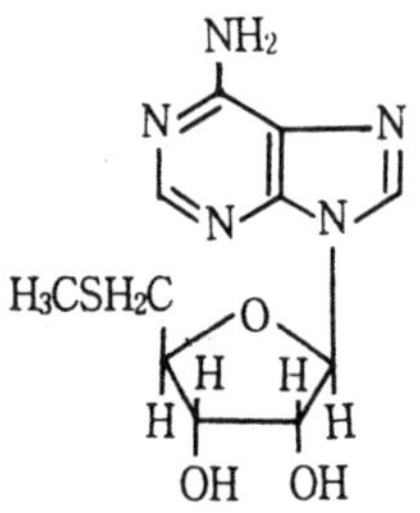

비타민 L_2
(5′-thiomethyladenosine)

caffeine   uric acid

비타민 B_{13}은 동물의 생장인자이며, 비타민 L_2는 젖의 분비를 촉진시키는 인자이다. 요산은 요(尿)에 배출되어 양은 적지만 방광결석의 주성분이다. 요산은 2분자의 요소로 되어 있다고 볼 수 있다.

제 14 장 연습문제

1. 다음 물질명을 써라.

① 　② 　③ 〔pyrrole 구조〕　④ 〔imidazole 구조〕

⑤ 〔thiazole 구조〕　⑥ 〔pyridine 구조〕　⑦ 〔pyrazine 구조〕　⑧ 〔pyrimidine 구조〕

2. 다음 물질의 화학식을 써라.

① furfural

② 2-acetylthiophene

③ 2-benzoylthiophene

④ furoic acid

⑤ 2-nitrosopyrrole

⑥ 2-phenylazopyrrole

3. Imidazole과 pyrazole의 구조상의 차이점을 써라.

4. Imidazole유도체에는 어떤 것이 있는가?

5. 다음의 관계 깊은 것끼리 번호를 이어라.

① antipyrine	㉠ 흥분작용
② caffeine	㉡ 해열제
③ ATP	㉢ 동공(瞳孔) 확대의 작용
④ flavone	㉣
⑤ aniline	㉤ 꽃의 선명 색깔
⑥ atropine	㉥ 화학에너지
⑦ quinine	㉦ 진통제
⑧ morphine	㉧ 마라리야의 특효약
⑨ pyridine	㉨ 〔pyridine 구조〕
⑩ piperidine	㉩

테 르 펜

15.1. 테르펜

식물의 각 부분에 존재하는 휘발성 물질 중 수증기 증류에 의하여 얻을 수 있는 정유(essential oil)는 식물의 종류에 따라서 다르고 이들의 조성에 있어서도 탄화수소, 알코올, 에스테르, 케톤 등 여러가지 차이가 있지만 각 물질의 기본적인 구성 단위는 이소프렌(isoprene) 즉, 2-메틸-1,3-부타디엔 (2-methyl-1, 3-butadiene, C_5H_8)으로 되어 있다.

테르펜(terpene)류는 구조상으로 볼 때 이소프렌의 분자가 2분자, 3분자 또는 4분자 등으로 중합된 복잡한 구조의 화합물이다. 이들 테르펜은 다음 과 같이 나눌 수 있다.

(ⅰ) 헤미테르펜(hemiterpene, C_5H_8 <isoprene 뿐이다.>)

(ⅱ) 테르펜(terpene, $C_{10}H_{16}$)

(ⅲ) 세스퀴테르펜(sesquiterpene, $C_{15}H_{24}$)

(ⅳ) 디테르펜(diterpene, $C_{20}H_{32}$)

(ⅴ) 폴리테르펜(polyterpene, $(C_5H_8)_n$)

또 테르펜은 탄소의 골격구조에 따라 개쇄상(open chain), 단환상 (monocyclic) 및 중환상(bicyclic) 테르펜 등으로 나눈다.

다음 식 중의 점선은 이소프렌 단위를 나타낸 것이다.

isoprene의 구조식   isoprene의 핵   open chain terpene

monocyclic terpene (cymene)   bicyclic terpene (camphene계 화합물)   sesquiterpene

15.2. 개쇄상 테르펜류

개쇄상 테르펜류에서 흔히 볼 수 있는 것은 알코올류와 알데히드류이다.

제라니올(geraniol)

이것은 제라늄(geranium), 장미, 라벤더(lavender), 시트로넬라(citronella) 등의 정유 중에 들어 있는 불포화의 알코올이다.

geraniol(rose)   geranial(lemon grass)

시트랄(citral)

이것은 오렌지, 귤 등의 중요한 성분으로 독특한 냄새를 가지고 있으며, 제라니올을 산화시켜서도 만든다.

시트랄은 묽은 H_2SO_4와 K_2SO_4를 작용시키면 탈수되어 방향족화합물인 시멘(cymene)으로 된다.

citral   cymene(b. p. 174℃/755 mmHg)

15.3. 단환상 테르펜류

단환상 테르펜류는 방향족화합물인 시멘(cymene)과 비슷한 구조의 시클로파라핀(cycloparaffin)으로, 중요한 것으로는 다음과 같은 것이 있다.

리모넨(limonene, $C_{10}H_{16}$)

널리 분포되어 있는 정유의 한 성분으로서, d-리모넨은 오렌지 껍질에 많이 들어 있고, l-리모넨은 솔잎에 들어 있다. 이것의 라세미(racemic)체를 디펜텐(dipentene)이라 한다.

멘 톨(menthol, $C_{10}H_{19}OH$)

이것은 박하뇌라고도 하며, 박하유 중에 들어 있다. 멘톨은 방부제로 쓰이는 외에 시원한 느낌을 주므로 면도용 화장수를 비롯하여 과자용, 담배용으로 그 용도가 넓다.

limonene(b. p. 178℃)
$[\alpha]_D^{20} = \pm175$

l-menthol(b. p. 215~216℃)
$[\alpha]_D^{20} = -49.7°$

15.4. 중환상 테르펜류

α-피넨(α-pinene, $C_{10}H_{16}$)

이것은 테르펜류 중 중요한 것의 하나이며, 대부분의 정유에 들어 있다. 소나무와 잣나무의 몸에서 나오는 송진이나 오래된 나무줄기를 수증기로 증류했을 때 얻어지는 올레오레신(oleoresin, crude turpentine)은 피넨의 좋은 자원이다.

장 뇌(camphor, $C_{10}H_{16}O$)

일본이나 대만 등지에 있는 신나모뭄 캄포라(*Cinnamomum camphora*, 장뇌나무)를 수증기 증류하여 만들며, 승화법으로 정제한다. 천연산 장뇌는 우선성($[\alpha]_D^{20} = +44.2°$)이지만, 용뇌(borneol)의 산화에 의하여 얻은 장뇌는 좌선성이다.

장뇌는 셀룰로이드(celluloid)와 무연화약의 가소제(plasticizer) 또는 강심제를 비롯한 의약품의 원료로 사용되는 한편, 실험실에서는 분자량을 측정하는데 용매로서 사용된다.

장뇌는 공업적인 합성으로 값싸게 생산하게 되었는데, 그 방법은 다음과 같다.

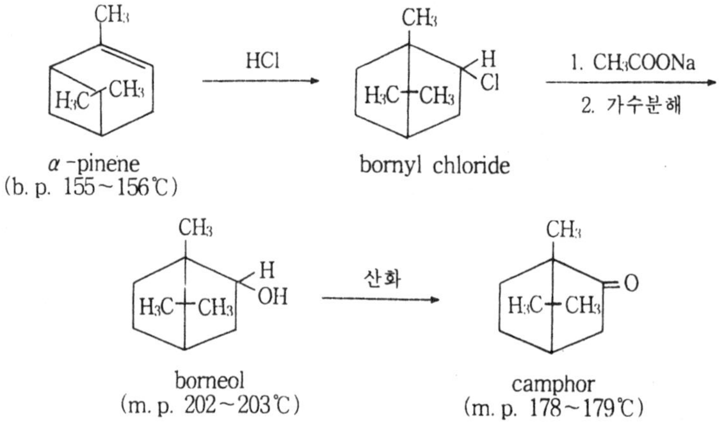

CH3
H3C
CH3
HCl
CH3
H
Cl
H3C
CH3
1. CH3COONa
2. 가수분해
α-pinene
(b. p. 155~156℃)
bornyl chloride
CH3
H
OH
H3C
CH3
산화
CH3
O
H3C
CH3
borneol
(m. p. 202~203℃)
camphor
(m. p. 178~179℃)

15.5. 세스퀴테르펜류

이들은 3개의 이소프렌단위로 구성되어 있는 화합물들이고 이들도 개쇄상, 단환상, 중환상 등의 여러 가지 형태가 알려져있다.

파르네솔(farnesol, $C_{15}H_{25}OH$)

파르네솔은 나리꽃은 비롯하여 여러 가지 꽃의 정유 중에 들어 있는 세스퀴테르펜알코올로서 중요한 향료가 된다. 또 생강의 정유 중에 있는 징기베렌(zingiberene), 구충제로 알려진 산토닌(santonin)은 환상세스퀴테르펜의 하나다.

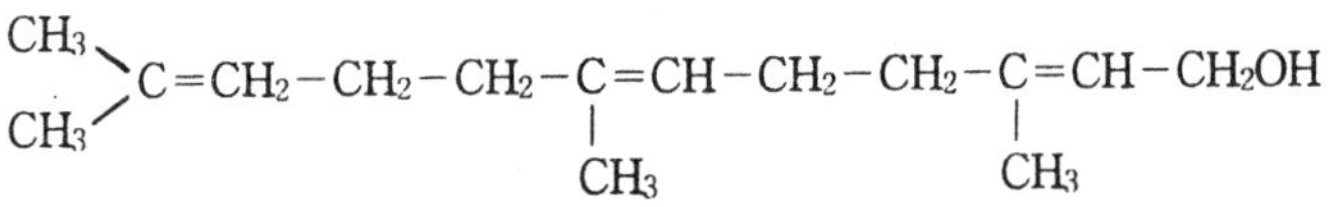

$$CH_3{-}C{=}CH_2{-}CH_2{-}CH_2{-}C{=}CH{-}CH_2{-}CH_2{-}C{=}CH{-}CH_2OH$$

（위 구조식: $(CH_3)_2C{=}CH_2{-}CH_2{-}CH_2{-}\underset{CH_3}{C}{=}CH{-}CH_2{-}CH_2{-}\underset{CH_3}{C}{=}CH{-}CH_2OH$）

α -fernesol

zingiberene

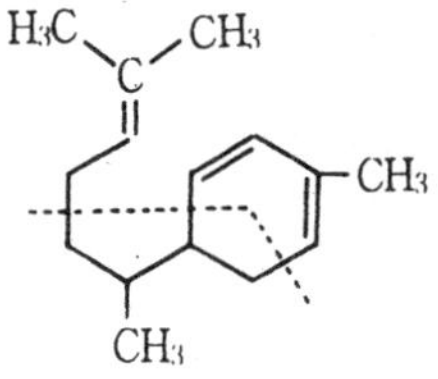

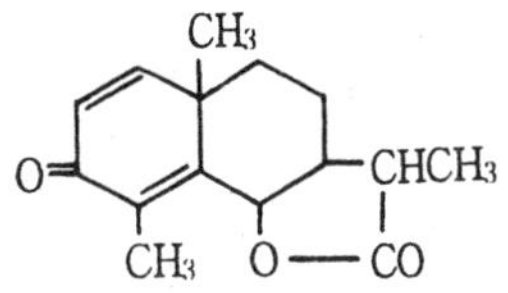

santonın

15.6. 디테르펜유

피 톨(phytol, $C_{20}H_{39}OH$)

엽록소를 가수분해해서 얻을 수 있다.

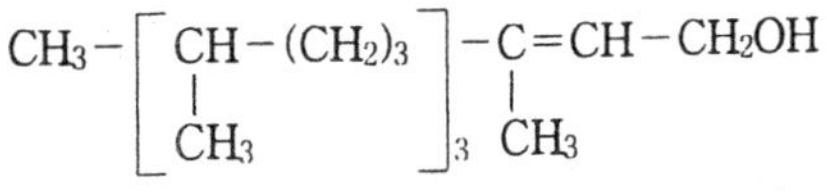

$$CH_3{-}\left[\underset{CH_3}{CH}{-}(CH_2)_3\right]_3{-}\underset{CH_3}{C}{=}CH{-}CH_2OH$$

phytol

아비에트산(abietic acid, C$_{20}$H$_{30}$O$_2$)

이것은 올레오레신(oleoresin)에서 터펜틴(turpentine)유를 제거시킨 나머지 고형물(rosin)의 주성분인데, 알칼리와 처리하여 송지(松脂)비누를 만들며, 니스(vanish), 리놀륨(linoleum)의 제조원료 및 종이의 싸이즈(sizing)제로 널리 사용된다.

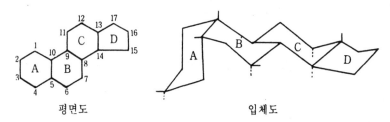

abietic acid(3환 diterpene류)

15.7. 스테로이드

오래전부터 동식물의 지방 속에는 비검화물이 함유되어 있고, 또한 이 부분은 탄화수소와 다환상알코올로 되어 있음이 알려졌다. 이러한 다환상 알코올의 화합물을 스테롤(sterol)이라고 하는데, 식물에서 얻을 수 있는 피토스테롤(phytosterol)과 동물에서 볼 수 있는 동물스테롤(zoosterol) 및 효모나 곰팡이 속에 들어 있는 미생물스테롤(mycosterol) 등으로 나눈다.

모든 스테롤은 그 구조 중에 페난트렌(phenanthrene)환에 시클로펜탄(cyclopentane)이 결합된 시클로펜타노파아히드로페난트렌(cyclopentanope-rhydrophenanthrene)의 골격을 가지고 있다.

평면도   입체도

스테로이드의 기본구조

이러한 골격을 가지고 있는 일련의 물질을 스테로이드(steroid)라 하는데 담즙의 성분, 비타민 D에 관계되는 물질, 성호르몬 및 카르디악(cardiac)배당체 등 생리적으로 중요한 것이 많다.

동물스테롤

동물스테롤의 대표적인 것으로는 콜레스테롤(cholesterol)을 들 수 있다. 콜레스테롤은 동물의 혈액, 뇌, 척수 또는 담석(gallstone) 중에 많이 들어 있는데, 이에는 여덟 개의 부제탄소가 들어 있다.

콜레스테롤은 체내에서 합성되며, 혈액속에서 적혈구가 파괴되지 않게 보호하는 역할을 하고 있다.

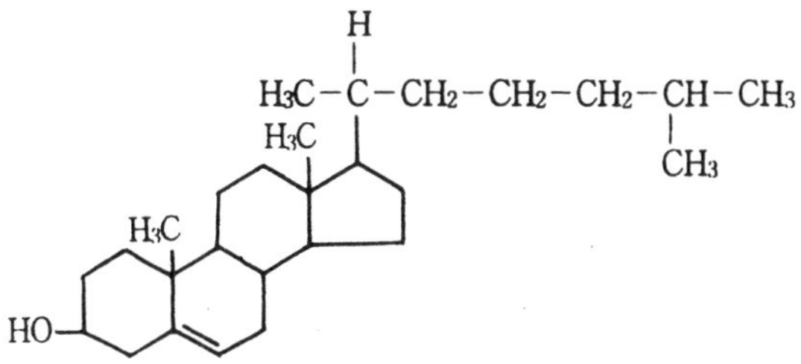

cholesterol(m. p. 148～151℃)

식물성 스테롤

식물성 스테롤류에는 스티그마스테롤(stigmasterol, $C_{29}H_{48}O$, 콩기름 중의 비검화물), β-시토스테롤(Sitosterol, $C_{29}H_{50}O$, 밀의 배아유에 있음), 에르고스테롤(ergosterol) 등이 있다.

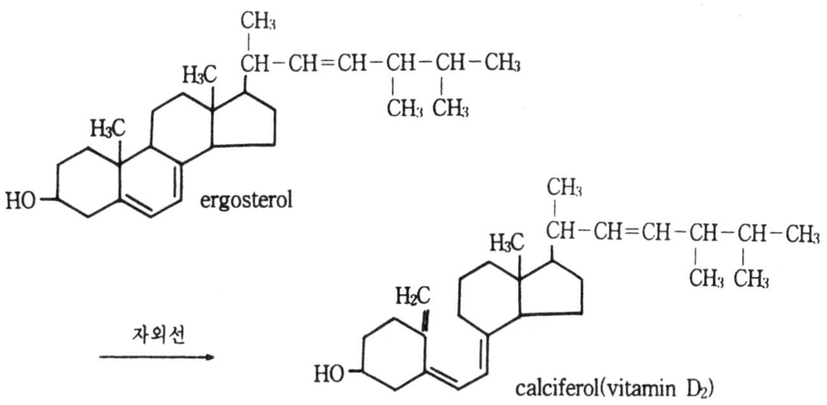

ergosterol

자외선 →

calciferol(vitamin D_2)

에르고스테롤은 맥각에서 발견되었는데, 그 후에 효모에서도 분리하였다. 이것은 콜레스테롤보다 메틸(methyl)기 한 개와 이중결합 두 개가 더 많으며, 자외선을 쬐면 비타민 D_2(calciferol)로 된다.

담즙산(bile acid)

담즙산은 동물의 담즙에 들어 있으며, 염의 형태로 존재한다. 이 염은 유화제의 작용을하여 장내에서 지방의 소화, 흡수작용을 돕는다.

담즙산은 4종이 알려져 있는데, 그 중에서 가장 잘 알려진 것은 콜산(cholic acid)이다.

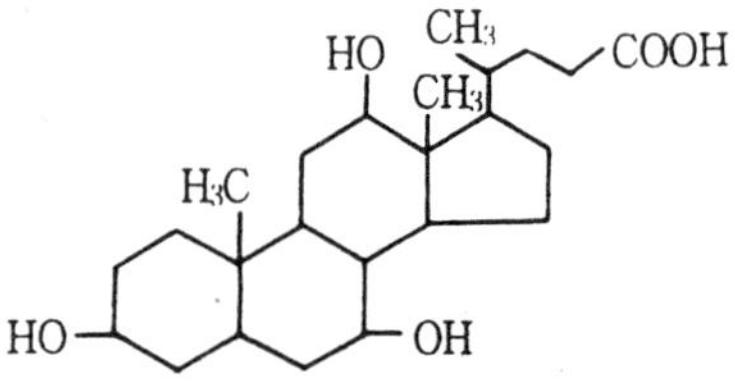

cholic acid

호르몬

① 남성호르몬

여기에는 안드로스테론(androsterone)과 테스토스테론(testosterone)이 있는데, 전자는 남성의 소변에서 추출되고, 후자는 고환에서 추출된다.

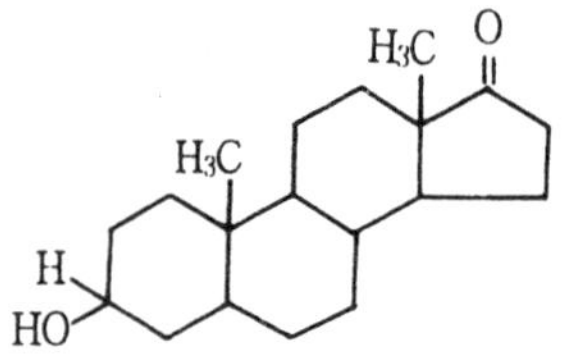

androsterone 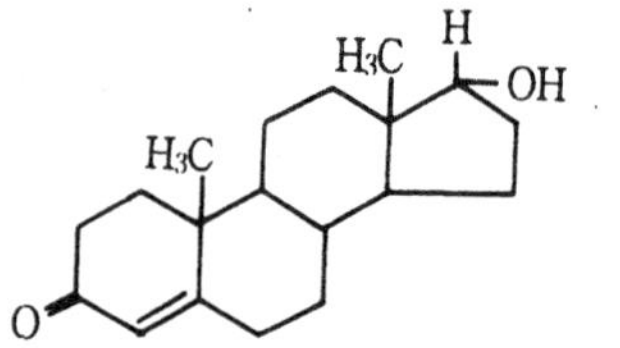   testosterone

② 여성호르몬

여기에는 여포호르몬인 에스트론(estrone)과 황체호르몬인 프로게스테론

(progesterone)의 두 가지가 있다. 여포호르몬은 발정 및 배란의 주기를 조절시키며, 황체호르몬은 임신상태를 정상으로 유지시키는 데 필요한 작용을 한다.

그런데 스테로이드의 구조를 가지고 있지 않으면서도 성호르몬의 작용을 하는 것으로는 스틸베스테롤(stilbesterol)이 있는데, 이것은 여포호르몬의 작용을 한다.

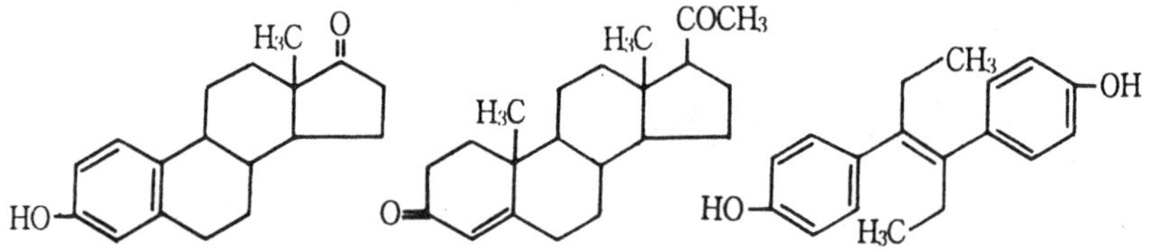

estrone   progesterone   stilbesterol

③ 부신피질호르몬

부신피질(adrenal cortex)의 추출물을 연구한 결과 성호르몬의 구조와 밀접한 연관성이 있는 호르몬이 약 30종이 분리되었다. 이들 중에는 코르티손(cortisone)이 있다.

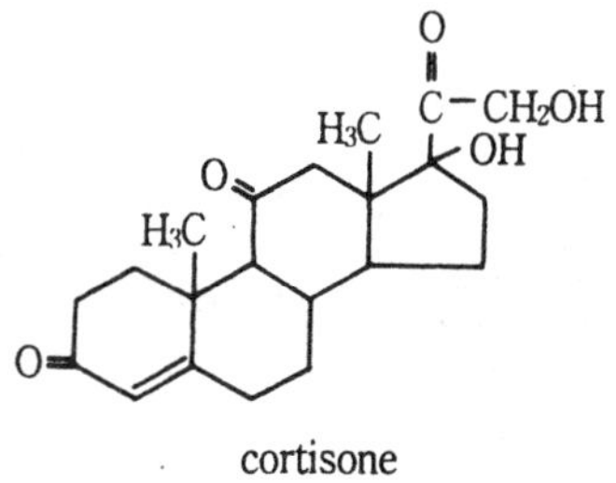

cortisone

이것은 특히 루머티스성 관절염과 루머티스열에 유효하다. 코르티손 및 이와 비슷한 작용을 가진 분자는 공업적으로 합성되고 있다.

15.8. 알칼로이드

보통 식물체에서 얻어지며, 현저한 생리작용이 있는 질소원자를 가진 염기성물질들을 한데 묶어서 알칼로이드(alkaloid)라 하는데, 독성이 있으며 쓴맛을 갖는다.

이것들 중에는 예로부터 의약품으로 이용된 것도 있으며, 구조는 헤테로고리화합물에 속하는 것이 많다. 광학적으로는 활성을 띤다.

니코틴산(nicotinic acid)

니코틴은 가장 간단한 알칼로이드로서 담배 중에 특히 많다(1~2%). 니코틴은 무색의 액체인데, 공기 중에서는 암갈색으로 변색한다.

인체에 대한 작용을 보면 중추신경과 말초신경을 흥분시키고, 장과 혈관을 수축시키며, 혈압을 높게 하고, 설사를 일으킨다.

니코틴을 HNO_3나 $KMnO_4$의 산성용액으로 산화시키면 니코틴산이 생성되는데 이것은 생화학적 산화, 환원반응의 주성분인 니코틴아미드아데닌디뉴클레오티드(nicotinamide adenine dinucleotide, NAD)의 생성에 필요하고 중요한 비타민이다.

아트로핀(atropine)

아트로핀은 가시독말풀(*Datura alba*) 등에 들어 있는 알칼로이드로서 이의 묽은 용액은 동공을 넓히는 작용이 있으므로 안과진단에 쓰인다.

아트로핀을 가수분해하면 트로핀(tropine)이 생성되는데, 코카인(cocaine,

m.p. 98℃)에서도 마찬가지로 트로핀이 생성되므로 아트로핀과 코카인을 트로핀알칼로이드라 부르기도 한다.

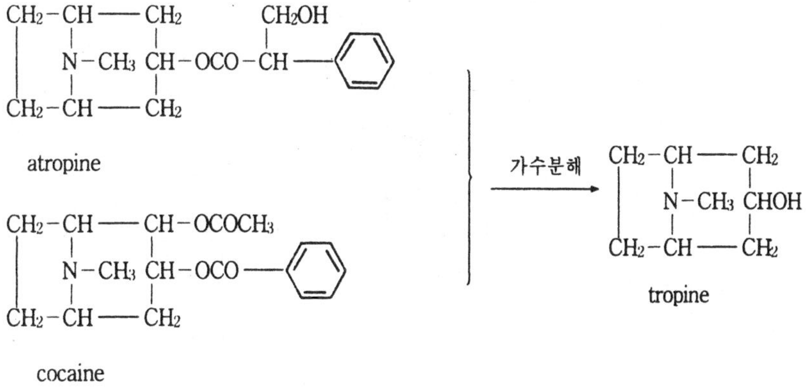

atropine

cocaine

가수분해

tropine

코카인은 코카나무(*Erythroxylum coca*)의 잎에서 얻을 수 있고, 말초신경을 마비시키는 성질이 있으므로 국부마취제로 사용된다. 독성과 습관성이 있는 것이 결점이다.

퀴 닌(quinine)

퀴닌은 신코나(*Cinchona*)속 식물의 껍질에서 추출하는데, 예전부터 마라리아 치료제로 널리 사용되어 왔다. 신코나속 식물에서 얻는 알칼로이드는 퀴닌 외에도 25종이나 되고, 그의 구조는 대개 비슷하므로 신코나알칼로이드(cinchona alkaloid)라고도 한다.

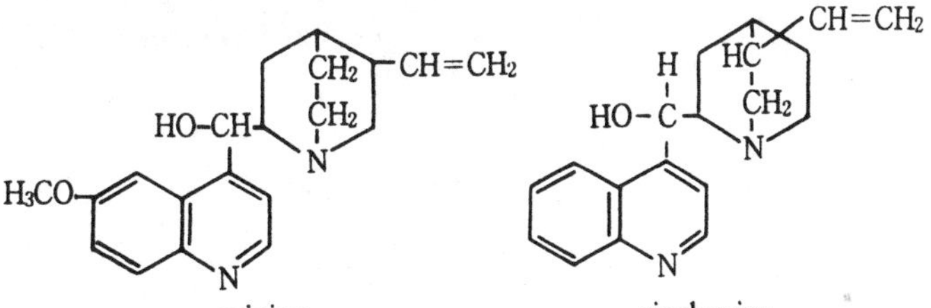

quinine

cinchonine

모르핀(morphine)

모르핀은 아편(opium)에 들어 있는 알칼로이드의 일종이다. 아편에는 이

밖에도 파파베린(papaverine), 코데인(codeine), 테바인(thebaine) 등을 비롯
하여 25종 이상의 알칼로이드가 들어 있다.

모르핀은 진통, 최면작용이 있으나 습관성이 있고, 코데인은 기침을 가
라앉히거나 진통작용이 있다.

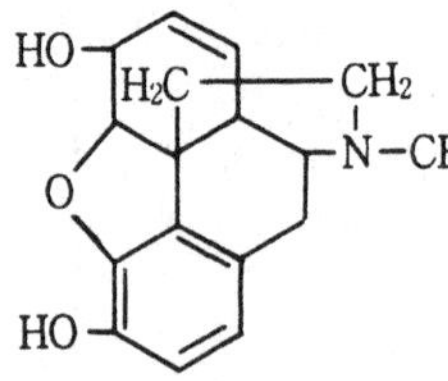

morphine

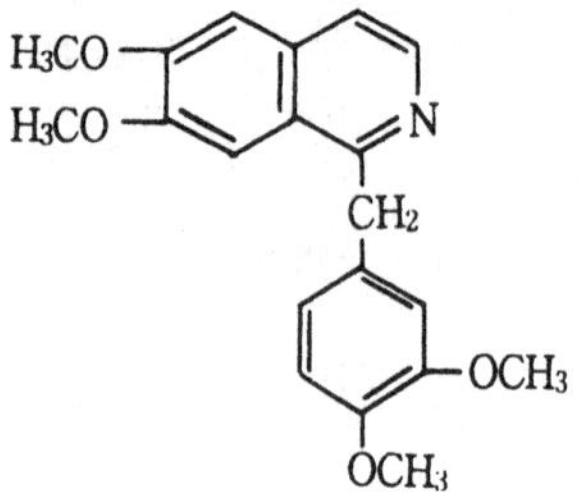

papaverine

그밖의 알칼로이드

후추(pepper)의 알칼로이드인 피페린(piperine, m.p. 128~129℃), 고추의
캅사이신(capsaicin, m.p. 64~65℃), 황마의 알칼로이드로서 기침을 가라앉
히는 작용이 있는 에페드린(ephedrine), 커피나 차 등에 들어 있고 심장과

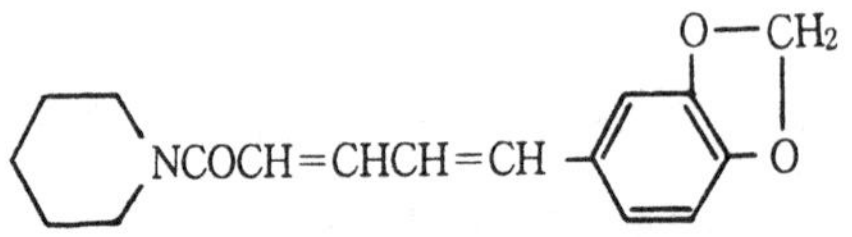

piperine

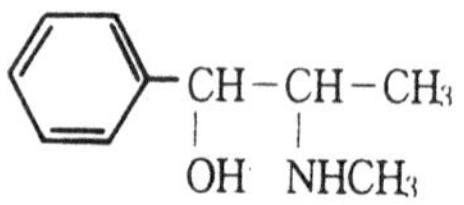

ephedrine

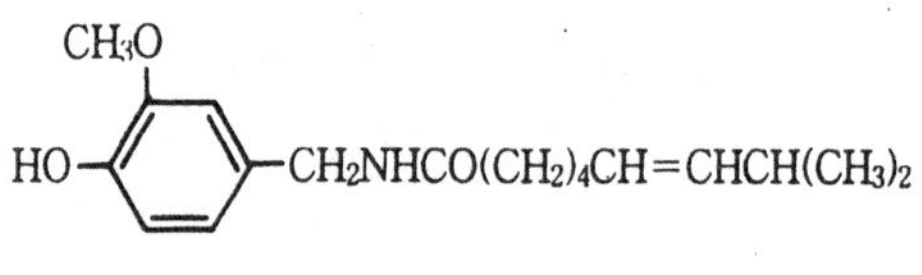

capsaicin

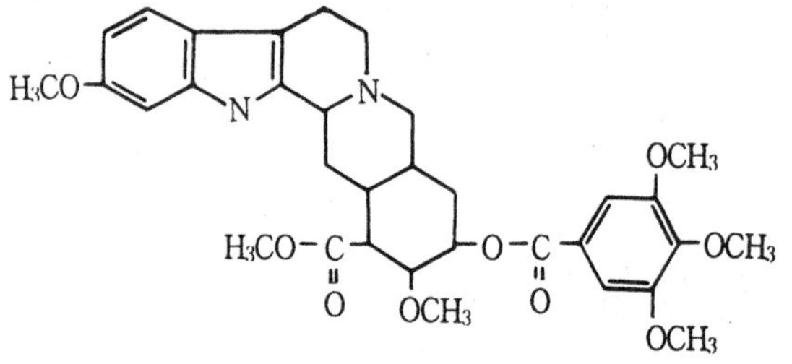

reserpine

중추신경계통의 흥분 자극작용을 가진 카페인(caffeine), 혈압강하제, 진정제로 쓰이는 레세르핀(reserpine), 소아마비의 후기 치료제로 쓰이는 세쿠린(securine) 등이 있다.

15.9. 항생물질

미생물학자들은 어떤 미생물이 다른 미생물의 대사를 방해하는 물질을 생산한다는 것을 오래전부터 알고 있었다. 이와 같은 물질을 항생물질이라 하며, 항생물질(antibiotics)은 다른 균의 생육을 방해하거나 죽이게 된다.

항생물질은 2차대전 중에 페니실린을 시발점으로 해서 그 역사가 전개되기 시작하여 오늘날에는 수많은 종류가 인류의 질병 치료에 응용이 되고 있으며, 앞으로도 더 많고 유용한 것들이 개발될 가능성이 있다.

페니실린

페니실린(penicillin)은 푸른 곰팡이인 페니실륨 노타튬(*Penicillium notatum*)에서 얻어졌다. 현재는 페니실린 생산능력이 더강한 균주인 페니실륨 크리소게넘(*Penicillium chrysogenum*)을 이용하고 있다.

$$
\begin{array}{c}
\quad\ O \qquad\qquad\quad S\ CH_3 \\
\quad\ \parallel \qquad\qquad\quad\diagdown\!\diagup\ \vert \\
R-C-NH-CH-CH\quad C-CH_3 \\
\qquad\qquad\ \ \vert\qquad\ \vert\qquad\ \ \vert \\
\qquad\qquad O=C\!-\!N\!-\!CH-COOH
\end{array}
$$

penicillin

penicillin G

R ; ⟨benzene⟩—CH_2-

penicillin X

R ; HO—⟨benzene⟩—CH_2-

penicillin F

R ; $CH_3CH_2CH=CHCH_2-$

penicilln K

R ; $H_3C(CH_2)_5CH_2-$

페니실린은 특히 연쇄상구균, 폐렴쌍구균 등을 비롯한 그램양성(gram positive)균에 대하여 유효하다. 페니실린의 일반식은 아래와 같고 R기의 종류에 따라 여러 가지가 있다. 1957년에 쉬한(John Sheehan)에 의해서 최초로 합성이 되었다.

스트렙토마이신

스트렙토마이신(streptomycin)은 스트렙토마이세스 그리세우스(*Sterptomyces griceus*)의 배양으로 얻어지는 항생물질이며, 그람음성균에 대하여 유효하다.

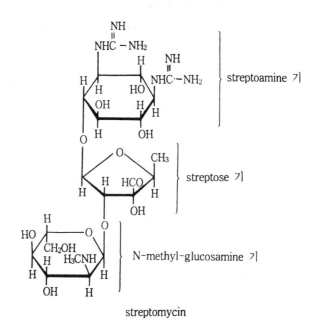

streptomycin

클로로마이세틴

클로로마이세틴(chloromycetin)는 클로람페니콜(chloramphenicol)이라고도 하며, 토양미생물인 스트렙토마이세스(*streptomyces*) 속의 일종에서 얻을 수 있다.

클로로마이세틴은 발진티프스와 특정의 비루스(virus)에 유효하며, 구조가 비교적 간단하여 합성되고 있다.

$$O_2N-\langle\text{ring}\rangle-\overset{\overset{\displaystyle H}{|}}{\underset{\underset{\displaystyle HO}{|}}{C}}-\overset{\overset{\displaystyle NH-C-CHCl_2}{|}}{\underset{\underset{\displaystyle H}{|}}{C}}-CH_2OH$$

chloromycetin

테라마이신(terramycin)과 오레오마이신(aureomycin)

이것은 다같이 부분적으로 수소화된 나프타센(naphthacene)핵을 가지고 있으며, 전자는 스트렙토마이세스 리모서스(*streptomyces rimosus*)에서 후자는 스트렙토마이세스 오레오파시엔스(*streptomyces aureofaciens*)에서 얻는다.

테라마이신(terramycin)의 OH기를 수소원자로 바꾸면 항생물질인 테트라시크린(tetracyclin)이 된다. 이들은 광범위한 치료효과를 가진다.

이밖에 농업용 항생물질로는 애크티디온(actidion, m.p. 115~116℃), 안티마이신 A(antimycin A, m.p.140~142℃), 블라스티시딘(blasticidin) 등이 이용되고 있다.

tetracyclin R ; H, R' ; H
terramycin R ; H, R' ; OH
aureomycin R ; Cl, R' ; H

actidion A

antimycin

A_1 R ; n-C_6H_{13}, A_3 R ; n-C_4H_9

제 15 장 연습문제

1. 테르펜류중 쇄상테르펜, 단환상테르펜, 중환상테르펜의 대표적 물질명
   과 화학식을 써라.

2. 스테로이드의 대표적 물질 4종을 써라.

3. 알칼로이드란 무엇인가?

4. 항생물질의 정의를 써라.

16

유기화합물의 분광법

유기화합물을 어떻게 확인할 수 있는가? 유기화합물의 정확한 구조를 어떻게 알아낼 수 있는가? 유기 화학자의 가장 큰 관심사는 유기 화합물에 흡수된 복사선의 파장이 화합물의 구조에 따라 어떤 관련이 있다는 사실이다. 그러므로 여러 가지의 분광법(sepectroscopy)이 이들 미지 화합물의 구조나 유기 화합물의 결합 특성을 연구하는 데 이용된다. 즉 분광학(sepectroscopy)은 복사선과 어떤 물질 사이의 상호작용을 연구하는 학문이라 할 수 있다.

분광법은 화학적인 시험방법과는 달리 측정 중 시료가 변하지 않으므로 측정 후 시료를 다른 목적에 이용할 수 있다. 이러한 과정 중에서 얻어진 정보는 유기화합물의 구조를 확인하고 결정하는데 매우 중요한 역할을 한다. 또한 혼합물 중 소량 들어 있는 유기물의 정성 및 정량에 이용할 수 있다.

이런 편리한 점 때문에 생화학적 반응 또는 환경오염 등 각종 많은 문제를 해결하는 데 이용된다. 이 장에서는 일반적으로 널리 사용하고 있는 4가지의 분광법을 기술하고자 한다.

16.1. 전자기 복사선과 분자

전자기 복사선(electromagnetic radiation)은 파동의 형태로 공간을 통해서 투과되는 에너지이다. 가시광선, 자외선, 적외선, 라디오파, X-선 등과 같은 형태의 전자기파는 한 파장의 정점에서 다음 파장의 정점인 거리, 즉 파장(wavelength)에 의해 특징 지워진다.

전자기(electromagnetic)란 명칭은 전자기 복사가 주기적인 형태로 증감하는 전기장 및 자기장과 관련이 있어 붙여진 것이다. 모든 전자기 복사선은 진공상태에서 빛의 속도와 똑같이 3.0×10^{10}cm/sec의 속도로 진행한다. 그러나 전기장과 자기장이 증가하는 진동수(frequency)는 다르다.

상당부분의 전자기 복사선의 영역을 그림 16-1 에 표시하였다.

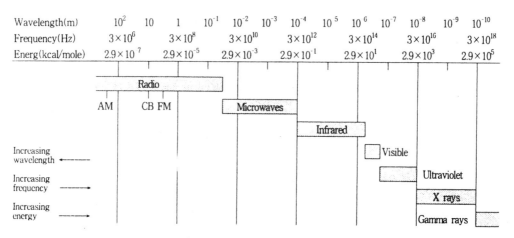

그림 16-1 전자기 복사선의 영역

X-선이나 혹은 적외선 복사(infrared radiation) 등은 특수한 파장의 복사선을 내며 또 검출하는 기기에 관련하여 임의적으로 분류된 것이라 할 수 있다. 예컨데 가시광선은 인간의 눈이 검출할 수 있는 아주 작은 영역의 전자기 복사선의 일부분이다.

전자기 복사선의 빔(beam)이 공간을 통과할 때 자기장 및 전기장에의 변화는 물 표면에서의 파도를 연상케하여 비슷한 용어로 기술한다. 복사선

의 진동수(ν)는 어떤 시간에 주어진 점을 통과하는 파동수(wave number)
이다. 복사선은 파장에 의해서 특성을 나타내지만 Hertz(Hz)라 부르는 초
당 싸이클(cycles per second)로 정의되는 진동수(fequency)에 의해서도 특
성 지워진다. 더 높은 진동수를 갖는 복사선은 초당 더 많은 진동수를 포
함하게 되어 파장은 더 짧아진다. 즉 파장과 진동수는 역비례관계에 있음
을 다음 식으로 알 수 있다.

$$\lambda = \frac{c}{\nu} \qquad \begin{array}{l} \lambda = \text{파장(cm)} \\ c = \text{전자기 복사 속도(진공상태에서 } 3.0 \times 10^{10}\text{cm/sec)} \\ \nu = \text{진동수(Hz)} \end{array}$$

예를 들면 가시광선 영역의 중심은 진동수가 약 5×10^{14}Hz이므로, 파장은

$$\lambda = \frac{c}{\nu} = \frac{3.0 \times 10^{10}\text{cm/sec}}{5 \times 10^{14}\text{cycle/sec}} = 6 \times 10^{-5}\text{cm/cycle}$$

분자들과 상호 작용할 때는 전자기 복사선이 마치 따로 따로 분할할 수
없는 입자와 같은 에너지 다발(packets of energy)로 구성된 것처럼 행동
한다. 이들 전자기 복사선의 가장 작은 단위를 광양자(photon)라 한다. 각
진동수(파장)의 광양자는 진동수에 비례하는 특정한 에너지를 갖고 있다.
즉 자외선의 광양자는 가시광선의 광양자보다도 더 큰 에너지를 가지며
라디오파의 광양자보다도 큰 에너지를 갖는다.

$$E = \text{constant} \times \nu$$

양자 역학은 어떤 주어진 **화합물**의 분자들이 다만 일정한 에너지를 갖
고 있다는 것을 나타낸다. 어떤 특정한 분자는 어떤 특정한 진동수(파장)
를 갖고 있는 복사선만을 **흡수**한다. 이들 진동수는 분자의 현존하는 에너
지 상태와 보다 높은 에너지의 다른 허용된 상태 사이의 에너지 차이와
일치한다. 에너지 상태가 E_1인 어떤 분자를 생각해볼 때, 역시 E_2, E_3는 가
능한 에너지 상태이다. 이 분자는 광양자가 E_2-E_1이나 E_3-E_1과 같은 에너

지를 갖고 있는 복사선을 흡수할 뿐 다른 복사선(radiation)은 흡수하지 않는다.

분자가 적외선을 흡수하면 분자는 새로운 에너지 상태, 즉 고에너지 상태로 여기된다. 각 분자는 각기 다른 허용하는 에너지 상태를 갖고 있어서 이는 복사선의 흡수에 있어서 독특한 양상을 띠게 된다. 즉 적외선의 선택된 진동수만이 어떤 분자에 의해 흡수된다.

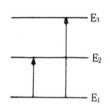

흡광분광법(absorption spectroscopy)에 있어서 시료는 전자기 복사선의 빔(beam)내에 놓여지게 된다. 복사선의 진동수(파장)가 다양하여서 흡광강도(absorption intensity : 시료가 각 진동수의 복사선을 흡수하는 양)를 측정할 수 있다. 어떤 시료에 복사선이 흡수되면 시료를 통해서 투과된 광양자의 수는 감소한다. 이러한 흡수는 복사선의 흡광 강도 혹은 양의 감소로서 관찰된다. 이러한 흡광 강도의 변화는 분광법에서 측정치로 이용된다. 즉 각기 다른 주파수에 대하여 흡광 강도를 도시하여 나타낸 것을 흡수 스펙트럼(absorption spectrum)이라 한다.

16.2. 적외선 흡광 분광법

그림 16-2 는 전형적인 적외선 스펙트럼을 나타낸다. 화학자들은 이것이 일종의 간단한 알콜의 스펙트럼임을 한 눈에 알 수 있다. 결합형태가 다른 모든 물질은 서로 다른 진동수를 가지며, 다른 물질 중의 같은 형태의 결합도 조금씩은 다른 환경을 가지므로 구조가 다른 두 물질은 정확히 동일한 적외선 흡수나 스펙트럼을 가질 수 없다. 그리고 일부분의 흡수된 진동수가 같아도 어떤 두 개의 다른 물질도 적외선 스펙트럼이 일치하지 않는다. 그러므로 적외선 스펙트럼은 인간의 지문과 같이 특정한 분자의 구조를 밝히는데 유용하다. 동일한 물질이라고 추측하는 두 물질의 적외선 스펙트럼을 비교해 봄으로서 그 물질들의 동일성을 확인한다. 만약 두 스펙트럼의 피크(peak) 사이가 일치하면 대개의 경우 두 물질은 동일하다.

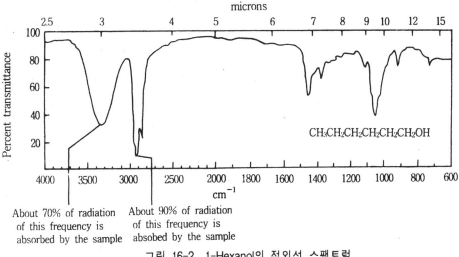

그림 16-2 1-Hexanol의 적외선 스펙트럼

일반적으로 적외선 복사 영역은 약 2.5 micron(1 micron = 1 micrometer = 10^{-6} meter)에서 16 micron까지로 본다. 그러나 흡수의 위치를 특정화하기 위해서 파동수를 사용하는 것이 관례로 되어 있다. 적외선 분광기에서 진동수는 cm당 주기수인 파동수로 표시한다. 파동수는 센티미터의 역수(cm^{-1})의 단위가 된다. 적외선 분광기에서 파장으로 사용되는 단위는 마이크로미터(μm)이다. 즉 다음식으로 나타낼 수 있다.

$$\text{wave number} = \frac{1}{\text{wave length(cm)}}$$

대부분의 적외선 스펙트럼은 퍼센트 투광도(%T) 혹은 흡광도(A)에 대해 전자기 스펙트럼의 작은 양들을 연속적으로 변화시킨 파장 혹은 진동수를 나타낸 그림이다. 특정한 파장에서 어떤 화합물의 흡광도가 없으면 100%T(이상적으로)로 나타낸다. 또한 0%T란 시료에 의해 모두 흡수된 것을 뜻한다. 어떤 화합물이 특정한 파장에서 복사선의 흡수가 있으면 투광된 복사선의 강도는 감소한다. 이 결과 %T가 감소하고 흡수띠(absorption band) 또는 흡수 피크(absorption peak)라 부르는 움푹 들어간 스펙트럼으로 나타낸다. %T가 100 인 스펙트럼 부분을 기준선(base line)이라 부르고 적외선 스펙트럼에서 위쪽에 기록한다.

그림 16-3에 나타낸 것처럼 필수적인 구성 부품을 갖고 있는 기기인 적외선 분광기(infrared spectrometer)는 스펙트럼을 얻는데 이용된다.

본 장에서 보여주는 각종 적외선 스펙트럼들은 2개의 염화 나트륨 판 사이에 넣은 액체상의 유기 화합물의 박층(thin layer)으로부터 얻은 것이다(염화나트륨은 이 스펙트럼 영역에서 흡수되지 않는다).

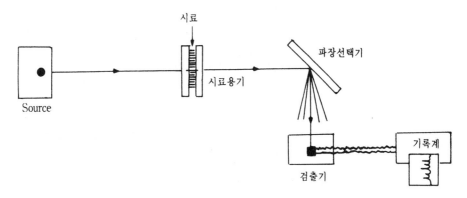

그림 16-3 적외선 분광계의 필수 구성요소

광원은 넓은 진동수 영역에 영향을 끼치는 적외선을 방사한다. 파장선택 장치(wavelength selector)는 시료에 의해 투과되는 방사선의 특별한 파장 만을 허용해서 주어진 시간에 검출기(detector)에 도달하게 한다. 검출기는 방사선의 강도를 측정하여서 이 강도를 각 파장에 대해 도시(plot)한 것이 기록기에 의해 종이 위에 나타나게 된다.

스펙트라(spetra)는 어떤 용매에 녹아 있는 화합물이나 기체들로부터도 얻 을 수 있다. 용매를 사용했을 경우에는 용매로 인한 흡수를 빼놓아야 한다.

분광기들은 일반적으로 두 개의 시료 셀(sample cell) 중 하나는 화합물 의 용액을 담고 있으며 또 다른 것은 오직 용매만을 담고 있다. 기기에 의 한 복사선 흡수 사이의 차이를 측정함으로써 용매로 인한 흡수를 상쇄한 다. 통상적으로 적외선 스펙트럼은 단 몇 분만에 미량의 시료(1~2 mg)로 얻을 수 있다.

한 분자가 적외선을 흡수할 때 무슨 변화가 일어나는가? 분자들에 나타
나는 결합길이와 결합각은 모두 평균값이다.

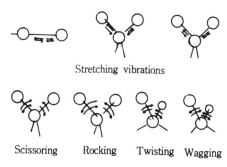

Stretching vibrations

Scissoring   Rocking   Twisting   Wagging

Bending vibraions

그림 16-4 오직 한 두 개의 원자를 포함하고 있는 몇 가지의 분자 진동

한 분자 내에서 원자들은 실제로 상호관련된 운동을 끊임없이 계속하고
있다. 즉 공유결합에 의해 결합된 원자의 핵은 용수철에 매달린 두 개의 공
과 비슷한 양상으로 진동 혹은 진폭한다. 분자들이 적외선 복사선을 흡수하
면 흡수된 에너지는 결합된 원자들의 진동의 강도를 증가시킨다. 그리고 이
러한 분자들은 여기된 진동상태(excited vibrational state)에 있게 된다. 즉
이들 결합들이 신축(stretch)되고 또한 결합각이 변형(deform)되는 일련의 분
자 운동을 분자 진동(molecular vibration)이라 한다. 그림 16-4에서는 이들
진동 중 몇 가지를 설명하였다.

신축진동(stretching vibration)은 인접한 원자들 간의 결합거리를 변화시
키고 굽힘진동(bending vibration)은 결합각을 변화시킨다.

적외선 복사선의 광양자가 흡수되면 분자는 여기되어(excited) 진동 운
동(vibration motion)이 보다 활동적인 높은 에너지 수준으로 되는 데 이러
한 진동운동은 분자 전체에 영향을 미친다. 그러나 상대적으로 어떤 진동
은 국부적으로 일어나서 주로 두 개의 원자나 혹은 대개의 경우 소수의
원자들을 포함한다. 결과적으로 분자 중에서 남아있는 것의 구조에도 불구
하고 어떤 구조적인 특징이 좁은 진동수 범위에서 나타나는 적외선 흡수
가 일어나게 된다. 이러한 특징적인 흡수가 적외선 스펙트라로 하여금 알

려지지 않은 구조를 갖고 있는 화합물들에 관해서 구조적인 정보를 제공하는 데 유용하게 한다.

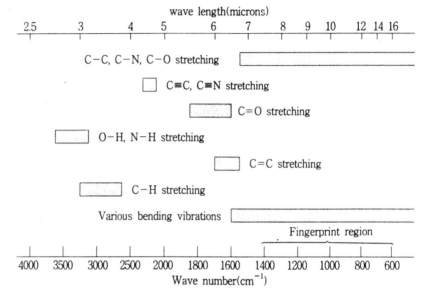

그림 16-5 신축진동과 굽힘진동의 대략적인 영역

몇 가지의 전형적인 진동수 범위를 그림 16-5에 나타내었다.

대단히 가벼운 수소원자를 포함하는 결합들(C−H, O−H, N−H)과 다중 결합들(C=C, C=O, C≡C, C≡N)의 신축 진동이 특별히 유용하다. 두 개의 무거운 원자들간의 단일결합들(예컨대 C−C, C−N, C−O)을 포함하는 신축 진동은 많은 원자들을 포함하고 있는 운동들 보다 더욱 관련이 있어 넓은 진동 범위에 걸쳐 나타나는 경향이 있다. 더군다나 이들 흡수는 굽힘 진동에 의해 나타나는 영역으로 붙게 된다.

적외선 스펙트럼의 왼쪽 부분인 1400-4000 cm^{-1}의 영역은 여러 작용기들을 확인하는 데 특히 중요하다. 이 영역에서 신축 진동 형태의 흡수가 나타난다. 1400 cm^{-1}에서 오른쪽 영역(대략 1400-600 cm^{-1})은 신축과 굽힘 진동 피크가 나타나므로 매우 복잡한 경우가 많다. 이 영역에서는 각 작용기와 각각의 흡수띠들의 상관관계가 항상 정확할 수는 없다. 그러나 각 유기 화합물들은 이 영역에서 특수한 흡수가 일어난다. 스펙트럼의 왼쪽 부분은 비슷한 화합물에 대해서는 같게 나타나지만 지문 영역(오른쪽 부분)도 같은 화합물에 대해 나타나는 두 개의 스펙트럼이 완전히 일치해야 한다. 이 영역안에 있는 유기분자에 대한 복사선의 흡수는 복잡하나 유일한(unique) 것이기 때문이다. 표 16-1 에서는 몇 가지 중요한 신축 진동을 보다 상세히 나열하였다. 이 정보를 참고하여 스펙트라의 특징 중 어떤 것은 이들을 나타내는 구조적 특징에 연관지을 수 있게 된다.

그림 16-6 에서 처음 두 개의 스펙트라는 2800 cm^{-1}과 1500 cm^{-1}사이에서의 주목할만한 흡수가 없다. 그러므로 다중결합이 없다. 2970~2850 cm^{-1}영역내의 아주 선명한 흡수는 포화된 탄소의 C–H신축 진동의 특성이다. 이 성질체 알칸들의 스펙트라가 많은 유사점이 있다해도 의심할 여지없이 각기 다르고 특별히 지문영역일 경우는 더욱 그러하다.

그림 16-6 의 (c)와 (d)에 있는 스펙트라는 2, 4-디니트로페닐히드라존(2, 4-dinitrophenylhydrazone) 유도체를 형성하는 화합물들이다. 그러므로 이들은 아마 알데히드나 케톤일 것이다. 이러한 가정이 맞는다면 양쪽 스펙트라는 1700 cm^{-1}근방에서 카르보닐기의 대단히 강한 흡수 특성을 갖게 된다.

첫 번째 화합물은 $\overset{\text{O}}{\overset{\|}{\text{C}}}$–H원자단의 C–H신축의 특징이 2720 cm^{-1}에서의 흡수로 나타내기 때문에 알데히드로 쉽게 확인할 수 있다. 그러므로 또 다른 화합물은 케톤임에 틀림없다.

그림 16-6 의 (e)에서의 스펙트럼상에 나타나는 2220cm^{-1}에서의 예리한 흡수(absorption)는 삼중결합의 특성이다. 방향족 고리가 존재하면 1600 cm^{-1}과 1450 cm^{-1}사이에서 흡수 집단(group of absorption)을 나타내고 그리고 =C–H신축 진동의 흡수와 일치한다.

그림 16-6 의 (f)에서의 스펙트럼 중 2500~3500cm^{-1}영역에서의 대단히 폭넓은(broad) 흡수와 1710cm^{-1}에서 강한 카르보닐 흡수는 카르복실산 임을 나타낸다.

적외선 스펙트럼으로부터 어떤 미지 분자에 관한 구조적 정보를 추론하려는 시도를 위해서는 먼저 특정한 작용기들의 진동수 특성을 나타내는 흡수가 존재하는지 여부를 살펴보는 것으로부터 접근한다.

표 16-1 신축 진동에 기인한 몇 가지의 특징적인 흡수 진동수

Bond	Functional class		Absorption range(cm^{-1}) (intensity of absorption)	Notes
C−H	alkane($-\overset{\mid}{\underset{\mid}{C}}-$H)		2350-2970(m-s)	
	alkene(C=C)$\overset{H}{}$		3010-3100(m)	
	alkyne(C≡C−H)		3290-3320(s)	
	aromatic(Ar−H)		3000-3100(m)	
	aldehyde($\overset{O}{\overset{\|}{C}}$−H)		2720-2850(m)	sometimes two absorptions in this region
O−H	alcohol	free	3600-3640(s)	sharp
		hydrogen bonded	3200-3600(s)	generally broad
	carboxylic acid	hydrogen bonded	2500-3500(m)	several broad, overalpping absorptions
N−H	amines, amides		3300-3500(m)	
C=C	alkenes		1600-1680(v)	
	aromatic rings		1450-1600	3 to 4 absorptions in this region
			near 1600(v)	these absorptions
			near 1580(v)	vary considerably
			near 1500(v)	in intensity
			near 1450(s)	overlaps with C-C bending vibrations
C≡C			2100-2260(v)	
C≡N			2210-2260(m)	
C−O	alcohols, ethers, carboxylic acids, esters		1050-1350(s)	
C=O	aldehydes, ketones carboxylic acids, esters, amides, acyl halides		1550-1850(s)	
C−N	amines		1020-1360(s)	
C−Cl			800-600(s)	
C−Br			600-500(s)	

* The following abbreviations are used to indicate the intensity of absorption : s, strong : m, medium : w, weak : v, variable

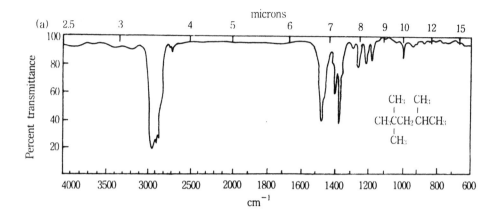

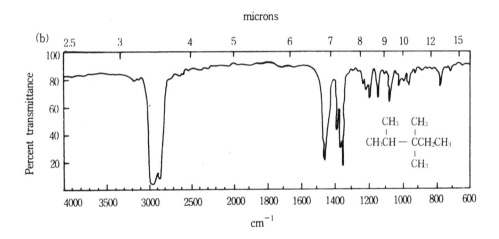

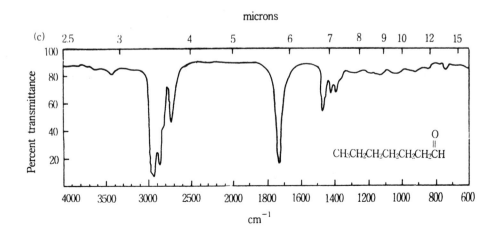

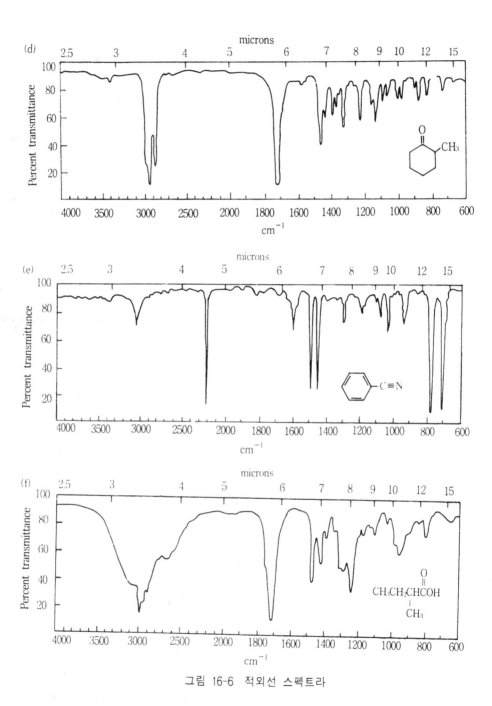

그림 16-6 적외선 스펙트라

(a) 2,2,4-trimethylpentane ; (b) 2,3,3,-trimethylpentane ; (c) heptanal ;

(d) 2-methylcyclohexanone ; (e) benzonitrile ; and ; (f) 2-methylbutanoic aicd.

적외선 분광법은 역시 이미 알려진 **화합물**의 시료를 **확인**하는 데도 광범위하게 이용되고 있다. 많은 **화합물**들은 약 110℃의 끓는 점을 갖고 있거나 물 100g 중 2g 정도 녹는 용해도를 갖고 있다. 끓는 점과 용해도처럼 단순한 값을 나타내는 성질에 반해서 적외선 스펙트럼은 다양한 성질과 관련되었다. 즉 다수의 진동수들 각각에 대해 복사선의 흡수가 나타난다. 동일한 적외선 스펙트라는 수많은 특징을 나타내는 데 있어 동일하다. (동일한 지문 혹은 얼굴과 마찬가지로) 같은 화합물에서는 거의 틀림없다.

16.3. 자외선-가시광선 분광법

자외선 및 가시광선 스펙트럼도 적외선 스펙트럼과 마찬가지로 유기 화합물의 구조 결정에 이용된다. 그림 16-7은 전형적인 자외선-가시광선 스펙트럼이(ultraviolet-visible spectrum)을 나타내고 있다. 자외선 및 가시광선의 파장은 적외선 파장보다 아주 짧다. 그래서 자외선-가시광선 스펙트라에 있어서의 파장을 나타내는 단위는 nanometer($1nm = 10^{-9}$m)이다. 가시선 스펙트럼은 $400nm$로부터 $750nm$에 걸쳐 있고, 한편 자외선 스펙트럼은 $100nm$에서 $400nm$범위에 걸쳐 있다.

자외선과 가시광선의 복사선은 모두 적외선보다 높은 에너지를 갖는다. 자외선 혹은 가시광선의 흡수는 전자를 낮은 에너지인 바닥상태 궤도함수로부터 높은 에너지의 여기된 상태의 궤도함수로의 승격, 즉 전자 전이(electronic transition)를 초래한다.

흡수되는 자외선과 가시광선의 파장은 전자 승격의 용이성에 좌우된다. 전자 승격에 많은 에너지가 필요한 분자는 짧은 파장에서 흡수하고 적은 에너지가 필요한 분자는 긴 파장에서 흡수한다. 가시광선 범위에서 빛을 흡수하는 화합물은 짧은 자외선 파장을 흡수하는 **화합물**보다 더 쉽게 전자를 승격시킨다.

자외선-가시광선 분광계는 적외선 분광계와 비슷한 기본 설계로 이루어져 있다. 시료에 의한 복사선의 흡수는 여러 가지 파장에서 측정하고 기록기에서 스펙트럼을 얻는다. 스펙트럼을 추적하는 선(line)은 일반적으로 복사선의 흡수가 증가할 때 기록지의 위쪽을 향해 움직이는 것으로 나타난다. 그러므로 적외선 스펙트라와 비교하면 거꾸로 뒤집혀 있는 형상이다. 자외선-가시광선 스펙트럼은 넓은 파장범위에서 보다 넓은 흡수띠로 구성되어 있다. 넓은 흡수가 이루어지는 것은 분자의 바닥상태와 여기된 상태의 에너지 준위가 회전과 진동 부준위로 세분화되기 때문이다. 전자 전이가 한 바닥상태의 어느 한 에너지 부준위로부터 여기된 상태의 어느 한 부준위로 일어날 수 있다. 이들 여러 가지 전이는 에너지가 다소 다르기 때문에 그들의 파장은 다소 달라져서 스펙트럼에서 볼 수 있는 넓은 띠(broad band)의 근원이 된다. 복사선이 흡수된 정도 보통 흡광도 (absorbance, A)라 불리는 양으로 곡선을 그린다. 흡광도는 복사선 빔 (beam)의 진로상에 있는 화합물의 분자 수에 비례하고 그리고 시료를 담고 있는 셀(cell)의 길이에 비례한다. 만약 화합물이 어떤 용매에 녹아있다면(일반적인 경우) 흡광도는 용액의 농도에 비례한다.

$$A = \varepsilon cl \qquad \begin{aligned} &\varepsilon = \text{화합물의 몰 흡광계수} \\ &c = \text{용액의 농도(mole/}l\text{)} \\ &l = \text{시료 셀의 길이(cm)} \end{aligned}$$

흡광도는 흡광계수 혹은 몰흡광도라 불리는 ε 양에 정비례한다. 화합물은 각 파장에서의 ε 의 특정한 값을 갖고 있다. 화합물과 파장에 따라서 ε 는 0에서 10^5 이상의 범주에 속해 있다. ε 의 값이 클수록 흡수된 복사선의 부분이 크다.

그림 16-7에서의 스펙트럼은 길이 1cm의 셀(cell)에 들어있는 5.3×10^{-5}M 용액의 것이다. 이들 c 및 l 그리고 스펙트럼으로부터 읽을 수 있는 A의 값으로부터 각 파장에서의 4-메틸-3-부텐-2온(4-methyl-3-butene-2 -one)에 대한 ε 를 계산할 수 있다. 237nm에서 최대 흡수점의 A는 0.61이며 그리고 이 화합물에 대한 ε 수치는 그림 16-7 에 나타내었다.

$$\varepsilon = \frac{A}{cl} = \frac{0.61}{(5.3 \times 10^{-5}) \times 1} = 11,500$$

적외선 스펙트라와 비교하면 대부분의 자외선-가시광선 스펙트라는 상대적으로 외관상 단순하다. 일반적으로 한, 두 개 이상 흡수 피크를 갖고 있지 않고 그리고 한 개 뿐일 경우도 있다. 결과적으로 자외선-가시광선 스펙트라는 종종 파장(λmax)과 각 흡수 피크의 가장 높은 흡수점 (maximum)의 ε를 써서 기술하기도 한다. 4-methyl-3-butene-2-one은 λmax 237nm와 ε 11500 으로 나타낸다.

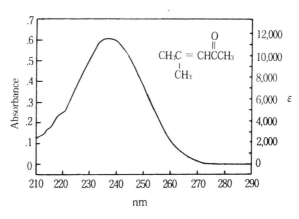

그림 16-7   4-Methyl-3-butene-2-one의 methanol용액의 자외선 스펙트럼

자외선-가시광선 분광기의 필수적인 특성은 적외선 분광기의 것과 비슷하다. 시료 셀(cell)은 보통 유리와는 다른 석영으로 만들어져 있다. 석영은 200nm보다 긴 파장에서 흡수되지 않기 때문이다.

자외선-가시광선 복사선과 관련된 에너지는 커서 800 nm에서 광양자에 대해 35.8 kcal/mole부터 200 nm에서 143 kcal/mole까지의 범위내에 있다. 이들 에너지는 전형적인 공유결합 에너지(약 50~120 kcal/mole)에 비길 만하다. 적외선에 관련된 에너지는 보다 작아서 보통의 적외선 범위(600~4000 cm^{-1})에 대한 광양자 2~11 kcal/mole이다. 적외선 복사광의 흡수가 내부 진동에 대한 에너지를 증가시킬 동안 자외선-가시광선 복사광은 전자들의 에너지를 증가시킨다. 한 분자내의 전자들은 정상적으로 가장 낮은 에너지의 궤도를 채우고 있다. 자외선-가시광선 복사광의 흡수는 채워진 궤도로부터 보다 높은 에너지의 채워지지 않는 궤도로 전자를 여기시킨다.

보다 높은 에너지 준위에로의 σ 전자들의 여기(excitation)는 대단히 높은 에너지를 갖는 복사선의 흡수를 필요로 한다. 알칸, 알콜 및 에테르의 주된 흡수는 모두 200 nm 이하의 파장에 있다.

1-부텐과 아세톤으로 예시한 바와 같이, 고립된 다중결합을 갖고 있는 화합물의 주된 흡수가 보통 200 nm 이하에서 존재한다.

$$CH_3CH_2CH=CH_2$$
$$\lambda_{max}\ 175\ nm,\ \varepsilon\ 11,200$$

$$\overset{O}{\overset{\|}{CH_3CCH_3}}$$
$$\lambda_{max}\ 188\ nm,\ \varepsilon\ 1900$$

두 개 이상의 공액 이중결합을 갖고 있는 분자들은 보다 긴 파장에서 강한 흡수가 나타난다. 아래의 폴리엔(polyene)들의 예에서와 같이, 분자들은 공액 이중결합의 수가 증가할수록 점점 더 긴 파장에서 흡수가 일어난다.

Two conjugated C=C	$CH_2=CH-CH=CH_2$ $\lambda_{max}\ 217\ nm,\ \varepsilon\ 21,000$	$CH_3-CH=CH-CH=CH_2$ $\lambda_{max}\ 224\ nm,\ \varepsilon\ 26,000$
Three conjugated C=C	$CH_2=CH-CH=CH-CH=CH_2$ $\lambda_{max}\ 258\ nm,\ \varepsilon\ 35,000$	vitamin D_3 $\lambda_{max}\ 265\ nm,\ \varepsilon\ 20,000$
Five conjugated C=C	vitamin A $\lambda_{max}\ 326\ nm,\ \varepsilon\ 50,000$	
Eleven conjugated C=C	β -carotene $\lambda_{max}\ 478\ nm,\ \varepsilon\ 120,000$	

1,4-펜타디엔(1,4-pentadiene)이 2개의 이중결합을 갖고 있을지라고, 이들은 공액상태가 아니며 이의 스펙트럼은 1-부텐의 것과 비슷하다.

$$CH_2=CH-CH_2-CH=CH_2$$
$$\lambda_{max}178,\ \varepsilon\ 17,000$$

역시 알데히드와 케톤은 공액 이중결합의 수와 함께 증가하는 파장에서 흡수가 일어난다.

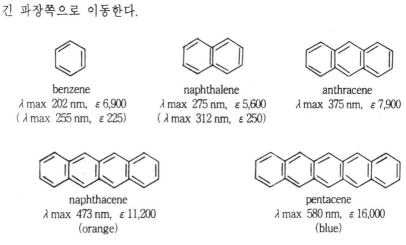

$$CH_2=CH-C-CH_3 \quad (O)$$
λ max 212 nm, ε 7100

$$CH_3-C=CH-C-CH_3 \quad (CH_3)(O)$$
λ max 237 nm, ε 11,500

$$CH_3-CH=CH-CH \quad (O)$$
λ max 220 nm, ε 15,00

$$CH_3-CH=CH-CH=CH-CH \quad (O)$$
λ max 271 nm, ε 25,00

$$CH_3-CH=CH-CH=CH-CH=CH-CH \quad (O)$$
λ max 315 nm, ε 37,000

그림 16-8은 나프탈렌의 자외선 스펙트럼을 나타내고 있다. 방향족 화합물들의 흡수는 공액계(conjugated system)의 증가하는 크기에 따라 보다 긴 파장쪽으로 이동한다.

benzene
λ max 202 nm, ε 6,900
(λ max 255 nm, ε 225)

naphthalene
λ max 275 nm, ε 5,600
(λ max 312 nm, ε 250)

anthracene
λ max 375 nm, ε 7,900

naphthacene
λ max 473 nm, ε 11,200
(orange)

pentacene
λ max 580 nm, ε 16,000
(blue)

자외선-가시광선 분광법은 분자들의 공액 부분의 성질에 관한 정보를 밝혀줌으로써 구조 측정에 있어서 상당히 유용하게 한다.

복잡성에는 상당한 차이가 있을지라도 1,3,5-헥사트리엔(1,3,5-hexatriene)과 비타민 D_3는 세 개의 공액 탄소-탄소 이중결합으로 된 똑같은 계(system)를 갖고 있어서 비슷한 자외선 흡수를 이루고 있다. 분자에 관해서 무엇인가 약간 알려져 있다면, 자외선-가시광선 스펙트럼의 상세한 내용이 구조에 있어서 세밀한 점을 밝혀낼 수도 있다. 예컨대 디엔(diene)이나 혹은 α,β-불포화 케톤(α,β-unsaturated ketone)에 알킬 치환체는 흡수광의 파장이 커진다. 그러므로 이들 공액계들 중 하나를 갖고 있는 것으로 알려진 어떤 흡수의 정확한 진동수는 알킬기에 의한 치환 정도를 나타내 준다.

자외선-가시광선 분광법은 역시 분석도구로서도 유용한다. 만일 어떤 파장에서 한 화합물의 ε를 안다면, 어떤 용액의 측정된 흡광도로부터 그 화합물의 농도를 계산할 수 있다. ε가 크면 대단히 묽은 용액의 농도가 측정될 수 있다.

자외선-가시광선 분광법은 임상 시료 및 생리 시료의 분석에 특별히 유용하게 이용되고 있는데 이는 중요한 화합물들의 양이 종종 소량이기 때문이다.

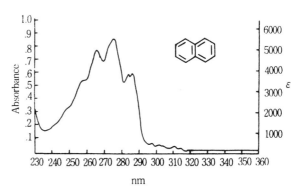

그림 16-8 Naphthalene의 methanol용액의 자외선 스펙트럼

16.4. 임상 화학

임상실험에서 취급하는 중요한 생리적 물질들은 때때로 극소량으로 존재한다. 결과적으로 임상 및 생화학 실험실에서 행해지는 많은 분석 방법은 예민해야 한다. 종종 이러한 과정에서 적절한 종(species)들의 자외선-가시선 흡수를 측정하게 된다. 혈청표본과 같은 생리적 시료들은 일반적으로 수많은 성분을 포함하고 있기 때문에 분석 방법이 특정한 성분에 대해서 고도로 특성화되어야 한다.

현대 임상화학방법의 좋은 예는 GOT시험법이다. 이 시험법은 글루타민 옥살로아세틱 트랜스아미나제(glutamic oxaloacetic transaminase, GOT)라 알려진 효소 아스파테이트 아미노트랜스퍼라제(aspartate aminotransferase)

의 혈청내 농도를 측정한다. 이 효소는 다음과 같은 가역적인 변환을 촉매한다.

L-aspartic acid   α-ketoglutaric acid   oxaloacetic acid   L-glutamic acid

GOT는 몸 전체에서 발견되는데, 심장근육과 간 조직에서 특히 고농도로 존재한다. 혈청내의 비정상적으로 높은 수준의 GOT는 종종 심장이나 간 세포에 손상이 지적되는데 이는 이들 효소가 피 속으로 누출된 결과이다. 예를 들면 전염성 간염 혹은 간경변을 갖고 있는 사람의 혈청 안에는 GOT수준이 높다. 관상동맥의 장애(심근경색)을 일으킨 경우에는 약간의 심장세포의 파괴 때문에 혈청내 GOT수준이 올라간다. GOT를 위한 분석 과정에서는 혈청의 시료를 아스파라긴산(aspartic acid)과 α-케토글루타르산(α-ketoglutaric acid)가 포함되어 있는 용액에 가한다. 이들이 옥살로아세트산(oxaloacetic acid)와 글루탐산(glutamic acid)로의 전환속도가 혈청내 GOT농도에 비례한다.

한 가지 널리 사용되는 시험법에서, 옥살로아세트산(oxaloacetic acid)의 생성은 자외선 분광법으로 편리하게 수행되는 두 번째 반응에 의해서 감지된다. 이 방법에서 혈청시료를 넣은 용액은 역시 NADH와 효소 말레이트 디히드로게나제(malate dehydrogenase)를 포함한다. 말레이트 디히드로게나제는 NADH에 의해서 옥살로아세트산의 가역적인 환원반응을 촉매하여서 L-malic aicd와 NAD^+를 생성한다.

그림 16-9에서 나타낸 바와 같이 NADH는 340 nm에서 강한 흡수띠를 갖고 있다. 그러나 NAD^+는 그 파장에서 아주 약하게 흡수한다. 옥살로아세트산의 환원에 따라서 같은 속도로 340 nm에서 흡수띠의 소실이 일어난다.

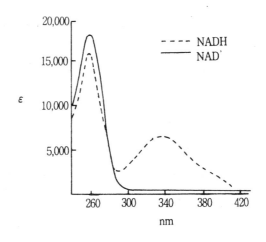

그림 16-9 NADH와 NAD$^+$의 자외선 스펙트라

옥살로아세트산가 형성될 때 이것을 바로 환원시키기 위해서 충분한 양의 말릭 디히드로게나제(malic dehydrogenase)와 NADH를 사용한다. 그러므로 NADH 소실은 GOT의 농도와 관련되어 있다. NADH는 쉽게 측정할 수 있을 만큼의 충분한 농도가 사용되므로해서 시험 용액내의 340nm에서의 흡수는 주로 동일 파장에서 흡수하는 혈청 시료내의 여러 가지 성분들 보다는 상대적으로 많은 양의 NADH에 기인된다.

GOT시험법과 같은 정교한 시험법이 임상 실험실에서 많이 이루어지고 있다. 현재 임상 실험실에서는 이러한 일련의 시험이 편리한 기기에 의해 자동적으로 수행되고 또한 시험결과를 자동으로 처리하는 시스템이 구비되어 있다.

16.5. 핵 자기 공명 분광법

화합물의 적외선 스펙트럼은 유기 화합물의 각기 다른 작용기의 피크를 나타내 주지만 분자의 탄화수소 부분에 대한 정보제공은 매우 빈약하다. 핵 자기 공명분광법(nuclear magnetic resonance spectroscopy : NMR)은 분자 내의 수소원자에 대한 정보를 제공해주므로 이러한 결점을 보완해 준다.

핵 자기 공명 분광법은 유기 분자가 강한 자기장(magnetic field)내에 있을 때 핵에 의해 라디오파를 흡수하는 것에 기초를 두고 있다.

현재 널리 쓰이고 있는 핵 자기 공명 분석법으로는 ^{13}C-신호의 스펙트럼을 얻는 ^{13}C-핵 자기 공명 분석법과 양성자(proton)로 인해 스펙트럼이 얻어지는 ^{1}H-핵 자기 공명 분석법이 있다. 앞으로 설명할 내용은 주로 ^{1}H-핵 자기 공명 분석법에 관한 것이다.

일반적 개요

몇 개의 간단한 핵 자기 공명 스펙트라(NMR spectra)를 그림 16-10에 예시하였다. 흡수띠가 자외선 분광법에서와 같이 전자기 복사선의 흡수가 증가함에 따라 종이의 상부로 이동되는 선으로 기록된다. 피이크의 위치는 표준화합물인 테트라메틸실란(tetramethylsilane, $(CH_3)_4Si$)으로부터 δ(델타)라는 단위로 측정된다. 즉, $(CH_3)_4Si$가 나타내는 위치를 기준점 O으로 한다.

이와같은 스펙트라를 많이 다루어 보면 분자와 이들 스펙트라 간에 아래와 같은 관계가 있음을 곧 알아차리게 된다.

① 흡수는 수소에 기인한 것이다.

② 분자의 각기 다른 환경에 놓여 있는 수소는 각 환경의 특성을 나타내는 각각의 다른 위치에서 흡수한다.

③ 흡수의 강도(흡수 피크의 면적)는 흡수의 요인이 되는 수소의 수에 비례한다.

이와 같은 일반화된 내용은 그림 16-10 에 있는 세 개의 스펙트라로 설명이 가능하다.

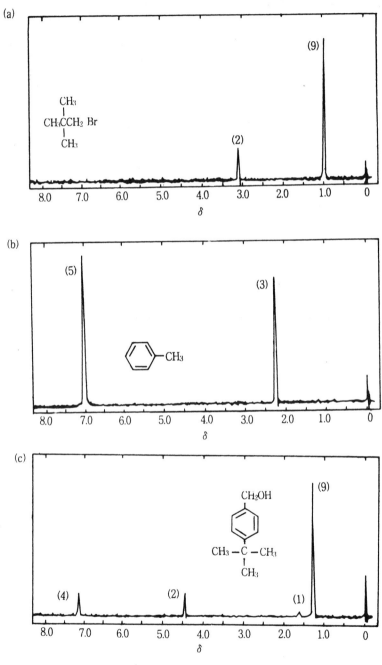

그림 16-10 핵 자기 공명 스펙트라 (a) 1-bromo-2,2-dimethyl-propane; (b) toluene and (c) p-tert-butylbenzyl alcohol. Relative areas of absorption are indicated by the numbers in parentheses.

1-브로모-2, 2-디메틸프로판(1-Bromo-2, 2-dimethylpropane)은 메틸렌 (methylene)기의 2개의 수소와 *tert*-butyl기의 9개의 수소에 상응하는 2:9 의 상대적인 면적으로 두 개의 흡수가 나타난다. 톨루엔(toluene)은 아릴 (aryl)기의 수소와 메틸(methyl)기의 수소에 상응하는 5:3의 상대적인 면 적으로 두 개의 흡수가 있게 된다. 마지막으로 *p-tert*-부틸벤질 알코올 (*p-tert*-butylbenzyl alcohol)은 아릴(aryl)기와 메틸렌(methylene)기, 히드 록실(hydroxyl)기 및 *tert*-butyl기의 각각의 수소에 상응하는 4:2:1:9의 비율로 4개의 흡수가 나타난다.

두 개의 방향족 화합물의 아릴(aryl)기 수소가 눈금상의 대략 7부근에서 흡수가 나타나고 두 개의 *tert*-butyl기의 수소는 대략 1근처에서 흡수가 나타난다.

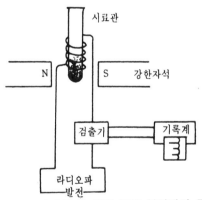

그림 16-11 간단한 핵 자기 공명 분광계의 필수적인 요소

(시료는 강력한 자석의 극 사이에 놓여지고 라디오 진동수 투과기(radio frequency transmitter)에 연결된 코일에 둘러싸여 있다. 사실상 분광계는 자기장 세기가 바뀔 때 시료에 흡수된 라디오 진동수 복사선의 양을 측정하고 기록한다)

핵 자기 공명 분광계(nuclear magnetic resonance spectrometer)를 그림 16-11에 도시하였는데, 이 기기에서는 강한 자석의 극(pole)사이에 화합물 을 놓는다. 약간의 원자핵은 마치 이들이 작은 막대 자석인 것처럼 행동하 게 만드는 일종의 핵 스핀(spin)이라 불리는 성질을 갖고 있다. 강한 자기 장에서는 이들 핵은 장(field)에 관련해서 특정한 방법으로 정열된다. 수소 의 풍부한 ^{1}H동위원소 핵인 양성자(proton)는 핵 스핀을 갖고 있다. 강한

자기장에서 양성자는 단지 두 가지의 가능한 배향만 가진다. 즉 가해진 외부 자기장에 평행(저 에너지) 또는 반대(고 에너지)의 두 가지 배향이 존재한다. 이들 배향을 갖고 있는 양성자들 사이에 에너지의 차이는 자기장의 세기에 비례한다.

$$E = constant \times H$$

E = 특정 원자의 특성을 나타내는 (^{1}H과 같이) 핵의 스핀 배향성들 간의 에너지 차이

H = 자기장의 세기

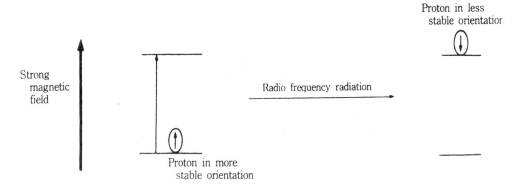

그림 16-12 자기장 내의 양성자는 장(field)에 관련하여 두 개의 가능한 배향을 갖는다. 장의 방향쪽으로 있는 보다 안전한 배향을 갖고 있는 양성자는 에너지 E를 갖고 있는 복사선의 흡수를 장에 반대되는 배향으로 변화된다.

그림 16-12에서 나타내는 바와 같이 어떤 양성자는 복사선의 흡수에 의해서 보다 높은 에너지 배향 쪽으로 이동될 수 있다. 모든 양성자는 흡수에 대해서 동등한 가능성을 갖고 있어서 흡수띠의 크기는 흡수를 가능케 하는 양성자들의 수와 관련이 있다. NMR분광계는 일반적으로 14,092 혹은 23,487 gauss의 자기장 세기를 갖고 있다. 이들 강한 자기장이 전자기 복사의 라디오파 영역내의 진동수인 60 MHz (milion cycles per second)혹은 100 MHz에서 양성자들에 대한 흡수가 이루어지게 한다.

화합물들이 순수한 액체일지라도 스펙트라는 용액상태로 된 화합물로부터 얻는 것이 통상적인 방법이다. CCl_4와 같이 일반적으로 사용하는 용매는 간섭하는 흡수띠를 내게하는 수소들이 없는 것을 택한다.

중수소(^2H 또는 D)는 수소와 비교해서 대단히 다른 영역에서 흡수가 일어나므로, 모든 수소를 D로 치환시킨 $CDCl_3$를 용매로 널리 사용한다. 5~10% 용액으로 0.2~0.3 ml정도만 가지고도 보통의 스펙트라를 얻을 수 있다. 특별한 기술과 감도가 좋은 분광계로는 더욱 적은 양의 시료로 분석이 가능하다.

화학적 이동

앞서 논의한 것으로부터 우리는 일정하게 정해진 라디오 진동수에서 모든 수소는 동일한 자기장 강도로 흡수한다는 사실을 알았다. 그러나 우리는 시료 스펙트라로부터 각기 다른 환경에 있는 수소들은 각기 다른 흡수가 이루어짐도 보았다. 이러한 차이는 한 분자내의 전자 운동이 조그맣고 편재된 자기장(H_{local})을 생산해내기 때문이다. H_{local}의 세기(strength)는 어떤 분자의 한 영역과 또다른 영역이 서로 다른데, 이는 전자 환경(electron environment)에 의존하기 때문이다. 그러므로 한 수소에서 자기장의 실제 세기, 즉 유효세기(effective strength)는 분광계에 의해 제공되는 큰 자기장(H_0)과 H_{local}의 합이라 할 수 있다.

$$H_{eff} = H_0 + H_{local}$$

주어진 라디오 진동수에서 모든 수소는 동일한 H_{eff}에서 흡수한다. 그러나 H_{local}이 바뀌기 때문에 어떤 화합물에서 각기 다른 환경에 있는 수소들은 약간 다른 값의 H_0에서 흡수한다. NMR분광계에서 자기장(H_0)은 수소들 각 집단의 흡수를 일으키기 위해 약간씩 변화된다.

각기 다른 양성자의 흡수를 가능하게 하기 위해 요구되는 H_0의 교번

(alternation)은 화학적 이동(chemical shift)이라 불린다. 화학적 이동들은 대단히 작다. 60 MHz의 진동수로 작동되는 분광계에 대해서 대부분의 이동(shift)은 약 14092 gauss에서 단지 0.15 gauss의 범위 내이다. H_0의 실제 값은 분광계가 작동되는 진동수에 비례하고 100MHz로 작동하는 분광계에서는 또 다르게 된다. 그러므로 화학적 이동을 δ값으로 표현하는 것이 관례이고, 이는 모든 분광계 진동수에 대해서 동일하다. 이들 값은 기준 물질로 선택한 특별한 흡수로부터 떨어져 있는 자기장을 ppm(part per million)으로 흡수의 위치를 기술한다.

$$\delta = \frac{H_{\text{reference}} - H_{\text{compound}}}{H_{\text{reference}}} \times 10^6$$

H compound = 화합물의 흡수가 나타난 H_0

H reference = 기준 물질의 흡수가 나타난 H_0

10^6의 인수(factor)는 $0 \sim 10\,\delta$의 사용하기 쉬운 범위에 있는 대부분의 흡수에 놓이게 된다. 통상적인 기준 화합물($\delta = 0$)인 TMS(tetramethylsilane)는 이 영역의 한 경계에서 나타나는 오직 한 개의 단일 흡수띠만을 갖고 있다. 더우기 TMS는 대부분의 유기 용매에 용해되며 대부분의 화합물에 대해서 화학적으로 불활성이다.

수소들이 각기 다른 흡수를 나타내려면 수소들의 환경이 얼마나 달라야 하는가? 온전히 동등(equivalent)하지 아니한 수소들은 적어도 다소간 다른 위치에서 흡수가 일어난다. 수소들의 동등함을 결정하는 것은 앞서 배웠던 구조적이며 입체화학적 문제이다. 여러 개의 수소들이 동등한지의 여부를 결정하는 한 가지 방법은 염소(chlorine)로 각각을 치환시켜 생각해 보는 것이다. 이 염소와의 치환으로 각기 다른 생성물이 얻어지면 수소들은 동등한 것이 아니며, 일반적으로 각기 다른 NMR흡수가 나타난다. 간단한 화합물들에 대해서 예측되는(관찰된) 흡수의 수를 아래에 열거하였다.

One absorption

$$CH_3CH_3 \qquad CH_3Br \qquad CH_3\overset{\overset{\displaystyle CH_3}{|}}{\underset{\underset{\displaystyle CH_3}{|}}{C}}CH_3 \qquad CH_3OCH_3 \qquad CH_3\overset{\overset{\displaystyle O}{\|}}{C}CH_3 \qquad CH_2{=}CH_2$$

Two absorptions(hydrogens indicated by the same letter contribute to the same absorption)

$$\overset{a\ \ b}{CH_3CH_2Br} \qquad \overset{a\ \ b\ \ b\ \ a}{CH_3CH_2CH_2CH_3} \qquad \overset{a\ \ \ \ b\ \ \ \ \ \ \ \ b\ \ \ \ a}{CH_3\underset{\underset{\underset{a}{CH_3}}{|}}{CH}-O-\underset{\underset{\underset{a}{CH_3}}{|}}{CH}CH_3} \qquad \overset{a\ \ \ \ \ \ \ b}{CH_3\underset{\underset{\underset{a}{CH_3}}{|}}{C}{=}CH_2}$$

Three absorptions

$$\overset{a\ \ b\ \ c}{CH_3CH_2CH_2Br} \qquad \overset{a\ \ b\ \ c\ \ b\ \ a}{CH_3CH_2CH_2CH_2CH_3} \qquad \overset{a\ \ b\ \ c}{CH_3CH_2OH} \qquad \underset{\underset{b}{H}}{\overset{\overset{a}{H}}{C}}{=}\underset{\underset{c}{H}}{\overset{\overset{Br}{}}{C}}$$

입체 화학적으로 다른 짝수의 수소들은 각기 상이한 흡수를 나타냄에 유의하라. 가끔, 흡수가 일어나는 위치가 너무 유사해서 이들이 단일 피크로 나타나기도 한다. 톨루엔(toluene)에 있는 메틸(methyl)기의 오르도(*ortho*), 메타(*meta*) 및 파라(*para*) 위치에 있는 수소들의 흡수가 좋은 예가 된다.

표 16-2에는 우리가 보통 접하게 되는 구조적인 상황에서의 수소들의 화학적 이동을 열거하였다. 산소와 질소에 결합된 수소들의 화학적 이동은 이들이 화합물의 구조와 농도 및 화합물을 녹인 용매에 관련한 수소결합의 정도에 좌우되기 때문에 흡수 위치에 특별히 다양성을 나타낸다.

흡수 위치를 판단하는 데는 다음과 같은 세 가지의 일반화된 사실이 유용하게 받아 들여지고 있다.

① CH_3의 수소에 대한 흡수의 값들은 비슷한 환경에 있는 $-CH_2R$ 및 $-CHR_2$의 수소들에 대한 값을 판단하는 데 사용된다. $-CH_2R$ 수소들의 흡수는 보통 3.5δ에서 그리고 $-CHR_2$의 수소는 4.1δ로 $-CH_3$의 수소들보다

표 16-2 수소들에 대한 특징적인 화학적 이동

Location of hydrogen	Chemical shift(δ)	Notes
$R-CH_3$	0.8-1.0	alkanes(R = saturated alkyl)
$R-CH_2-R$	1.2-1.4	
$R-CH-R$ $\quad\|$ $\quad R$	1.5-1.7	
$\underset{/}{\overset{\backslash}{C}}=\underset{\backslash H}{\overset{/H}{C}}$	4.6-5.0	
$\underset{/}{\overset{\backslash}{C}}=\underset{\backslash R}{\overset{/H}{C}}$	5.1-5.8	(R = saturated alkyl)
$-C\equiv C-H$	1.7-3.3	
$Ar-H$	6.5-8.0	
$\underset{/}{\overset{\backslash}{C}}=\underset{\backslash R}{\overset{/CH_3}{C}}$	1.6-1.8	(R = H or saturated alkyl)
$Ar-CH_3$	2.1-2.5	
$\overset{O}{\underset{}{\|}}$ $-\overset{}{C}-CH_3$	1.9-2.6	aldehydes, ketones, esters, acetic acid
$\underset{/}{\overset{\backslash}{N}}=CH_3$	2.2-2.9	amines, amides
$-O-CH_3$	3.3-3.9	methanol, ethers, esters
$Cl-CH_3$	3.1	
$-CH_2-Cl$	3.4-3.5	
$-CHCl_2$	5.8-5.9	
$Br-CH_3$	2.7	
$\overset{O}{\underset{}{\|}}$ $-\overset{}{C}H$	9.2-10.2	aldehydes
ROH	0.5-5.5	alcohols
$ArOH$	4-8	phenols
$\overset{O}{\underset{}{\|}}$ $-\overset{}{C}OH$	10-13	carboxylic acids
$\underset{/}{\overset{\backslash}{N}}H$	0.5-5.0	amines

In similar environments, $-CH_2R$ absorbs at values approximately 0.2 to 0.5 greater and $-CHR_2$ at values 0.6 to 1.0 greater

큰 영역에서 나타난다. 예를 들면, 알칸에 있는 이와 같은 수소들의 흡수를 열거한 표 16-2의 앞부분의 세 칸과 염화 알킬(alkyl choloride)에 대한 아래의 값들을 살펴보아라.

CH_3Cl	RCH_2Cl	R_2CHCl
3.1 δ	about 3.5 δ	about 4.1 δ

② 치환체일지라도 하나 혹은 두 개의 탄소는 수소의 흡수에 약간의 영향을 끼친다. 예컨대, 염화에틸(ethyl chloride)과 염화프로필(propyl chloride)에 있는 메틸(methyl)기의 흡수는 알칸의 메틸기의 흡수(0.8~1.0 δ)에서 보다 약간 큰 화학적 이동이 나타난다.

CH_3Cl	CH_3CH_2Cl	$CH_3CH_2CH_2Cl$
3.1 δ	1.3 δ	1.1 δ

③ 치환체들의 영향은 대략 부가성(additive)을 나타낸다. 아래의 예를 보면 $-CH_2-$흡수들은 치환기 단독으로 존재할 때 보다도 상당히 많이 이동되었음을 알 수 있다.

$ClCH_2Cl$	$CH_2=CHCH_2Cl$	⬡$-CH_2Cl$
5.3 δ	4.0 δ	4.5 δ

스핀-스핀 갈라짐

자기적으로 동등하지 않은 이웃 양성자가 없는 양성자는 NMR스펙트럼에 한 개의 피크 즉 단일선(singlet)을 나타낸다. 만일 이웃에 한 개의 동등하지 않은 양성자가 있는 환경의 양성자는 두 개의 피크 즉 이중선(doublet)으로 갈라진 신호가 나타난다. 어떤 양성자 이웃에 이와 동등하지 않은 양성자 두 개가 있으면 이 양성자의 NMR신호는 삼중선(triplet)으로 나타난다. 이웃에 동등하지 않은 양성자 세 개가 있을 경우엔 사중선(quartet)로 나타나는데, 단일선을 제외한 나머지를 모두 다중선(multiplet)이라 한다.

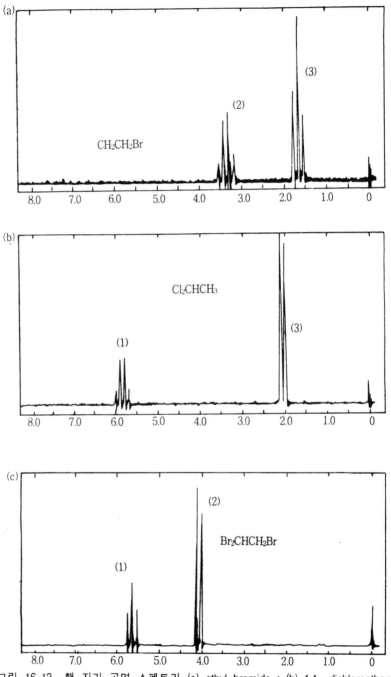

그림 16-13 핵 자기 공명 스펙트라 (a) ethyl bromide ; (b) 1,1- dichloroethane
and (c) 1,1,2-tribromoethane. Relative areas of absorption are
indicated by the numbers in parentheses.

그림 16-13에 나타낸 스펙트럼은 각 화합물이 두 가지 환경에 놓여 있는 수소들을 갖고 있으며 두 개의 흡수가 이루어질 것으로 예측된다. 각각의 스펙트럼은 예측된 영역에서 흡수가 나타났으나 흡수들이 피크의세트 (set sof peaks) 즉 다중선(multiplet)으로 나타난다. 예를 들면 브롬화 에틸 (ethyl bromide)의 스펙트럼은 $-CH_2-$가 흡수할 것으로 예측되는 3.3δ에 중심을 둔 네 개의 피크와 $-CH_3$가 흡수할 것으로 예측되는 1.7δ에서 세 개의 피크를 갖고 있다. 이와 같은 다중선은 예외적인 것이 아니다. 사실 이들 다중선은 단일 흡수 피크보다 더욱 더 일반적인 현상이다.

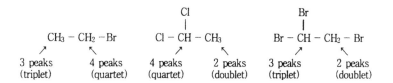

예컨대 브롬화 에틸(ethyl bromide)의 CH_3수소들에 기인된 다중선은 이웃한 탄소에 붙어있는 수소의 수보다 많은 피크인 세 개의 피크를 갖고 있다. CH_2수소들에 기인한 다중선은 인접한 메틸기의 수소들 수보다 많은 피크인 4개의 피크를 나타낸다.

다중선으로 한 개의 흡수가 갈라지는 현상은 인근에 있는 수소들의 핵의 작은 자기장에 기인된다.

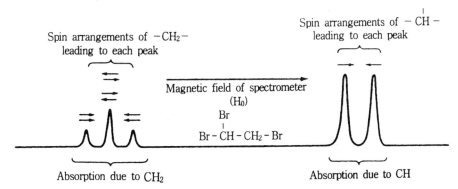

(CH_2 이중선 내의 각 피크는 이웃한 CH수소가 두 개의 가능한 스핀 배향 중 하나를 갖고 있는 분자에 기인한 것이다. CH삼중선내의 피크들은 두 개의 CH_2 수소들에 대한 각기 다른 스핀 배열을 갖고 있는 분자로 인해 생긴 것이다.)

그림 16-14 1, 1, 2-Tribromoethane의 핵 자기 공명 스펙트럼

1, 1, 2-트리브로모에탄(1, 1, 2-Tribromoethane)의 CH_2흡수를 생각해보자. 이웃한 탄소에 붙어 있는 3차 수소(tertiary hydrogen)의 핵 스핀이 분광계의 장(H_0)과 제휴되어 있는 분자들 내에서는 CH_2수소들에서의 자기장은 약간 증가된다. 그러나 3차 수소의 스핀이 장(field)과 반대쪽에 있는 분자 내에서는 감소된다.

분자들 중 50% 가량이 이들 스핀 배열 중 하나를 갖게 된다. 그림 16-15에서 보여주는 바와 같이, 동등한 강도의 흡수는 H_0의 약간 다른 값에서 보여준다. CH_2수소들의 스핀이 네 가지 방법으로 배열된다. 그러나 한 개의 수소는 제휴되어 있고 하나는 장밖에 있는 두 개의 결합이 같은 효과를 갖는다. 결과적으로, CH_2수소들은 다른 것보다도 두 배나 강한 중간 정도의 흡수인 세 가지 흡수를 보여준다.

표 16-3은 대등한 인접 수소들의 각기 다른 수에 의해 갈라짐이 일어나는 다중선에서 피크의 수와 상대적인 면적을 요약해 놓은 것이다. 대등하지 않은 수소들에 의해 흡수가 갈라질 때 다중선은 더욱 복잡하게 된다.

갈라짐은 일반적으로 인접한 탄소에 붙어 있는 수소들 간에도 유의하다. 그러나 동일한 화학적 이동을 갖고 있는 수소들에 대해서는 갈라짐이 관찰되지 않는다. 디클로로에탄($ClCH_2CH_2Cl$), 벤젠 혹은 시클로펜탄(cyclopentane) 등의 모든 수소들이 동등하기 때문에, 이들 분자들에 대해서는 오직 단일 흡수 만이 보일 뿐이다.

표 16-3 동등한 수소들의 각기 다른 수에 의해 갈라짐이 일어나는 다중선 내의 피크의 수와 상대적 면적

Number of hydrogens causing the splitting	Number of peaks	Relative areas of peaks
1	2(doublet)	1 : 1
2	3(triplet)	1 : 2 : 1
3	4(quartet)	1 : 3 : 3 : 1
4	5(quintet)	1 : 4 : 6 : 4 : 1
5	6(sextet)	1 : 5 : 10 : 10 : 5 : 1
6	7(septet)	1 : 6 : 15 : 20 : 15 : 6 : 1

톨루엔(toluene)의 오르도(*ortho*), 메타(*meta*), 파라(*para*) 위치의 수소들의 흡수에 대한 갈라짐은 관찰되지 않는다. 왜냐하면 이들 흡수는 대개 동일한 화학적 이동이기 때문이다.

핵 자기 공명 분광법의 응용

핵 자기 공명 스펙트라는 분자를 확인하는 데 유용하고 풍부한 정보를 제공한다. 흡수의 수는 분자내 수소 환경의 수와 관련이 있다. 흡수 면적은 각 환경에서 수소의 상대적 수를 지시한다. 화학적 이동은 각각 수소 환경의 성질에 관한 정보를 준다. 다중선으로의 쪼개짐은 인접한 수소들의 수에 관련되어 있다.

앞서의 NMR스펙트라는 ^{1}H핵(양성자)에 기인한 것이다. 유기 화합물에서 대단히 풍부한 ^{12}C와 ^{16}O을 포함한 많은 원자핵들은 핵 스핀을 갖고 있지 않다. 그러나 비록 양성자보다 대단히 상이한 라디오 진동수(혹은 자기장 세기)에서 일지라도 몇 개의 다른 원자핵은 스핀을 갖고 있어서 NMR 흡수가 일어난다.

몇몇 분광계는 탄소내의 ^{13}C의 존재비가 단 1.1%에 불과한 ^{13}C핵으로 인한 스펙트라를 얻기 위해 충분히 예민하게 고안된 것이 나와서 실용화되었다. 유기화합물들의 스펙트라를 위해 많이 이용되는 기타의 핵종으로는 단지 천연으로 산출되는 F와 P의 동위원소인 ^{19}F와 ^{31}P 등이 있다.

결론적으로, 핵 자기 공명 분광법으로 분자의 모양 및 구조에 관한 정보를 얻을 수 있을 뿐만 아니라 특히 분자를 구성하고 있는 각종 형태의 수소 화학적 환경에 관한 정보를 얻을 수 있으므로 취급하고 있는 분자의 구조를 명확히 확인할 수 있다. 또한 유기 화합물의 정성 및 정량 분석에 이용된다.

16.6. 질량 분석법

앞서 논의한 분광법은 모두 분자에 의한 에너지 흡수로 일어나는 것이었다. 질량 분석법(mass spectrometry)은 질량 분석계(mass spectrometer)에서 기체상태의 시료에 그 화합물의 첫 번째 이온화 전위를 능가하는 충분한 에너지를 가진 전자를 충돌시킨다. 한 화합물이 강력한 전자의 충돌을 받으면 원자가전자(valence electron)가 떨어져 나가면서 분자 이온(molecular ion)이라 불리는 양성이온(positive ion)을 생성하게 된다.

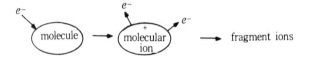

높은 에너지 전자 충격으로부터 생긴 분자 이온은 불안정하므로 자유 라디칼과 다른 이온의 더 작은 토막으로 쪼개진다. 전형적인 질량 분석계에서 양으로 하전된 토막이 검출된다.

질량 스펙트럼(mass spectrum)은 존재비(abundance) 즉 다른 양으로 하전된 토막들에 대한 상대적인 양 또는 토막의 질량대 전하비(mass to charge ratio)로 도시(plot)한다. 결과적으로 보면 실제로 질량 스펙트럼은 토막의 질량대 상대적 존재비를 기록한 것이다.

분자나 이온이 어떻게 토막으로 깨어지는 가는 어떤 작용기가 존재하느냐에 달려있다. 그러므로 토막의 구조와 질량은 모체 분자 구조에 대한 단서를 제공해 준다. 또 흔히 질량 스펙트럼으로부터 그 화합물의 분자량을 결정할 수 있다. 앞서 언급했던 기타의 기기 분석법과는 달리 질량 분석법은 전자기 복사와 화합물의 상호작용을 포함하고 있지 않다. 질량 분석계라 불리는 기기에서는 어떤 화합물의 소량을 증발시켜 전자 빔(electron beam)으로 충격을 준다. 전기장 및 전자장의 응용으로 나오는 양성 이온들은 질량에 따라 선별된다. 각 질량의 이온들의 존재비는 검출기(detector)에 의해 측정되고 그리고 기록된다. 그림 16-15에서 보여주는 바와 같은 질량 스펙트라는 막대 그래프로 표현된다.

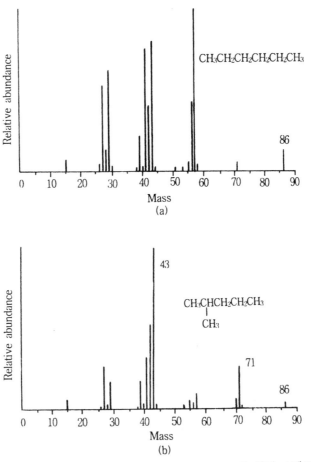

그림 16-15 (a) Hexane과 (b) 2-methylpentane의 질량 스펙트라

모든 화합물은 토막이온(fragment ion)의 전형적인 모양(pattern)을 갖고 있다. 질량 분석법은 단지 대단히 적은 시료를 필요로 하기 때문에 이와 같이 유기화합물 확인에 유용하게 쓰이고 있다. $10^{-8} \sim 10^{-11}$g보다 적은 양의 화합물도 감도가 좋은 질량 분석계로는 분석이 가능하다. 이러한 민감도 때문에, 대단히 적은 양으로도 그 영향이 대단히 큰 환경 오염물질이나 생리적 화합물들을 확인하기 위해 질량 분석법이 광범위하게 이용되고 있다.

질량 스펙트라는 역시 미지 화합물들의 구조에 관한 정보를 제공한다.

토막내기(fragmentation)는 부분적으로 예언할 수 있는 구조에 따라 결정된다. 예를 들면 토막내기는 안정성이 있는 여러 가지의 가능한 카르보 양이온(carbocation)을 생각할 수 있게한다. 2-메틸펜탄(2-methylpentane)의 질량 스펙트럼에서 두 개의 현저한 피크가 탄소-탄소 결합의 쪼개짐에 의해 생성될 수 있는 2차 카르보 양이온에 상응한다는 것을 생각할 수 있다.

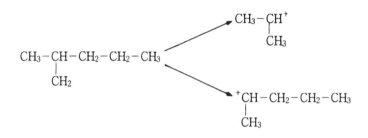

핵산(hexane)의 탄소-탄소 결합의 쪼개짐은 단지 1차 이온(primary ion)을 생산할 수 있으며 그의 토막내기로 선택성이 덜하다.

일반적으로 질량 스펙트럼에서 가장 큰 질량의 피크는 분자 이온에 기인하므로 그 화합물의 분자량을 갖고 있다. 그림 16-15에서의 질량 스펙트라의 각각에서 가장 큰 질량의 피크가 86인 관찰결과는 그 화합물이 그와 같은 분자량을 갖고 있음을 암시한다.

큰 정확성으로 질량을 측정하는 질량 분석계를 사용하면 분자량 뿐만 아니라 분자식까지도 측정될 수 있다.

제 16 장 연습문제

1. 파장 15×10^{-6}m의 광선이 진동수 0.2×10^{14}Hz의 광선과 일치한다는 것을 증명하여라.

2. 파장이 2.5㎛인 적외선에 해당하는 진동수, 즉 파동수는 얼마인가?

3. 두가지 다른 결합 신축 (하나는 3000㎝$^{-1}$에서, 또 하나는 1500㎝$^{-1}$에서 일어나는)에 필요한 에너지들 사이의 관계를 설명하여라.

4. 어떤 시료의 농도를 2배로 하면 흡광도 A와 흡광계수 ε에 각각 어떤 효과를 나타내겠는가?

5. 1㎝ 흡수셀에 넣은 $(CH_3)_2C=CH-\overset{\overset{\text{O}}{\|}}{C}-CH_3$ 용액이 $\lambda = 232$nm 피이크에서 흡광도 A=2를 나타내었다. $\varepsilon = 12,600$을 이용하여 용액의 농도를 계산하라.

6. 다음화합물의 NMR 스펙트럼에서 얼마나 많은 피이크를 기대하는가? 만약 1개 이상의 피이크를 기대한다면 그들의 면적비는 얼마인가?

①
$$CH_3 - \overset{\overset{\text{CH}_3}{|}}{\underset{\underset{\text{CH}_3}{|}}{C}} - CH_3$$

②
$$\begin{array}{c} CO_2CH_3 \\ \text{(benzene ring)} \\ CO_2CH_3 \end{array}$$

③
$$BrCH_2 - \overset{\overset{\text{CH}_3}{|}}{\underset{\underset{\text{CH}_3}{|}}{C}} - CH_2Br$$

7. 표 16-2를 이용하여 다음 화합물의 기대되는 NMR 스펙트럼을 기술하여라.

①
$$CH_3\overset{\overset{\text{O}}{\|}}{C}-OCH_3$$

②
$$CHCl_2 - \overset{\overset{\text{CH}_3}{|}}{\underset{\underset{\text{CH}_3}{|}}{C}} - CH_2Cl$$

1. 김종대 외 공역, 유기화학, 광림사, 1994.

2. 김종호 저, 유기화학, 형설출판사, 1998.

3. 김동운 외 공저, 기초유기화학, 지구문화사, 1992.

4. 여수동 외 공저, 현대유기화학, 형설출판사, 1992.

5. 이기창 외 공저, 유기화학, 형설출판사, 1993.

6. 이갑상 외 공저, 대학유기화학, 지구문화사, 1991.

7. 유기화학교재편찬위원회 편저, 유기화학, 도서출판대학서림, 1994.

8. 김장량 외 공저, 최신유기화학, 동명사, 1992.

9. 이현기 저, 유기화학, 교문사, 1994.

10. 이춘령 외 공저, 대학유기화학, 수학사, 1995.

11. 서보영 외 편저, 유기화학, 동명사, 1993.

12. 조수열 저, 식품학 · 영양학을 위한 유기화학, 수학사, 1993.

13. 조철형 편저, 유기화학, 동명사, 1987.

14. 정평진 외 공역, 현대유기화학, 동명사, 1984.

15. 박영훈 외 공저, 유기화학, 고문사, 1989.

16. 허태성 외 공역, 유기화학, 탐구당, 1997.

17. 구인선 외 공역, 유기화학, 탐구당, 1997.

18. 차진순 외 공역, 유기화학, 형설출판사, 1993.

19. 김태련 외 공역, 유기화학개론, 탐구당, 1991.

20. 정태명 외 공저, 유기화학, 형설출판사, 1988.

21. 兒玉三明 外 共譯, 有機化學 槪說, 東京化學同人, 1988.

22. 中山傳明 外 共著, 初步からの 有機化學, 裳華房, 1993.

23. 成田吉德 譯, 基礎 有機化學, 化學同人, 1993.

24. Ralph J. Fressenden and Joan S. Fessenden, Organic Chemistry, Willard Grant Press, 1982.

─────────연습문제 해답

Chap 1. 연습문제 답

1. 아래의 표에서 보는 바와 같이 베릴륨(Be)은 2개의 원자가전자를 가지고 있다. 헬륨의 전자배열과 같이 되려면, 베릴륨은 2개의 원자가전자를 모두 잃어야 한다. 이와 같이 하여 베릴륨 양이온은 2개의 양전하를 띠게 되어 Be^{2+}로 표시된다.

표   **18번 원소까지의 원자가전자**

족	1	2	3	4	5	6	7	8
	H·							He:
	Li·	Be·	·B·	·C·	·N:	·O:	:F:	:Ne:
	Na·	Mg·	·Al·	·Si·	·P:	·S:	:Cl:	:Ar:

2. 리튬은 헬륨의 전자배열과 같이 되기 위해서는 한 개의 원자가전자만을 잃으면 되는데 비하여 베릴륨은 2개를 잃어야 한다. 이와 같이 하여 리튬은 두 개의 원자 가운데 보다 전기적 양성이다. 또 다른 면으로 보면 리튬의 원자핵(전하량 +1)은 베릴륨의 원자핵(전하량 +2)보다 양성이 적다. 따라서 베릴륨이 전자 2개를 잃기보다는 리튬이 전자 1개를 잃기가 더 쉽다.

3. O〈F, O〉N, F〉Cl
   일반적으로 주기표에서 같은 주기에서는 왼편에 있는 원소일수록 전기적 양성이 강하며, 오른편에 있는 원소일수록 전기적 음성이 강하다. 그러나 수직항(같은 족)에서는 아래에 있는 원소일수록 전기적 양성이 강하고(핵과 원자가전자 사이에 채워진 껍질이 많을수록 떨어져 나가기가 쉽다) 전기적 음성이 강한 원소일수록 위쪽에 있다.

4.
```
    H                    H
    ··                   |
 H:C:Cl:    또는     H-C-Cl
    ··                   |
    H                    H
```

5. 우선 1개의 이중결합을 가진 3개의 탄소를 그린다.

$$C = C - C$$

그리고 각 탄소가 8개의 전자(또는 4개의 결합)를 가지도록 수소를 붙인다.

$$\begin{array}{ccccc} & H & H & H & \\ & | & | & | & \\ H- & C & = C & -C & -H \\ & & & | & \\ & & & H & \end{array}$$

6. 분자식에서 원자가전자의 총수는 16개로 되어 있다. 각 산소에 8개의 원자가전자로 둘러싸여 있다는 것은 잘못이 없다. 그러나 탄소원자는 8개만 허용되는데, 10개의 원자가전자를 가지는 것은 잘못이다.

7. ① ·Ç·   ② ·F̈:   ③ ·Si·   ④ ·B·   ⑤ ·S̈:   ⑥ ·P̈·

8. 동식물체 또는 그들이 생활작용의 결과 만들어진 물질을 대상으로 그 화학적 성질을 연구하는 학문(종래의 정의)이다. 그러나 오늘날은 탄소화합물에 대한 화학이라 말할 수 있다.

9.

	무기화합물	유기화합물
가연성	연소하지 않는 것이 많다	가연성이고 열에 불안정
융점, 비점	융점, 비점이 높다	융점, 비점이 낮다
용해성	수용성이 많다	물에 잘 녹지 않고 유기용매에 녹는다
화학결합	주로 이온결합	주로 공유결합
반응속도	빠르다	느리다

10. ①
$$\begin{array}{c} H \\ | \\ H:N:H \\ | \\ H \end{array}$$
   ②
$$\begin{array}{c} :\ddot{C}l: \\ :Al:Cl: \\ :\ddot{C}l: \end{array}$$
   ③ H:Ö:N::Ö   ④
$$\begin{array}{c} :\ddot{O}: \\ :\ddot{O}:\ddot{S}:\ddot{O}:\ddot{O}-H \\ H \end{array}$$

11. 본문 참고

Chap 2. 연습문제 답

1. C_6H_{14}

2. ① 2,3-dimethyl pentane
   ② 2-methylbutane
   ③ 2,3-dimethyl-3-ethylpentane
   ④ 1-bromopropane

3. ①

$$CH_3-\underset{\underset{CH_3}{|}}{\overset{\overset{CH_3}{|}}{C}}-CH_2-\underset{\underset{}{}}{\overset{\overset{CH_3}{|}}{CH}}-CH_3$$

   ②

$$CH_3-\overset{\overset{CH_3}{|}}{CH}-CH_2-\overset{\overset{CH_2-CH_3}{|}}{CH}-CH_2-CH_3$$

   ③

$$CH_3-\underset{\underset{CH_3}{|}}{CH}-CH_3$$

   ④

$$CH_3-\underset{\underset{CH_3}{|}}{\overset{\overset{CH_3}{|}}{C}}-CH_3$$

4. 본문 참고

5.
$$\overset{①}{CH_2}-\overset{②}{CH_2}-\overset{③}{CH}-\overset{④}{CH_3}$$
$$\underset{Cl}{|} \qquad \underset{Cl}{|}$$

   1,3-dichlorobutane으로 옳은 이름이다.

   ⑤
$$\overset{CH_3}{\underset{|}{}} \qquad \overset{CH_3}{\underset{|}{}}$$
$$\underset{④}{CH_2}-\underset{③}{CH_2}-\underset{②}{CH}-\underset{①}{CH_3}$$

   2-methyl pentane이 옳은 이름이며 1,3-dimethyl butane은 틀린 이름이다.
   즉 ①위치에 methyl기가 올 수 없다.

6. CH$_3$Br(bromomethane, methylbromide)

   CH$_2$Br$_2$(dibromomethane, methylene bromide)

   CHBr$_3$(tribromomethane, bromoform)

   CBr$_4$(tetrabromomethane, carbontetrabromide)

7. CH$_3$— CH$_2$— CH$_2$— CH$_2$— CH$_3$ pentane

$$CH_3 - \underset{\underset{CH_3}{|}}{CH} - CH_2 - CH_3 \qquad \text{2-methylbutane}$$

$$CH_3 - \underset{\underset{CH_3}{|}}{\overset{\overset{CH_3}{|}}{C}} - CH_3 \qquad \text{2,2-dimethylpropane}$$

8. ④

Chap 3. 연습문제 답

1. ①

$$CH_2 = \underset{\overset{|}{Cl}}{\overset{}{C}} - CH = CH_2$$

   ②   CH$_3$— C ≡ C — CH$_2$— CH$_2$— CH$_3$

   ③

   ④

$$CH_3 - \underset{\overset{|}{CH_3}}{C} = CH - \underset{\overset{|}{CH_3}}{CH} - CH_3$$

2.
   CH ≡ C — CH$_3$,   CH$_2$ = C = CH$_2$, $\overset{\displaystyle CH = CH}{\underset{\displaystyle CH_2}{\diagdown \diagup}}$

3. ① 1-chloropropen

   ② 2,3-dimethyl-2-butene

   ③ 2-methyl-1,3-butadiene

   ④ 1-methylcyclopentene

   ⑤ 2-chloropropene

   ⑥ 1-hexyne

4. 2-부텐에서만 가능하다.

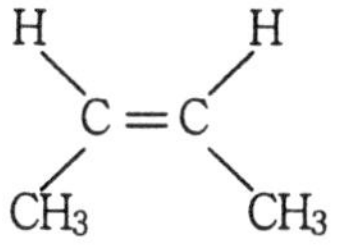

cis-2-butene 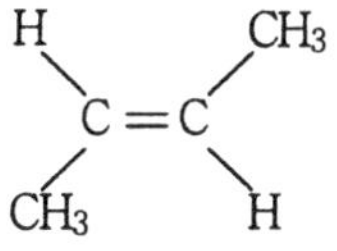   trans-2-butene

1-부텐에서는 1번 탄소에 2개의 똑같은 수소가 붙어 있기 때문에, 한 개의 구조만 가능하다.

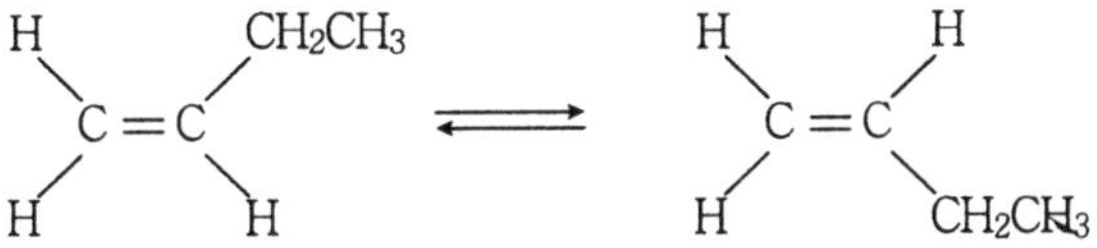

알켄이 시스-트랜스 이성질체를 가지려면 이중결합의 각 탄소는 두 개의 다른 원자나 원자단을 가져야만 한다.

5. ① $CH_3 - CH = CH - CH_3 + HI \longrightarrow CH_3 - CH_2 - CHI - CH_3$

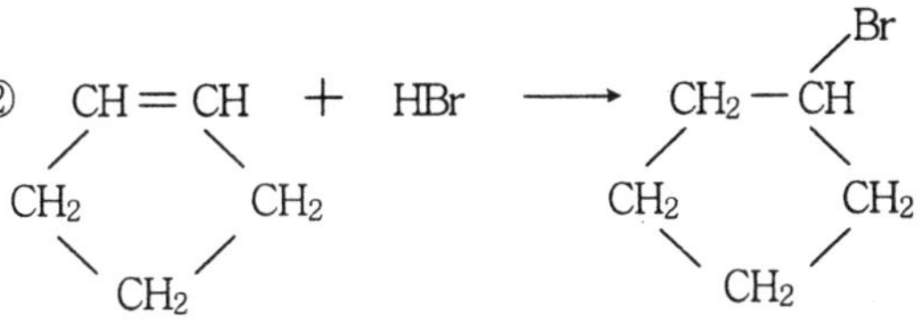

6. 일반식은 $\left(\begin{array}{c} CH_2\,CH \\ | \\ CH_3 \end{array}\right)_n$ 이고, 4개 반복단위의 부분은 아래와 같다.

$$-CH_2\,CH-CH_2\,CH-CH_2\,CH-CH_2\,CH-$$
$$\quad\;|\qquad\quad|\qquad\quad|\qquad\quad|$$
$$\;CH_3\quad\;\;CH_3\quad\;\;CH_3\quad\;\;CH_3$$

7. 오존분해반응 생성물에는 산소와 결합되어 있는 탄소들은 이중결합으로 연결하도록 한다. 이 알켄은 $(CH_3)_2C = CH_2$이다.

8. ① $CH_3\,C \equiv CH + Cl_2\,(1몰) \longrightarrow CH_3-\underset{\underset{Cl}{|}}{C}=\underset{\underset{Cl}{|}}{CH}$

② $CH_3\,C \equiv CH + Cl_2\,(2몰) \longrightarrow CH_3-\underset{\underset{Cl}{|}}{\overset{\overset{Cl}{|}}{C}}-\underset{\underset{Cl}{|}}{\overset{\overset{Cl}{|}}{CH}}$

③ $CH \equiv C-CH_2-CH_3 + HBr\,(1몰) \longrightarrow CH_2{=}\underset{\underset{Br}{|}}{C}-CH_2-CH_3$

$CH \equiv C-CH_2-CH_3 + HBr\,(2몰) \longrightarrow CH_3-\underset{\underset{Br}{|}}{\overset{\overset{Br}{|}}{C}}-CH_2-CH_3$

Chap 4. 연습문제 답

1. ① phenol   ② benzenesulfonic acid
   ③ toluene   ④ nitrobenzene
   ⑤ bromobenzene   ⑥ benzaldehyde
   ⑦ benzoic acid   ⑧ phenylamine
   ⑨ β-naphthol   ⑩ α-naphthol

2.

(o−)   (m−)   (p−)

(Vic−)   (asym−)   (sym−)

3. ①

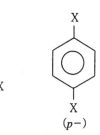

Cl

NO₂

OH

p−chloro−o−nitrophenol

②

SO₃H

NO₂

m−nitrobenzenesulfonic acid

③

COCH₃

NO₂

m−nitroacetophenone

④

COOH

NO₂

m−nitrobenzoic acid

⑤

OCH₃

NO₂

NHCOCH₃

2−nitro−4−acetaminoanisole

4. ① 동일원소(보통 탄소원자)에서 얻어지는 고리화합물에 사용된다.

benzene 및 naphthalene은 homocyclic compound이다.

② aliphatic-cyclic을 생략한 것이며 지방족 고리 모양(또는 지환상)이라고 하며 지방족 화합물에서 유도되는 고리화합물로서 그 성질은 방향족보다도 지방족에 가깝다.

cycloalkane 및 naphthene은 포화된 alicyclic 화합물이다.

③ 방향족 탄화수소에서 수소원자 하나를 뺀 원자단을 말한다.

예 :

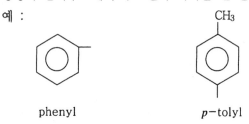

phenyl   *p*-tolyl

④ 복소고리, 즉 탄소와 탄소 이외의 원소(N, O, S 등)로서 형성되는 고리화합물을 말한다.

pyridine   thiazole   은 모두 heterocyclic compound이다.

⑤ 벤젠 유도체인 ⬡(C6H5Y)에 다시 치환기 X를 도입하려고 할 때, 그 기가 들어가는 위치는 기존의 Y의 종류에 따라 정해지는 것을 말한다.

5. 벤젠핵에 알킬기를 도입시키는 일반적인 방법에는 다음과 같은 것이 있다.

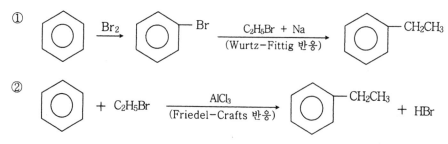

③

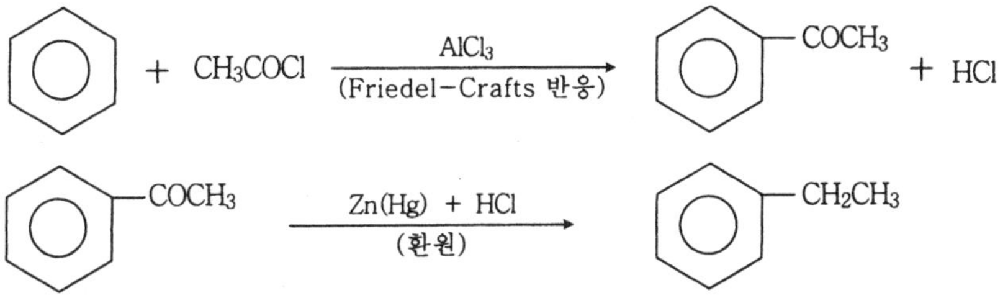

$$\text{(benzene)} + CH_3COCl \xrightarrow[\text{(Friedel-Crafts 반응)}]{AlCl_3} \text{(C}_6\text{H}_5\text{COCH}_3) + HCl$$

$$\text{(C}_6\text{H}_5\text{COCH}_3) \xrightarrow[\text{(환원)}]{Zn(Hg) + HCl} \text{(C}_6\text{H}_5\text{CH}_2\text{CH}_3)$$

④

$$\text{(benzene)} \xrightarrow{Br_2} \text{(C}_6\text{H}_5\text{Br)} \xrightarrow[\text{(Grignard 반응)}]{Mg} \text{(C}_6\text{H}_5\text{MgBr)} \xrightarrow{C_2H_5Br} \text{(C}_6\text{H}_5\text{CH}_2\text{CH}_3)$$

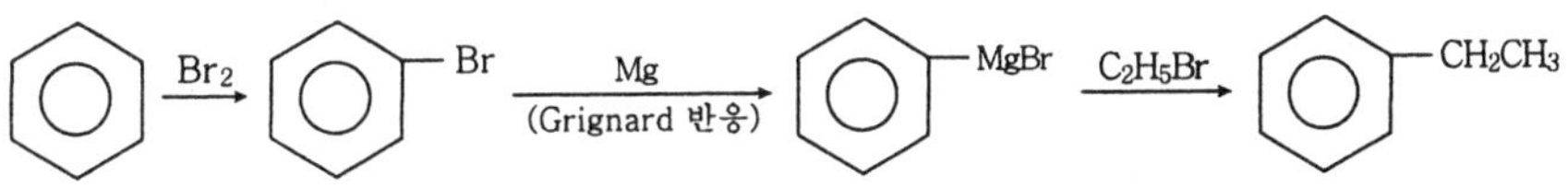

6.

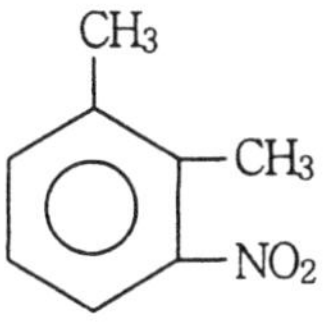

3-nitro-*o*-xylene

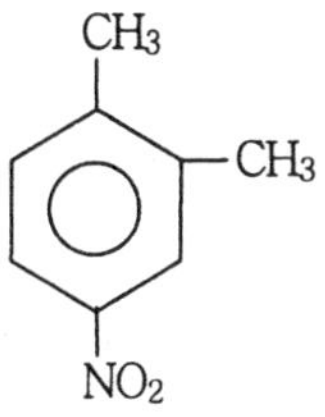

4-nitro-*o*-xylene

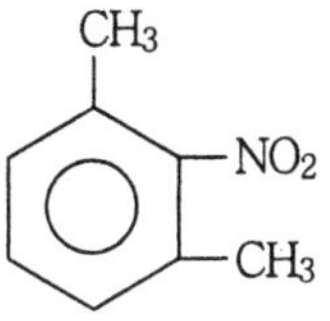

2-nitro-*m*-xylene

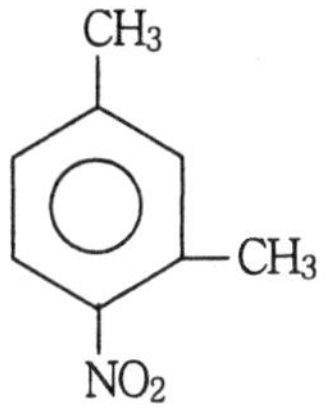

4-nitro-*m*-xylene

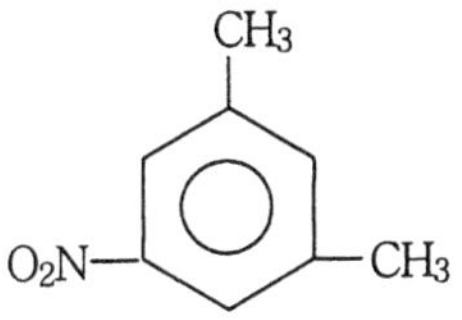

5-nitro-*m*-xylene

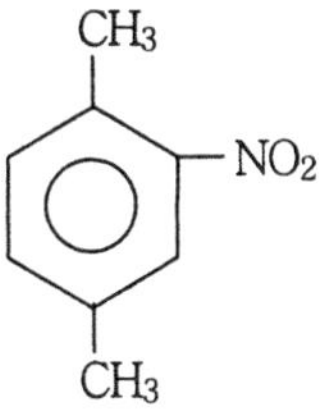

2-nitro-*p*-xylene

7. ①

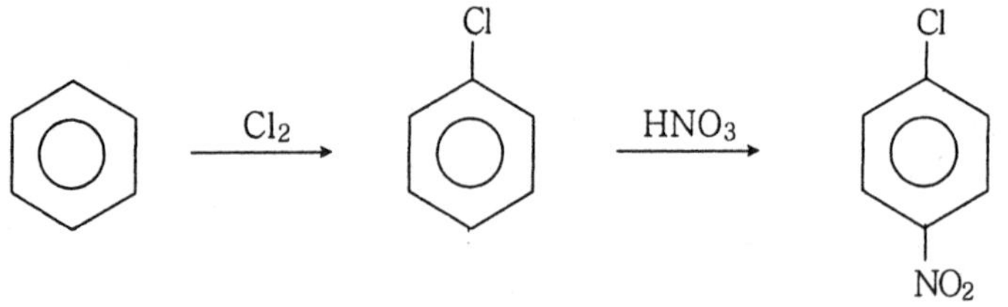

-Cl은 o-, p- 배향기이나 -NO₂는 m-배향기이므로 벤젠에 -NO₂를 먼저 치환시켜 두면 p- 유도체를 만들 수 없다. 그러므로 먼저 Cl화시킨 다음 다시 NO₂화시켜서 만든다. 이때 o-chloronitrobenzene도 조금 생긴다.

②

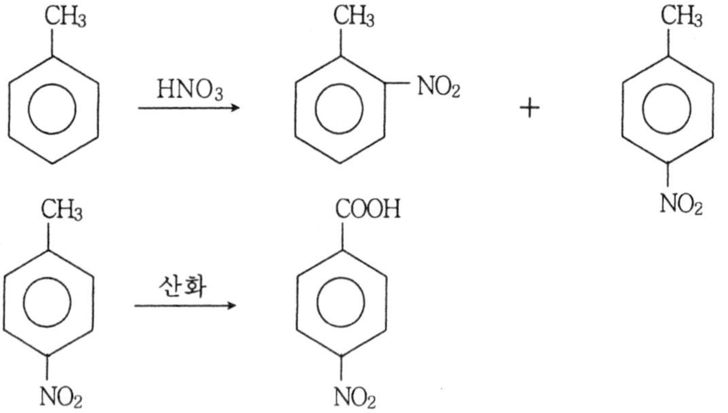

측쇄의 메틸기는 산화되면 -COOH로 변한다. 그런데 -CH₃는 o-, p- 배향기이나 -COOH기로 변하면 m-배향성으로 되므로 톨루엔을 먼저 산화한 뒤에 nitro화시켜서 목적물인 p-유도체는 얻을 수 없다. 그러므로 먼저 톨루엔을 nitro화시켜서 생긴 o-nitrotoluene과 p-nitrotoluene을 분리하고 p-유도체만을 얻은 다음 산화시키면 된다.

③

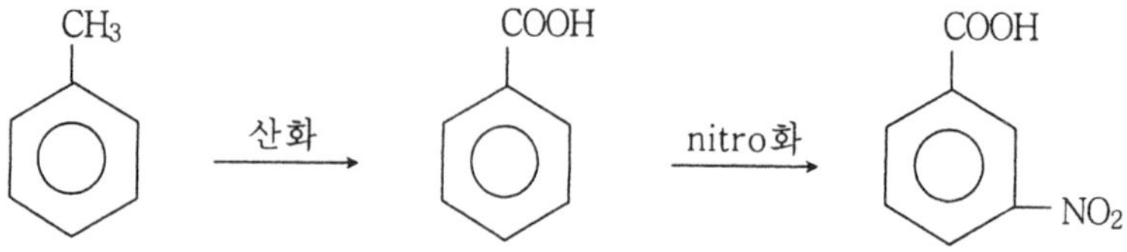

위 ②의 경우와 반대로 먼저 산화시켜서 benzoic acid를 만들면 -COOH가 m-배향기이므로 이것을 nitro화시켜서 얻는다.

Chap 5. 연습문제 답

1. 본문 참고

2.
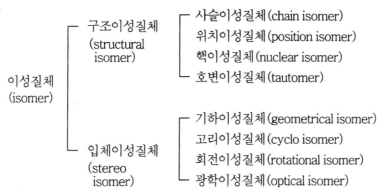

이성질체
(isomer)
- 구조이성질체 (structural isomer)
  - 사슬이성질체(chain isomer)
  - 위치이성질체(position isomer)
  - 핵이성질체(nuclear isomer)
  - 호변이성질체(tautomer)
- 입체이성질체 (stereo isomer)
  - 기하이성질체(geometrical isomer)
  - 고리이성질체(cyclo isomer)
  - 회전이성질체(rotational isomer)
  - 광학이성질체(optical isomer)

3. 본문 참고

4.

```
      COOH              COOH              COOH              COOH
       |                 |                 |                 |
 H — C — CH₃      CH₃ — C — H       H — C — CH₃      CH₃ — C — H
       |                 |                 |                 |
 H — C — Br       Br — C — H       Br — C — H        H — C — Br
       |                 |                 |                 |
      COOH              COOH              COOH              COOH
      (1)               (2)               (3)               (4)
```

여기서 (1)과 (2), (3)과 (4)는 각각 대칭적이다.
(1)과 (3) 및 (4) 또는 (2)와 (3) 및 (4)의 관계가 있는 이성체를 diaster-
eoisomer라고 한다.

5. $CH_3CH_2CH(CH_3)COOH$

6. ① 4개
   ② 2개
   ③ 8개
   ④ 3개
   ⑤ 4개

Chap 6. 연습문제 답

1. ① 2-chloroethanol
   ② cyclobutanol
   ③ 2-propen-1-ol
   ④ 2-propyl-1,4-pentanediol
   ⑤ 7-bromo-4-ethylocta-5-ene-2yne-1-ol
   ⑥ 2-butanol

2. ①
$$CH_3-\underset{\underset{OH}{|}}{\overset{\overset{CH_3}{|}}{C}}-CH_2-CH_2-CH_2-CH_3$$

   ②
$$HO-CH_2-CH_2-CH_2-CH_2-\underset{\underset{OH}{|}}{CH}-CH_3$$

   ③
$$HO-CH_2-\underset{\underset{CH_2CH_3}{|}}{CH}=CH-CH_3$$

   ④   ⑤   ⑥

3. 첫 단계로 알코올은 산으로부터 양성자를 받는다.

$$CH_3CH_2CH_2CH_2-\overset{..}{\underset{..}{O}}H \ + \ H^+ \ \rightleftharpoons \ CH_3CH_2CH_2CH_2-\overset{\overset{+}{|}}{\underset{\underset{H}{|}}{O}}-H$$

두 번째 단계에서 염소 이온은 S_N2 과정을 거쳐 물과 치환된다.

$$Cl^- \ \cdots\cdots \ \underset{\underset{H}{|}}{\overset{CH_3CH_2CH_2}{\diagdown}}C-\overset{\overset{+}{..}}{\underset{\underset{H}{|}}{O}}-H \ \longrightarrow \ ClCH_2CH_2CH_2CH_3 \ + \ H_2O$$

염화아연은 염소 이온의 농도를 증가시켜 S_N2 치환 반응을 가속시킨다.

4. ① $CH_3CH_2CHCH_2CH_3 \longrightarrow CH_3CH_2CCH_2CH_3$

                    | OH   ‖ O

          3-pentanol   3-pentanone

② $CH_3CH_2CH_2CH_2CH_2OH \longrightarrow CH_3CH_2CH_2CH_2C = O$

                                                   | H (위)

         1-pentanol   pentanal

5. OH기는 전기음성도가 큰 O원자가 H원자의 전자를 끌어가고 그 결과 H원자는 양성으로 된다. 이것을 다시 다른 분자의 음성원자와 결합하여 소위 수소결합을 이룬다. 그러므로 -OH 화합물은 단분자로 존재하는 것이 아니고 여러 분자씩 서로 잇달려서 마치 분자량이 큰 거대분자 모양을 이루고 있다. 따라서 비점은 단분자로 존재하는 탄화수소보다 훨씬 높은 값을 취한다.

6. ①

                           CH₃   CH₃

                           | |

$CH_3-CH_2-\overset{CH_3}{\underset{OH}{C}}-CH_2-CH_3 \xrightarrow{-H_2O} CH_3-CH=\overset{CH_3}{C}-CH_2-CH_3$

알코올을 탈수시키면 OH기를 가진 탄소원자에 인접한 탄소원자 중 H원자를 적게 가진 것의 H와 함께 H_2O가 되어 탈수한다.

② $(CH_3)_2C-CH_2-CH_2-CH_2-OH \xrightarrow{-H_2O} (CH_3)_2C=CH-CH_2-CH_2-OH$

                   | OH

     $\xrightarrow{-H_2O} (CH_3)_2C = CH-CH = CH_2$

제1차, 제2차, 제3차 알코올은 제3차 알코올이 가장 쉽게 탈수되므로 먼저 제3차 알코올에서 탈수가 일어난다.

7. ① ethylisobutyl ether

   ② diphenyl ether

   ③ divinyl ether

   ④ 3-ethoxy-2-ethyl-1,3-butadiene

   ⑤ 2-cyclopropoxy butane

   ⑥ 1,4-epoxybutane

8. Cyclic ether를 epoxide라고 한다.

즉 R — CH — CH — R′

O

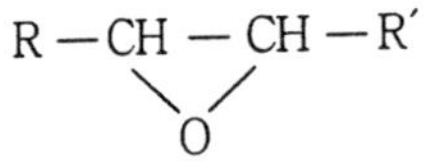

epoxide

Chap 7. 연습문제 답

1. ① $\begin{matrix} CH_3 \\ CH_3 \end{matrix}$ CH — I

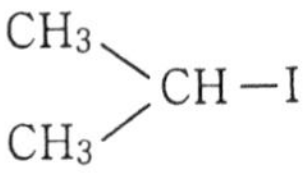

② $CH_3CH_2CH_2CH_2Br$

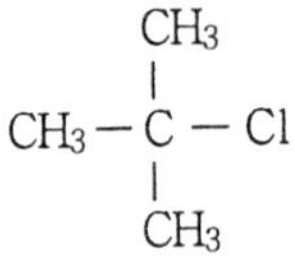

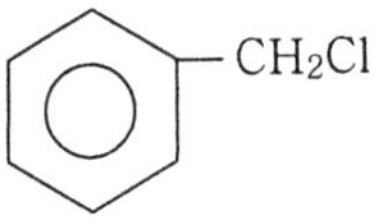

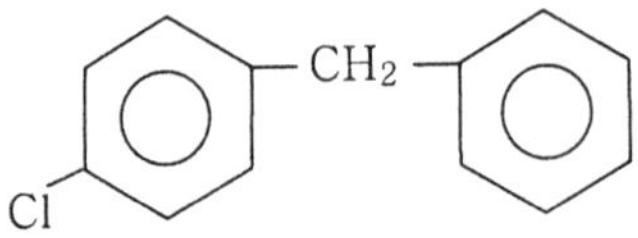

③ $CH_3 - \underset{\underset{CH_3}{|}}{\overset{\overset{CH_3}{|}}{C}} - Cl$

④ $\bigcirc$ — CH_2Cl

⑤ Cl — $\bigcirc$ — CH_2 — $\bigcirc$

⑥ $BrCH_2CH_2CH - \underset{CH_3}{\overset{|}{C}}HCH_2CH_3$
  $\qquad\qquad\quad \underset{Cl}{|}$

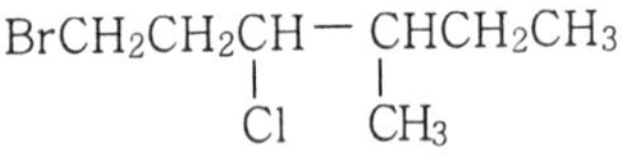

2. ① 2,2-dichlorohexane

   ② 2-methyl-3-chloropentane

   ③ 1-chloro-3-methyl butane

   ④ 1,3-dichloro-3-methyl butane

   ⑤ 1-chloro-4-bromo-pentane

   ⑥ 1,3-dichloro-2-butene

3. ① 1차

   ② 1차

   ③ 2차

   ④ 2차

4. · CH$_3$CH$_2$CH$_2$CH$_2$Cl   1−chlorobutane(n−butyl chloride)

· CH$_3$CH$_2$CHCH$_3$ 2−chlorobutane(sec−butyl chloride)
　　　　|
　　　　Cl

· $\underset{CH_3}{\overset{CH_3}{>}}$CHCH$_2$Cl   1−chloro−2−methyl propane(iso−butyl chloride)

· CH$_3$−$\overset{\overset{CH_3}{|}}{\underset{\underset{CH_3}{|}}{C}}$−Cl   2−chloro−2−methyl propane($tert$−butyl chloride)

5. ① C$_2$H$_5$I + KOH $\longrightarrow$ C$_2$H$_5$OH + KI (alcohol)

② C$_2$H$_5$I + KOH $\longrightarrow$ CH$_2$=CH$_2$ + KI + H$_2$O (ethylene)

③ C$_2$H$_5$I + KCN $\longrightarrow$ C$_2$H$_5$CN + KI (ethyl cyanide)

④ 2C$_2$H$_5$I + 2Na $\longrightarrow$ C$_2$H$_5$−C$_2$H$_5$ + 2NaI (butane)

⑤ C$_2$H$_5$I + KSH $\longrightarrow$ C$_2$H$_5$SH + KI (mercaptane)

6. ① CH$_3$CH$_2$Cl + KOH $\longrightarrow$ CH$_3$CH$_2$OH + KCl (alcohol)

② CH$_3$CHCl$_2$ + 2KOH $\longrightarrow$ CH$_3$CHO + 2KCl + H$_2$O (acetaldehyde)

③ CH$_3$CCl$_3$ + 3KOH $\longrightarrow$ CH$_3$COOH + 3KCl + H$_2$O (acetic acid)

Chap 8. 연습문제 답

1.
①   CH$_3$−CH−$\overset{\overset{O}{||}}{C}$−CH$_3$
　　　　　|
　　　　CH$_3$

②   CH$_3$−CH−CHO
　　　　　|
　　　　CH$_3$

③ $CH_3 - \overset{\overset{\displaystyle O}{\parallel}}{C} - \overset{\overset{\displaystyle CH_3}{|}}{CH} - CH_2 - CH_2 - CH_3$

④ $CH_3 - \overset{\overset{\displaystyle OH}{|}}{\underset{\underset{\displaystyle CH_3}{|}}{C}} - CH_2 - \overset{\overset{\displaystyle O}{\parallel}}{C} - CH_3$

⑤ $CH_3 - CH_2 - CH_2 - CH_2 - CH_2 - \overset{\overset{\displaystyle CH_3}{|}}{\underset{\underset{\displaystyle CH_3}{|}}{C}} - CHO$

⑥ $CH_3CH - CH_2 - CHO$
$\qquad\quad \overset{\displaystyle |}{OH}$

2. ① 2-pentanol-3-one

   ② 3-butenal

   ③ 3,7-dimethyl-2-octene-1-ol

   ④ 2-butene-1-al

3. 본문 참고

4. 본문 참고

5. methyl alcohol의 증기와 공기의 혼합기체를 가열한 촉매(Cu, Ag 등)로 산화한다.

$$CH_3OH + O \xrightarrow[250℃]{Ag(Cu)} HCHO + H_2O$$

   용도 : 살균소독용, 의약품 hexamethylenetetramine, 합성수지의 원료로서 phenol과 축중합에 의해 베이클라이트(Bakelite) (phenolresin)를, 요소와는 요소수지를 만든다.

6. C_2H_5CHO(propion aldehyde)와 CH_3COCH_3(acetone)에 대해 환원성과 중합성을 비교한다.

Chap 9. 연습문제 답

1. Carboxyl기(−COOH)를 분자 속에 가지고 있는 화합물

2. Carboxylic acid는 aliphatic carboxylic acid(R·COOH)와 aromatic carboxylic acid(Ar−COOH)로 크게 나누며, 또한 −COOH기의 수에 따라 1염기산, 2염기산 (−COOH 2개) 등으로 나눈다.

3. Acid halide(R·COX), acid salt(R·COOM), acid amide(R·CO·NH₂), ester(R· COO·R'), acid anhydride(R·CO·O·OC·R), hydroxy acid[R·CH(OH)·COOH] 및 nitrile(R·CN) 등을 들 수 있다.

4. ① 2−chloro−4−methylpentanoic acid
   ② 2−methylbutanoic acid
   ③ 2−chloropropanoic acid
   ④ pentanoic acid
   ⑤ 2,3−dimethylbutanoic acid

5.

① $CH_3-CH-CH_2-COOH$
               |
               CH_3

② $CH_3CH_2CH_2CH_2CH_2COOH$

③ $HOOC(CH_2)_4COOH$

④
$$\begin{matrix} CH_2CO \\ | \quad\quad\ \diagdown \\ \quad\quad\quad O \\ | \quad\quad\ \diagup \\ CH_2CO \end{matrix}$$

⑤
$$CH_2 \Big\langle {}^{COOC_2H_5}_{COOH}$$

⑥
$$CH_3 - \overset{\overset{\textstyle O}{\|}}{C} - OC_2H_5$$

6.
$$R-OH \xrightarrow{\quad O \quad} R-CHO \xrightarrow{\quad O \quad} R-COOH$$
　alcohol　　　　　aldehyde　　　　　carboxylic acid

7.
$$R-Mg \cdot X + CO_2 \longrightarrow R-C{\underset{OMgX}{\overset{O}{\diagup\diagdown}}} \xrightarrow{H-OH} R-C{\underset{OH}{\overset{O}{\diagup\diagdown}}} + Mg(OH)X$$
　　　　　　　　　　　　　　　　　　　　carboxylic acid

8. ① 알칼리와 반응하여 염을 형성한다.
$$R-COOH + NaOH \longrightarrow R-COONa + H_2O$$
　　　　　　　　　　　　　　　　염

② Acyl halide의 생성

$$R-C{\underset{OH}{\overset{O}{\diagup\diagdown}}} + \left\{\begin{array}{l}SOCl_2 \\ PCl_3 \\ PCl_5\end{array}\right\} \longrightarrow R-C{\underset{Cl}{\overset{O}{\diagup\diagdown}}} + \left\{\begin{array}{l}SO_2 \ + HCl \\ H_3PO_3 \\ POCl_3 \ + HCl\end{array}\right.$$

　　　　　　　　　　　　　　　　　　　acid chloride
　　　　　　　　　　　　　　　　　　　(acyl halide)

③ Acid amide의 생성

$$R-C{\underset{OH}{\overset{O}{\diagup\diagdown}}} + SOCl_2 \longrightarrow R-C{\underset{Cl}{\overset{O}{\diagup\diagdown}}} \xrightarrow{NH_3} R-C{\underset{NH_2}{\overset{O}{\diagup\diagdown}}}$$

　　　　　　　　　　　　　　　　　　　　　　　　acid amide

④ Acid anhydride의 생성

$$2R-COOH \xrightarrow[-H_2O]{} \begin{array}{l}R-CO \\ \diagdown \\ O \\ \diagup \\ R-CO\end{array}$$

　　　　　　　　　　　　　　acid anhydride

⑤ Ester의 생성
$$R-COOH + R'-OH \longrightarrow R-COO-R' + H_2O$$
　　　　　　　　　　　　　　　　　ester

⑥ Decarboxylation

$$2R-COOH \xrightarrow[\text{가열}]{MnO} \begin{array}{c}R \\ \diagdown \\ CO \\ \diagup \\ R\end{array} + CO_2 + H_2O$$

　　　　　　　　　　　　ketone

⑦ α -C에서의 halogen 치환

$$R - CH_2 - COOH \ + \ Cl_2(I_2) \ \longrightarrow \ R - \underset{\underset{Cl}{|}}{CH} - COOH$$

α -chlorocarboxylic acid

9. 산과 염기의 중화반응은 이온반응이고, 순간적으로 반응은 종결된다. 즉, H$^+$와 OH$^-$가 결합하여 물과 염이 된다.

$$H^+Cl^- \ + \ Na^+OH^- \ \longrightarrow \ Na^+Cl^- \ + \ H_2O$$

$$CH_3COO^-H^+ \ + \ Na^+OH^- \ \longrightarrow \ CH_3COO^-Na^+ \ + \ H_2O$$

유기산과 알코올의 에스테르 생성반응은 분자 간의 반응이고, 이온반응에 비하여 반응속도가 빠르다.

$$RCOOH \ + \ HOR' \ \rightleftharpoons \ RCOOR' + \ H_2O$$

Chap 10. 연습문제 답

1. R — NH$_2$
$\underset{R}{\overset{R}{>}}NH$
$\underset{R}{\overset{R}{\underset{R}{>}}}N$

    primary   secondary   tertiary
    amine   amine   amine

2. Nitro 화합물을 −NO$_2$를 가지는 화합물이며, nitroso 화합물은 −NO를 가지는 화합물이다.

3. ① $\underset{C_2H_5}{\overset{C_2H_5}{>}}NH$
② $CH_3 - \underset{\underset{CH_3}{|}}{N} - CH_2CH_3$

③ ⬡—CH$_2$NH$_2$
④ ⬡—N$\underset{CH_3}{\overset{CH_3}{<}}$

⑤ NNCl

⑥ N = N

4. ① dimethylamine(2차)

② diphenylamine(2차)

③ phenyldimethylamine(3차)

④ phenylamine(1차)

5. ① amino methane

② N-methylaminomethane

③ N,N-dimethylaminomethane

④ aminobenzene

⑤ N,N-phenylmethylaminomethane

6.

aniline

(1차)

N-methylaniline

(2차)

N,N-dimethylaniline

(3차)

7. Diazo 화합물은 일반식이 [ArN$_2$]$^+$X$^-$이며, ⊕이온과 ⊖이온이 이온결합을 이루고 있으나 azo 화합물은 azo기의 양쪽에 2개의 원자단이 탄소원자를 통해서 결합하고 있으므로 공유결합을 이루고 있다.

Diazonium염은 일반적으로 불안정하여 N$_2$를 방출하기 쉽고 가열이나 충격에는 폭발적으로 분해한다. azo화합물은 그다지 불안정하지 않으며 색소 등으로 그 용도가 넓다.

8.

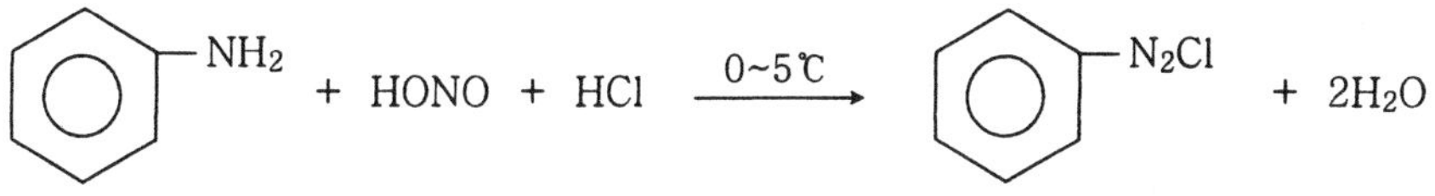
NH2
+ HONO + HCl
0~5℃
N2Cl
+ 2H2O

aniline

benzenediazonium chloride

9. Diazonium에 KI 또는 구리의 제1염을 작용시켜 N를 발생시키고 benzene의 할로겐 화합물을 만드는 반응을 말한다. 즉,

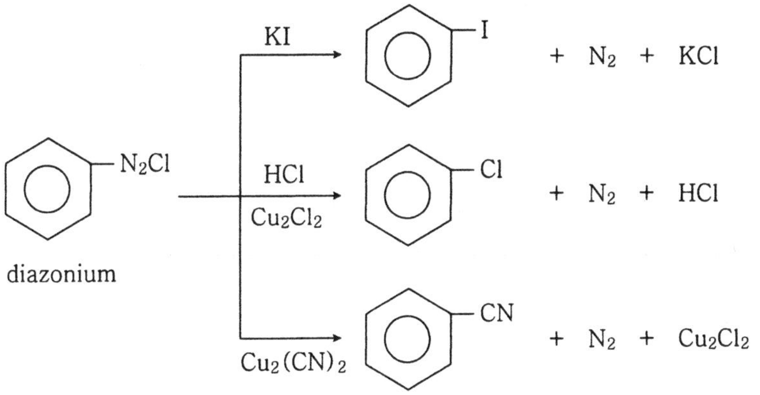
N2Cl
KI
I
+ N2 + KCl
HCl
Cu2Cl2
Cl
+ N2 + HCl
Cu2(CN)2
CN
+ N2 + Cu2Cl2

diazonium

benzonitrile

10. 두 개의 방향족의 핵이 azo기(−N=N−)로 결합되는 반응을 말한다.

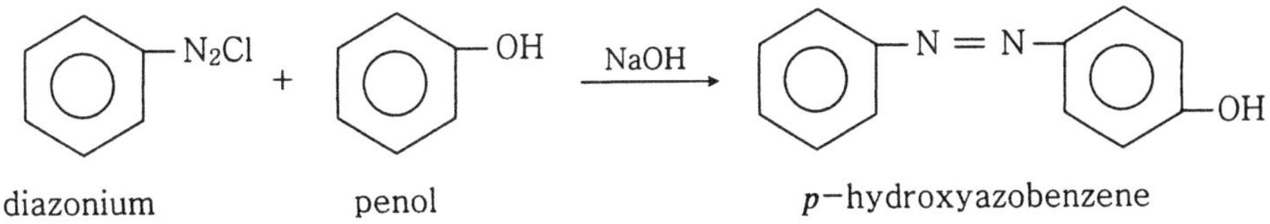
N2Cl
+
OH
NaOH
N = N
OH

diazonium　　penol　　*p*−hydroxyazobenzene

11. Hydrazine은 R−NH−NH_2의 일반식을 가지며, hydrazone은 R−NH−N=C< 의 일반식을 가진다.

Chap 11. 연습문제 답

1. 본문 참고

2. ① Aldose는 -OH기와 -CHO기로서 이루어진 당류를 말한다.
   ② Ketose는 -OH기와 -CO-기로서 이루어진 당류를 말한다.
   ③ 설탕이 전화효소(invertase)에 의해 전화하여 생긴 포도당과 과당의 혼합당을 전화당(invert sugar)이라고 한다.
   ④ 다당류를 구성하는 성분이 단일당으로 된 것을 단순다당류(simple polysaccharide)라고 한다.
   ⑤ 다당류를 구성하는 성분이 두 종류 이상의 단당류로 이루어진 것을 복합다당류(complex polysaccharide)라고 한다.
   ⑥ 가수분해에 의해 5탄당(pentose)을 생성하는 다당류를 말한다.
   ⑦ 가수분해에 의해 6탄당(hexose)을 생성하는 다당류를 말한다.

3. 당류의 입체구조는 glyceraldehyde를 기준으로 하여 D(+)-glyceraldehyde 와 동일계열의 것을 D로 표시하고(-OH를 우측에 쓴다), L(-)-glyceraldehyde 와 동일계열의 것을 L로 표시한다(-OH를 좌측에 쓴다).
   ( )의 기호는 광학적 성질이 우선성인 것을 (+)로, 좌선성인 것을 (-)로 표시한다.

4.
```
      CHO                    CH2OH
       |                       |
  H — C — OH              C = O
       |                       |
 HO — C — H             HO — C — H
       |                       |
  H — C — OH              H — C — OH
       |                       |
  H — C — OH              H — C — OH
       |                       |
      CH2OH                  CH2OH

     glucose                fructose
```

5.

	맛 (상대감미도)	환원성	발효성	물에 대한 용해도	가수분해 생성물
Glucose	단맛(0.74)	있다	있다	잘 녹는다	−
Fructose	단맛(1.7)	있다	있다	잘 녹는다	−
Sucrose	단맛(1.0)	있다	단당으로 전환 후 있다	잘 녹는다	포도당+과당
Maltose	단맛(0.33)	있다	있다	잘 녹는다	포도당
Starch	없다	없다	당화 후 있다	냉수에 불용	포도당

6.

$$
\begin{array}{ccc}
\begin{array}{l}
HC=O \\
| \\
H-C-OH \\
| \\
HO-C-H \\
| \\
H-C-OH \\
| \\
H-C-OH \\
| \\
CH_2OH
\end{array}
&
\xrightarrow{\ \ H_2N-HN-C_6H_5\ \ }
&
\begin{array}{l}
H-C=N-HN-C_6H_5 \\
| \\
H-C-OH \\
| \\
HO-C-H \\
| \\
H-C-OH \\
| \\
H-C-OH \\
| \\
CH_2OH
\end{array} \\
\text{glucose} & & \text{hydrazone}
\end{array}
$$

7. 포도당(glucose)을 Br_2-H_2O로 산화시키면 gluconic acid가 생성되고, HNO_3로 산화
하면 glucaric acid가 생성된다.

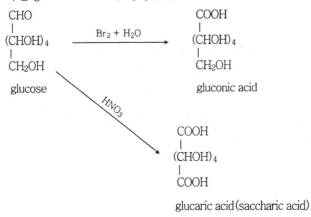

8. Starch → dextrin → maltose → glucose

Chap 12. 연습문제 답

1. ① $CH_3(CH_2)_7CH=CH(CH_2)_7COO\ Mg$

   ② $CH_3(CH_2)_7CH_2CH_2(CH_2)_7COO\ Ca$

   ③ $CH_3(CH_2)CH=CHCH_2CH=CH(CH_2)_7COO-CH_2-(CH_2)_{28}-CH_3$

   ④ $CH_3(CH_2)_{14}CH_2OH$

2. 식물성 유지 중 상온에 방치했을 때 건조하는 것을 건성유라 하고 요오드가가 130 이상인 유지를 말한다.

3. 유지는 정량적으로 비누화된다. 1g의 지방 또는 기름을 가수분해하는 데 필요한 KOH의 mg수를 비누화값이라고 하며, 이것으로 지방의 평균분자량 또는 지방산의 탄소 사슬의 길이를 알 수 있다. 지방의 비누화값이 클수록 짧은 사슬, 즉 작은 분자량을 가진 glyceride를 가지고 있는 %가 크다.
   유지의 불포화도를 표시하는 데는 요오드값을 사용한다. 요오드값은 100g의 지방 또는 기름과 결합되는 요오드의 g수이다. 지방 속에 많은 2중결합을 가진 것일수록(불포화도가 클수록) 요오드값은 증가한다.

4. 본문 참고

5. 본문 참고

6. 물에 소량의 기름을 넣고 강하게 흔들면 기름방울이 물속에 분산되어 유탁액이 생기지만 불안정하기 때문에 곧 물과 기름은 두 층으로 나누어진다. 이때 기름과 물의 표면장력을 저하시키는 물질을 동시에 넣으면 안정된 유탁액을 만든다. 이러한 성질을 가진 물질을 일반적으로 유화제라 한다. 유화제는 한 분자 내에 친수성기와 소수성기를 함께 가지고 있다.

Chap 13. 연습문제 답

1. ① 단백질을 구성하는 아미노산 사이의 결합을 말하며, 한쪽 아미노산의 카르복실기와 다른 한쪽의 아미노산의 아미노기 사이에 형성되는 결합이다.

② 물에 녹아 양이온과 음이온의 전하를 동시에 갖는 양성이온을 말한다.

③ 한 분자 내의 양이온 (+)과 음이온 (−)의 수가 같아서 분자 내의 양전하와 음전하가 상쇄되어 실제 전하(net charge)가 0이 되게 하는 용액의 pH값을 등전점이라고 한다.

④ 단백질을 구성하는 아미노산 중에서 인체 내에서는 거의 합성이 되지 않기 때문에 영양상 외부로부터 섭취하지 않으면 안 되는 아미노산을 필수아미노산이라고 한다.

⑤ 분자 내에 카르복실기의 수가 아미노기의 수보다 많은 아미노산을 산성 아미노산이라고 한다.

⑥ 본문 참고

2.

① $H_2N - \overset{\displaystyle H}{\underset{\displaystyle H}{\overset{|}{\underset{|}{C}}}} - COOH$

② $H_2N - \overset{\displaystyle H}{\underset{\displaystyle R}{\overset{|}{\underset{|}{C}}}} - COOH$

③ $H_2N - \overset{\displaystyle H}{\underset{\displaystyle CH_3}{\overset{|}{\underset{|}{C}}}} - COOH$

④ $H_2N - \underset{\displaystyle \underset{\textstyle CH_2}{\underset{\textstyle |}{\underset{\textstyle COOH}{|}}}}{\overset{\displaystyle H}{\overset{|}{C}}} - COOH$

⑤ $H_2N - \underset{CH_3}{\overset{H}{C}} - \overset{O}{C} - \underset{H}{N} - \underset{H}{\overset{H}{C}} - COOH$

⑥ $H_2N - \underset{CH_2-CH-CH_3 \; CH_3}{\overset{H}{C}} - \overset{O}{C} - \underset{H}{N} - \underset{CH-CH_3 \; CH_3}{\overset{H}{C}} - \overset{O}{C} - \underset{H}{N} - \underset{CH_2}{\overset{H}{C}} - COOH$

3. ①

$$NH_2-\overset{\overset{\displaystyle H}{|}}{\underset{\underset{\displaystyle H}{|}}{C}}-COOH \xrightarrow{\ SOCl_2\ } NH_2-\overset{\overset{\displaystyle H}{|}}{\underset{\underset{\displaystyle H}{|}}{C}}-\overset{}{\underset{\underset{\displaystyle O}{\|}}{C}}-Cl$$

글리신   글리신의 산염화물

②

$$NH_2-\overset{\overset{\displaystyle H}{|}}{\underset{\underset{\displaystyle H}{|}}{C}}-\overset{}{\underset{\underset{\displaystyle O}{\|}}{C}}-Cl \ + \ NH_2-\overset{\overset{\displaystyle H}{|}}{\underset{\underset{\underset{\displaystyle OH}{|}}{\underset{\displaystyle CH_2}{|}}}{C}}-COOH \longrightarrow$$

세린

$$NH_2-\overset{\overset{\displaystyle H}{|}}{\underset{\underset{\displaystyle H}{|}}{C}}-\overset{}{\underset{\underset{\displaystyle O}{\|}}{C}}-\overset{\overset{\displaystyle H}{|}}{N}-\overset{\overset{\displaystyle H}{|}}{\underset{\underset{\underset{\displaystyle OH}{|}}{\underset{\displaystyle CH_2}{|}}}{C}}-COOH \ + \ HCl$$

글리실세린(glycylserine)

4. ①

$$^{+}NH_3-\overset{\overset{\displaystyle H}{|}}{\underset{\underset{\underset{\displaystyle CH_3\ \ CH_3}{}}{CH}}{C}}-COO^{-}$$

(쌍극성)

②

$$NH_2-\overset{\overset{\displaystyle H}{|}}{\underset{\underset{\underset{\displaystyle CH_3\ \ CH_3}{}}{CH}}{C}}-COO^{-}$$

(음이온)

③

$$^{+}NH_3-\overset{\overset{\displaystyle H}{|}}{\underset{\underset{\underset{\displaystyle CH_3\ \ CH_3}{}}{CH}}{C}}-COOH$$

(양이온)

5. ①

$$^{+}NH_3-\overset{\overset{\displaystyle H}{|}}{\underset{\underset{\underset{\displaystyle COOH}{|}}{\underset{\displaystyle CH_2}{|}}}{C}}-COOH$$

pH 1

②

$$^{+}NH_3-\overset{\overset{\displaystyle H}{|}}{\underset{\underset{\underset{\displaystyle COOH}{|}}{\underset{\displaystyle CH_2}{|}}}{C}}-COO^{-}$$

pH 3

③

$$NH_2-\overset{\overset{\displaystyle H}{|}}{\underset{\underset{\underset{\displaystyle COO^{-}}{|}}{\underset{\displaystyle CH_2}{|}}}{C}}-COO^{-}$$

pH 12

6. 이런 식은 언제나 왼쪽 N-말단아미노산으로부터 오른쪽 C-말단아미노산으로 읽어간다. 글리신이 N-말단아미노산이고 세린이 C-말단아미노산이다. 가운데 아미노산인 알라닌의 아미노기와 카르복실기는 둘 다 펩티드 결합에 매어져 있다.

7. 각 아미노산은 아민 또는 카르복실산으로 작용할 수 있기 때문에 aa$_1$-aa$_2$를 얻을 뿐만 아니라 aa$_2$-aa$_1$, aa$_1$-aa$_1$ 및 aa$_2$-aa$_2$도 얻을 수 있다. 또한 생성된 디펩티드들은 아직 1개의 아미노기와 1개의 카르복실기를 가지고 있기 때문에 트리펩티드, 테트라펩티드 등도 얻어질 수 있다.

8. 핵산은 당(리보오스, 디옥시리보오스), 염기(퓨린 염기, 피리미딘 염기), 인산으로 이루어져 있다.

9. Nucleoside는 염기와 당으로 구성되어 있고 nucleotide는 nucleoside에 인산기가 붙어있다.

10. 핵산을 이루고 있는 5탄당으로는 DNA에서는 deoxyribose가 있고 RNA에서는 ribose가 있다.

Chap 14. 연습문제 답

1. ① furan
   ② thiophene
   ③ pyrrole
   ④ imidazole
   ⑤ thiazole
   ⑥ pyridine
   ⑦ pyrazine
   ⑧ pyrimidine

2.

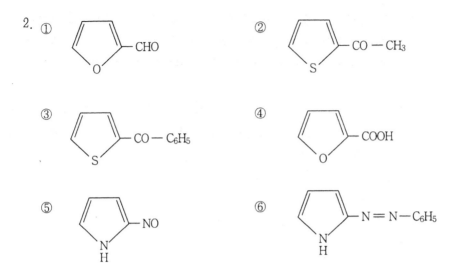

① ⟨furan⟩—CHO

② ⟨thiophene⟩—CO—CH₃

③ ⟨thiophene⟩—CO—C₆H₅

④ ⟨furan⟩—COOH

⑤ ⟨pyrrole⟩—NO

⑥ ⟨pyrrole⟩—N=N—C₆H₅

3. Imidazole은 3번 탄소에 질소가 결합되어 있고, pyrazole은 2번 탄소에 질소가 결합된 점이 차이점이다.

```
HC —— N          HC —— CH
 ‖     ‖          ‖      ‖
HC    CH         HC     N
   ＼N／             ＼N／
     H                H
  imidazole         pyrazole
```

4. Imidazole 유도체로는 histidine, histamine 등을 들 수 있다.

5. ① – ㉡, ② – ㉠, ③ – ㉣, ④ – ㉤, ⑤ – ㉢
   ⑥ – ㉢, ⑦ – ㉪, ⑧ – ㉧, ⑨ – ㉨, ⑩ – ㉩

Chap 15. 연습문제 답

1.
$$\underset{CH_2}{\overset{CH_3}{>}}C - CH_2 - CH_2 - CH_2 - C(OH)(CH_3) - CH = CH_2$$

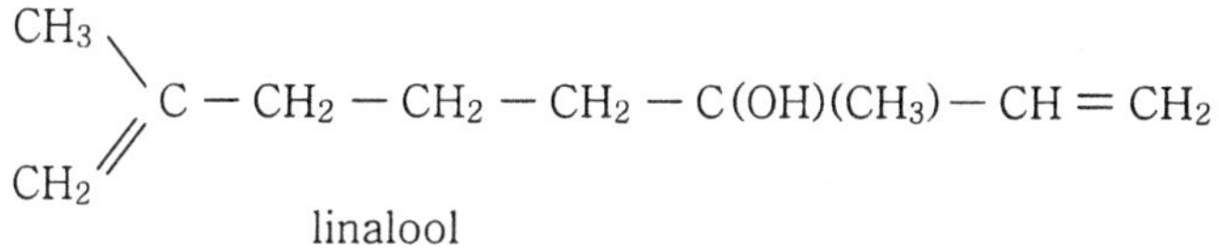

linalool
(쇄상테르펜)

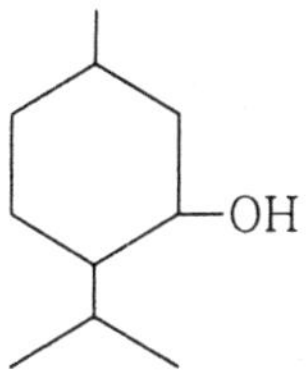

menthol
(단환상테르펜)

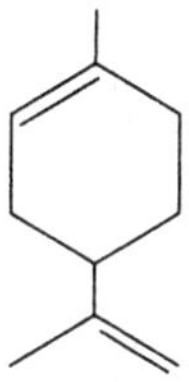

limonene
(단환상테르펜)

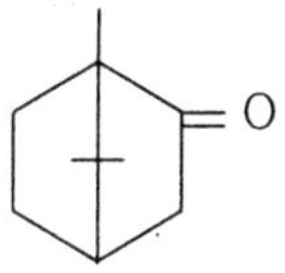

camphor
(중환상테르펜)

2. ① cholesterol ② ergosterol ③ stigmasterol ④ cholic acid

3. 식물계에 존재하는 염기성 함질소화합물을 알칼로이드라고 한다.

4. 어떤 미생물이 생산하는 물질이 다른 미생물의 생육을 저해하거나 죽일 때 그 물질을 항생물질이라고 한다.

Chap 16. 연습문제 답

1. 진동수와 파장은 서로 역비례한다.
$$v = c/\lambda$$
   여기서 C는 빛의 속도(3×10^8m/sec)이므로
   $v = 3\times10^8$(m/sec) / 15×10^{-6}(m) $= 0.2\times10^{14}$(cycle/sec 또는 Hz)이다.

2. $2.5\mu m = 2.5\times10^{-6}$m $= 2.5\times10^{-4}$cm
$$v = 1/2.5\times10^{-4}\text{cm}$$
$$= 4,000\text{cm}^{-1}$$

3. 에너지와 진동수는 직접적으로 비례한다($E=h\nu$). 그러므로 3000cm^{-1}에서 일어나는 결합신축에너지는 1500cm^{-1}에서 일어나는 결합신축에너지의 2배를 필요로 한다.

4. 흡광도 A는 농도에 비례하기 때문에 흡광도는 2배가 될 것이다. 그러나 흡광계수 ε는 분자구조의 함수이며 농도에 관계없이 일정하다.

5. $A = \varepsilon c\ell$ (A = 흡광도, ε : 몰흡광계수, c : 용액의 농도[mol/ℓ], ℓ : 광선이 통과하는 시료의 길이[cm])
   $2 = 12,600 \times C \times 1$
   $C = 0.000158$mol/ℓ

6. ① 12개의 양성자가 모두 동일하며 1개의 피크로 나타난다.
   ② 4개의 방향족 양성자는 동일하고 에스테르 작용기에 있는 6개의 메틸양성자들이 동일하다. 스펙트럼에는 면적비가 4:6(2:3)인 2개의 피크가 있을 것이다.
   ③ CH_3-C와 CH_2-Br의 두 종류의 양성자가 있다. 면적비 6:4(또는 3:2)인 두 개의 피크가 있을 것이다.

7. ① 스펙트럼은 $\delta 2.3$($CH_3\overset{\overset{\displaystyle O}{\|}}{C}$-의 양성자)와 $\delta 3.6$(-OCH_3의 양성자)에서 같은 면적의 2개의 피크로 나타날 것이다.
   ② 스펙트럼은 면적비 6:2:1로 $\delta 0.9$(2개의 메틸기), $\delta 3.5$(CH_2-Cl의 양성자), $\delta 5.8$(-$CHCl_2$의 양성자)에 3개의 피크로 나타날 것이다.

최신 유기화학

1998년 8월 4일 초판 발행
2003년 2월 20일 재판 발행
2005년 7월 10일 3판 발행
2014년 7월 21일 4판 발행

저　　자 • 심창환·심우만·이장순·박규동
발 행 인 • 김홍용
펴 낸 곳 • **도서출판 효 일**
주　　소 • 서울특별시 동대문구 용두2동 102-201
전　　화 • 02) 928-6644~5
팩　　스 • 02) 927-7703
홈페이지 • www.hyoilbooks.com
등　　록 • 1987년 11월 18일 제6-0045호

값 **14,000**원
ISB 89-85768-50-1